아산산재단 연구총서 제475집

# 통합환경법 제정에 관한 연구

## 가칭 「이산화탄소 저장 등에 관한 법률」안 제정을 중심으로

통합환경법 제정에 관한 연구: 가칭 「이산화탄소 저장 등에 관한 법률」안 제정을 중심으로

This Edition was published by Jipmoondang in 2021, Seoul, Korea.

아산재단 연구총서 제475집

# 통합환경법 제정에 관한 연구

## 가칭 「이산화탄소 저장 등에 관한 법률」안 제정을 중심으로

고 문 현

집문당

**고문현(高文炫)** 경북대학교 법과대학 행정학과 졸업(행정학사)
경북대학교 대학원 법학과 졸업(법학석사)
서울대학교 환경대학원 환경계획학과 수학(1994학번)
서울대학교 대학원 법학과 졸업(법학박사)
제24대 한국헌법학회 회장(2018년)
제20대 국회 헌법개정특별위원회 자문위원(2017. 1-2018. 6)
이산화탄소 지중저장 환경관리(K-COSEM) 법제도 및 대중수용성 연구책임자[한국환경산업기술원(KEITI) 지원 사업, 2014. 4-2020. 12]
숭실대학교 기후변화특성화대학원 프로그램(융합형 에너지·기후변화 대응 관련 법·제도 전문가 양성) 연구책임자[한국에너지기술평가원(KETEP) 지원 사업, 2014. 7-2019. 6]
현재 한국헌법학회 고문, 한국ESG학회 차기 회장
UC 버클리대학교 로스쿨 Fulbright Visiting Scholar(2021-2022년)
사단법인 K-CCUS 추진단 이사
「다부처 대규모 CCS 통합실증 및 CCU 상용화 기반구축」 사업 'CCUS 법률안 정비 및 수용성을 포함한 제도적 기반구축' 과제 연구원(2021-2023년)
「동해가스전을 활용한 CCS통합실증사업(2023-2052년)」 'CCS법제도 및 대중수용성' 기획분과위원장
숭실대학교 법과대학 법학과 교수

아산재단 연구총서 제475집

**통합환경법 제정에 관한 연구**
**가칭 「이산화탄소 저장 등에 관한 법률」안 제정을 중심으로**

2021년 12월 20일 1판 1쇄

저자 | 고문현
발행인 | 임동규
발행처 | **(주)집문당**
등록 | 1971. 3. 23. 제2012-000069호
주소 | 03134 서울시 종로구 돈화문로 82, 5층
전화 | +82-1811-7567
이메일 | sale@jipmoon.com
홈페이지 | www.jipmoon.com

ISBN 978-89-303-1920-1 94360
978-89-303-1500-5(세트)

**가격 20,000원**

# 머리말

2021년 8월 9일 공개된 기후변화에 관한 정부간 협의체(Intergovernmental Panel on Climate Change; IPCC)의 제6차 평가보고서 중 제1실무그룹보고서에 따르면 현재 지구의 평균온도가 산업화 이전보다 이미 1.09℃ 상승했으며, 대기 중 평균 이산화탄소 농도는 410ppm으로 200만 년 만에 최고 수준으로 높아졌다. 위 IPCC보고서에 따르면, 현 추세대로 탄소배출이 진행될 경우, 길어도 20년 안에 파리협정(Paris Agreement)에 따른 기온상승 제한 목표치이자 돌이킬 수 없는 기후재앙의 임계치인 1.5℃에 이를 가능성이 높다는 암울한 전망을 제시하였다. 이러한 전망은 기후재앙을 초래하여 생태계를 파괴하고 인류의 생존을 위협하는 온실가스감축을 위해 기술개발의 중요성을 강조한 빌 게이츠(Bill Gates)의 최근 저서 『기후재앙을 피하는 법(*How to Avoid a Climate Disaster*)』(2021)을 통해 더욱더 의미심장하게 와 닿고 있다.

기후위기의 전세계적인 확산에 따라 우리나라도 2021년 8월 31일 「기후위기 대응을 위한 탄소중립·녹색성장기본법(탄소중립기본법)」이 국회 본회의를 통과하여 공포 후 6개월 뒤 발효될 예정이다. 이 법률의 가장 큰 의미는 그동안 논의되어 오던 기후위기대응 방안의 핵심적 내용인 '2050년 탄소중립'을 국가 비전으로 명시하고, 그 이행체계인 국가전략, 중장기 온실가스 감축목표, 기본계획 수립 및 이행점검 등을 법제화했다는 점이다. 2050년 탄소중립의 실질적 이행의 중간단계 목표로서, 2030년 온실가스 감축목표를 2018년 대비

35% 이상으로 범위를 설정하여 추진하도록 명시하였다(탄소중립기본법 제8조). 이를 위해 구체적으로 소관 기관인 '탄소중립위원회'를 구성하여 주요 심의 및 의결 기능을 수행하도록 하고, 국가 주요 계획 및 개발사업 추진시 실시되는 환경영향평가와 동시에 기후변화 영향을 평가하는 '기후변화영향평가제도'를 도입하여 기후변화 영향을 예측하고 대비하도록 하였으며, 기후위기 대응을 효과적으로 수행하기 위하여 '기후대응기금'을 설치하도록 하고 있으며, 기타 여러 정책이나 시책 수단들을 제시하여 구체화함으로써 향후 우리나라가 '2050년 탄소중립' 목표달성을 위한 30여 년간의 근간을 마련하였다고 할 수 있다. 2050년 탄소중립 달성이라는 국가비전은 큰 틀에서 보면 파리협정 제3조 및 제4조상의 국가결정기여(Nationally Determined Contribution; NDC)의 이행과 밀접한 관련이 있다.

본서의 제6장에 나오는 이산화탄소 포집, 활용 및 저장(Carbon Dioxide Capture, Utilization and Storage; CCUS)기술은 온실가스 대규모 감축수단의 대표적 기술로서 CCUS와 관련된 내용도 큰 틀에서는 파리협정 제4조 제1항 소정의 '이용가능한 최선의 과학'으로써 이러한 기후위기에 대한 탄소중립 실현을 위한 핵심적 국제대응체계와 맥을 같이 하는 것으로서, 결국 우리나라의 NDC 이행의무에 해당된다. 「탄소중립기본법」상 CCUS와 관련된 규정으로 「탄소중립기본법」 제33조(탄소흡수원 등의 확충)와 제34조(탄소포집 · 이용 · 저장 기술의 육성)를 들 수 있다. 우리나라 2050 탄소중립의 목표달성을 위해 파리협정 제6조 제4항(b)상의 '온실가스 배출완화의 유인 제공 및 촉진'과도 맥을 같이 하는 CCUS 기술개발 투자 및 제도적 지원을 강화하기 위한 보다 체계적이고도 구체적인 법제도화가 매우 중요하므로 가칭 「이산화탄소 저장 등에 관한 법률」안을 소개한 것이다.

2021년 11월 현재 우리나라의 환경부 소관 환경관련 법률의 수가 70여 개가 넘어 관련 기업체 종사자나 일반 시민은 물론, 심지어 환경부 담당 공무원이나 입법전문가조차도 이해하기가 어려울 정도로 매우 복잡하고 비체계적이어서 이를 알기 쉽게 하나의 통합환경법으로 제정하거나 아니면 최소한 몇 개의 유형으로 나누어 체계적으로 규정할 필요가 있다고 하겠다.

본서는 제1장 서론으로서 본 연구의 배경, 목적, 방법과 내용 등, 제2장 우리나라 환경관련 법령현황 및 체계의 문제점, 제3장 통합환경법 제정의 필요성, 제4장 외국의 통합환경법전, 제5장 우리나라 통합환경법 제정의 방향, 제6장 통합환경법의 일환으로서 가칭 「이산화탄소 저장 등에 관한 법률」안, 제7장 결론으로 구성되어 있다.

책을 집필하는 것은 집을 짓는 것과 비슷해 매거하기 힘들 정도로 많은 분들의 도움을 받았다. 그럼에도 불구하고 천학비재한 저자의 능력부족으로 통합환경법 제정과 가칭 「이산화탄소 저장 등에 관한 법률」안의 완벽한 내용을 제시하지 못한 상태로 출간을 하게 되어 매우 아쉽고 송구하게 생각한다.

오늘의 저자가 있도록 지도편달해 주신 김철수 명예교수님(서울대), 권영성 명예교수님(서울대, 작고), 최대권 명예교수님(서울대), 김남진 교수님(대한민국학술원), 김안제 명예교수님(서울대), 김효전 교수님(대한민국학술원), 김문현 명예교수님(이화여대), 김영호 전 장관님(산업자원부), 권형준 명예교수님(한양대), 홍성방 교수님(서강대) 등의 학은을 잊을 수가 없다.

이 졸지를 집필하는 데 많은 도움을 주신 K-COSEM 연구단의 윤성택 교수님(고려대), 이강근 교수님(서울대), 이기현 교수님(연세대), 유가영 교수님(경희대), 정혜근 교수님(건국대), 박은규 교수님(경북대),

한원식 교수님(연세대), 함세영 교수님(부산대), 손요한 교수님(고려대), 전성천 박사님(지오그린 21), 오윤영 박사님(국립환경과학원), 이성순 박사님(서울대), 정진아 교수님(경북대), 김해룡 명예교수님(한국외국어대), 이종영 교수님(중앙대), 김광수 교수님(서강대), 조인성 교수님(한남대), 전경운 교수님(경희대), 류권홍 교수님(원광대), 임현 교수님(고려대), 정철 교수님(국민대), 성봉근 교수님(서경대), 이순자 교수님(서경대), 김동련 교수님(신안산대), 조정찬 교수님(숭실대), 류청걸 전 부회장님(한국CCS협회), 한상우 대표님(비즈인텔리), 홍수열 소장님(한국자원순환경제연구소), 이승은 교수님(숙명여대), 윤성순 박사님(한국해양개발연구원), 신은혜 변호사님(엔피엑스), 주보라 애널리스트님(월드뱅크), 박상진 과장님(전 환경부), 조규탁 박사님(한국환경산업기술원), 이성진 박사님(한국환경산업기술원), 김도형 박사님(법무법인 율촌) 등께 심심한 감사를 드린다.

아울러 다부처 CCUS연구단의 권이균 단장님(공주대), 장태선 이사장님(한국화학연구원), 유동헌 박사님(에너지경제연구원), 신영재 교수님(한국해양대), 정유심 원장님(한국품질재단), 강정웅 사무관님(산업통상자원부) 등께 깊이 감사드린다.

졸저의 출간에 각별한 관심을 가지시고 가르쳐주신 안광헌 사장님(현대중공업)과 김인현 교수님(고려대) 등 바다 저자 포럼 회원들께 심심한 감사를 드리며 현대중공업에서 세계 최고의 CCUS선박을 제조하여 초격차와 초연결을 주도하시기를 간절히 기원한다.

이산화탄소 포집, 수송, 활용 및 저장과 관련된 연구를 한 제자들인 유태신 박사, 안태용 석사, 목원석 석사, 임소연 석사, 서웅찬 조교, 정주휘 조교 등이 앞으로 CCUS의 발전에 크게 기여하기를 기원한다. 본서가 출간되는 과정에서 지원을 아끼지 않으신 아산사회복지재단 관계자님, 본서의 편집 및 교정을 위해 노고해 주신 집문당 전정아 부장님 등께 깊이 감사드린다.

이 졸저가 향후 통합환경법과 CCUS법 제정시 타산지석으로 활용되기를 바라는 마음이 간절하다.

2021.11.15.

저 자

| 차 례 |

제1장

# 서 론

# 제1장 서 론

## 제1절 연구의 배경

현대사회에 있어서 과학과 기술의 발달에 다른 경제성장은 그와 비례하여 자연환경의 오염과 파괴[1], 코로나19를 초래하고 종국적으로는 빌 게이츠(Bill Gates)가 강조한 기후재앙을 초래했다.[2] 토머스 프리드먼은 『뜨겁고 평평하고 붐비는 세계(*Hot, Flat and Crowded*)』에서 우리가 직면하고 있는 시대를 에너지기후시대(Energy-Climate Era)라고 명명하면서, 우리가 기후와 환경에 영향을 미친 모든 영향, 이를테면 산성비, 오존층파괴, 전통적인 환경오염 등을 통제하고 회복할 수 있다고 여기던 시대를 뒤로하고, 인간이 기후와 지구의 자연계에 미치는 영향이 잠재적으로 통제할 수 있거나 회복할 수 없는 시대로 들어가고 있다고 경고하고 있다.[3] 화석연료의 대량사용 등이 불러

1) 이승은 · 고문현, 『기후변화와 환경의 미래』, 21세기북스, 2019, 36-38쪽.
2) 빌 게이츠 저, 김민주 · 이엽 옮김, 『빌 게이츠, 기후재앙을 피하는 법』, 김영사, 2021, 8-28쪽.
3) Thomas L. Friedman, *Hot, Flat, and Crowded*, New York: Picador/Farrar, Straus and Giroux, 2008, pp. 79-80.

온 지구온난화 및 기후변화에 대응하기 위한 국제적·국가적 차원에서의 노력이 우리나라에서도 소위 '녹색법제'[4]라는 형태로 추진된 바 있다.[5]

우리나라의 환경문제는 근본적으로 환경용량에 비하여 지나치게 과도한 인구가 거주하고 경제개발을 위한 산업활동이 급속도로 이루어져서 발생한 것이다. 이러한 상황에서 제8차 헌법개정에 해당하는 1980년 헌법 제33조에서 "모든 국민은 깨끗한 환경에서 생활할 권리를 가지며, 국가와 국민은 환경보전을 위하여 노력하여야 한다."고 기본적으로 환경기본권의 형태로 처음 규정하였다가 제9차 헌법개정에 해당하는 현행 헌법인 1987년 헌법 제35조 제1항에서 위의 내용과 거의 유사한 내용을 유지하고 있다.[6] 환경의 보호를 위해서는 환경문제의 복잡성, 원리적·개별적 문제해결의 곤란성, 그리고 역동적인 자연과학적 지식 및 산업·기술상의 발전에 대한 의존성으로 말미암아 입법에 크게 의존하지 않을 수 없다. 따라서 현행 헌법 제35조 제2항은 "환경권의 내용과 행사에 관하여는 법률로 정한다."고 규정함으로써 종합적 기본권으로서의 환경권의 구체화를 법률에 위임하고 있는데 제35조 제1항의 전제위에서 그리고 그 범위 내에서 입법적 형성의 여지를 인정하지 않을 수 없다. 즉, '건강하고 쾌적한

---

4) 녹색법제는 녹색성장이라는 국가 비전을 실현하기 위한 법령의 집합 또는 체계라고 할 수 있다. 즉, 녹색성장을 실현하기 위한 제반 정책을 체계적이고 일관적으로 수행해 나갈 수 있도록 법령에 규정한 것이 녹색법제이다. 박지은, "녹색법제의 범위와 체계", 「월간법제」, 2010.7., 11쪽.

5) 고문현 외, 『녹색법제 사전 입법지원 용역』, 법제처, 한국환경법학회/한국입법학회, 2011.12., 4-284쪽 참조.

6) "모든 국민은 건강하고 쾌적한 환경에서 생활할 권리를 가지며, 국가와 국민은 환경보전을 위하여 노력하여야 한다." 이에 대하여 자세한 것은 고문현, 『헌법학개론』, 제2판, 박영사, 2020, 242-245쪽 참조.

환경에서 생활할 권리'는 헌법 제35조 제1항으로부터 직접적 효력을 갖는 권리로서 도출되며 헌법 제35조 제2항에 의해 부여된 입법권자의 입법형성권은 제1항의 헌법적 결정을 구체화하고 또 그것에 위배되지 않는 범위 내에서만 인정된다고 본다. 이러한 해석은 같은 조항에서 부과된 국가의 환경보호를 위하여 노력해야 할 의무를 통해서도 지지된다.[7] 헌법상 환경권을 구체화한 법으로서의 환경관련법[8]은 우리 헌법에서 환경권을 명문화화기 이전인 1963년에 제정된 공해방지법에서 찾을 수 있지만, 당시는 경제개발을 본격적으로 추진하고자 하는 출발단계였기 때문에 환경오염이 심각해졌다는 것보다는 외자도입과 관련해서 환경법규가 있어야 하겠다는 고려에서 제정한 측면이 크다. 따라서 공해방지법은 전문 21개조에 지나지 않는 피상적인 입법으로 위생법적인 성격이 강했기 때문에 진정한 의미에서의 환경법으로 보는 데에는 한계가 있다.[9] 결국 진정한 환경법의 역사는 1977년에 제정된「환경보전법」에서 비롯되어 1990년대에「환경정책기본법」을 중심으로 한 환경6대법이 제정되고 그 이후에도 1991년 3월 낙동강 페놀오염사건에 따라 제정된「환경범죄의 처벌에 관한 특별법」처럼 임기응변적으로 또는 필요에 따라 환경관련법이 제정되어[10] 2020년 8월 현재 환경부가 직접 관장하는 환경법은 총 71개가

---

7) 홍준형,『환경법』, 박영사, 2005, 37쪽; 홍준형,『환경법특강』, 박영사, 2013, 4쪽.

8) Fritz Werner, "Verwaltungsrecht als konkretisiertes Verfassungsrecht", *DVBl.*, 1959, 527-533쪽.

9) 이상돈 · 이창환,『환경법』, 이신출판사, 1999, 84쪽.; 더 나아가 공해를 다루는 전담기관이나 법시행에 필요한 예산조치가 없었으며,「공해방지법」을 시행하기 위한 시행령과 시행규칙이 1967년 5월에서야 제정되어 공해입법이란 명목에 그쳤다. 환경법을 집행할 환경행정기관인 환경청이 1980년에 가서야 발족될 수 있었던 사실로부터 한국 환경법의 형성은 태생부터가 자생적이지 못했다는 점을 극명하게 보여주고 있다.

되는 상황, 즉 환경법의 홍수의 상황이 되었다.[11)]

이러한 이유로 환경헌법[12)]의 집행법[13)]으로서의 현행 복수환경법이 비체계성과 비효율성 등 여러 가지의 문제점을 가지게 되었는데 여기에서는 그 문제점을 알아본 뒤 이에 대한 해결책의 하나로서 통합환경법 제정의 필요성을 고찰해 보고, 환경법 통합의 선진사례로서 프랑스와 독일 등의 선진입법례를 중심으로 살펴본 후에 우리나라의 통합환경법 제정의 방향에 대하여 고찰하고 통합환경법 제정의 일환으로 가칭 「이산화탄소 포집 및 저장에 관한 법률」안(이하 '「이산화탄소 저장 등에 관한 법률」안'으로 약칭)을 모색해 보기로 한다.[14)]

---

10) 현행 환경법의 체계는 헌법전문(前文), 헌법 제10조, 제35조 및 제37조 등 환경헌법조항들과 이를 바탕으로 하여 제정된 「환경정책기본법」과 각종 분야별 환경관계법들로 구성되어 있다. 홍준형, "한국환경법의 현황과 과제", 동아시아 지역에서의 행정소송법과 환경법의 현황과 과제, 동아시아행정법학회 제2회 국제학술대회, 1997.5.3., 236쪽; 홍준형, 『환경법특강』, 박영사, 2013, 30쪽.

11) 환경부, 『2020 환경백서』, 2020, 784-790쪽 참조.

12) 고문현, 『환경헌법』, 울산대학교출판부(UUP), 2005, 26-27쪽 참조.

13) 김남진, "환경보전과 환경행정법", 「월간고시」, 1988.3., 23쪽; 김남진·김연태, 『행정법 Ⅱ』, 법문사, 2004, 610-611쪽.

14) 고문현, "한국 환경법의 발전과 바람직한 개정방향", 「공법학연구」, 제9권 제3호, 2008.8., 555-581쪽 참조.

## 제2절 연구의 목적

### 1. 연구의 필요성

#### 1) 70여 개의 환경관련 법률들로 인한 상호충돌과 비체계성 등의 문제

우리나라에서는 1963년 처음으로 「공해방지법」이 제정되었으나 그 실효를 거두지 못하자, 1977년에 「환경보전법」과 「해양오염방지법」을 제정하였다. 그러나 환경문제를 종래의 공해 중심적 사고방식으로는 충분히 대응할 수 없다는 인식하에 환경권을 헌법적으로 수용하여야 한다는 요청이 대두되자, 1980년 제8차 헌법개정에서 환경권 조항을 명시적으로 보장(제33조)하게 되었다.[15] 1987년 제9차 헌법개정에서 환경의 실제화를 위하여 법률 유보에 관한 사항과 주택개발정책 등을 통한 쾌적한 주거생활보장과 같은 사회적 환경에 관한 내용이 환경권 조항에 추가되었으며, 동년에 「폐기물관리법」이 제정되었다. 경제성장의 고도화와 공업화의 진전으로 환경오염의 유형이 다양화되면서 「환경보전법」이 폐지되고, 1990년 8월 1일 「환경정책기본법」이 제정되

15) 이때 서울대 노융희 환경대학원장, 연세대 권숙표 교수, 노재식 한국원자력연구소 환경실장, 구연창 경희대 법대 교수 등이 강하게 주장하여 환경권을 헌법에 도입하게 되었는데 헌법 33조의 초안은 구연창 교수가 작성하고 이를 토대로 노융희 원장, 권숙표 교수 등이 검토를 하였다고 회고하고 있다. 『환경분쟁조정제도의 기능강화를 위한 법적 과제』라는 대주제하에 2006년 4월 8일 개최된 한국환경법학회 제83회 학술대회에서 노융희 교수의 기조연설; 한국과학기술단체총연합회, 「과학과 기술」, 제30권 제6호, 1996.6., 81쪽; 고문현, 『환경권에 관한 연구』, 울산대학교 출판부(UUP), 2005, 8쪽 각주10); 고문현, "헌법재판소의 환경쟁송결정개요 및 그 정책적 시사점", 「환경법연구」, 제28권 1호, 2006.5., 549쪽 각주9)참조.

었다. 「환경정책기본법」을 근간으로 하여 대기・수질・소음 등 개별 분야에서 이들을 규제하기 위한 단행법, 즉 「대기환경보전법」, 「수질환경보전법」, 「소음・진동규제법」, 「유해화학물질관리법」, 「환경오염피해분쟁조정법」 등을 제정하여 이른바 환경6대법시대에 접어들게 되었다. 이후 계속하여 개별적인 환경대책법들이 제정되어 2020년 8월 현재 환경부 소관 환경법은 71개, 타 부처 소관의 환경법이 60여 개 이상에 달하고 있으며, 관련 부처만도 15개 이상에 이르고 있다.[16)]

이와 같이 다양하고 방대한 우리나라 환경관련 법률들은 법률들이 상호 충돌하고 체계적이지도 못하여 입법목적을 달성하지 못하는 등 다양한 문제들이 야기되어 많은 비판을 받아 왔다. 이러한 비판들의 핵심은 환경관련 법률들의 비체계성과 비효율성으로 요약할 수 있다.

본 연구에서는 복수 환경관련법의 가장 중요한 문제라 할 수 있는 비체계성문제와 비효율성문제를 심도 깊게 검토하여 향후 바람직한 환경법체계의 정비방안을 모색해 보고자 한다.

### 2) 복수 환경관련법의 비체계성 해소의 필요성

우리나라 환경관련법의 비체계성이란 환경관련법의 체계가 지나치게 단편적이고 나열적이며, 비체계적인 동시에 비정형적이어서 일반국민이 이해하기 어렵다는 것이다. 그 근거로는 다음과 같은 논거를 들고 있다.

첫째, 「환경정책기본법」의 기본 원칙 또는 이념이 개별적인 환경대책법에 제대로 반영되지 못하여 「환경정책기본법」과 개별대책법과의

---

16) 환경부, 『2018 환경백서』, 2018.7., 620-625쪽; 환경부, 『2020 환경백서』, 2020. 10., 784-790쪽 참조.

관계가 불분명하다는 점이다.

둘째, 개별법령 상호 간에 중복하여 규제하는 경우도 있고 법의 공백이 있는 경우도 있으며, 개별 법령들 간의 균형이 맞지 않는다는 점이다.

셋째, 법률에서 규정하여야 할 사항을 시행령이나 시행규칙 등에 위임하는 방식을 취하고 있는 점이다.

넷째, 환경법이 너무 복잡하고 어려워 일반 국민을 비롯한 규제대상자들이 이해하기 어렵다는 점 등을 들고 있다.

본 연구에서는 이러한 비체계성의 문제를 근본적으로 해결하기 위한 방안으로 환경선진국인 프랑스 통합환경법, 네덜란드 통합환경법과 독일의 통합환경법안, 스웨덴의 통합환경법안을 철저히 분석 검토하여 이를 토대로 체계성을 갖춘 가칭 '통합환경법'을 마련하고자 한다. 이러한 '통합환경법'에서는 「환경정책기본법」의 기본 원칙을 '통합환경법'의 총칙에 규정한 다음, 이것을 '통합환경법' 각칙에 반영되도록 하고, 개별법령 상호간의 중복 규제나 불균형 또는 법의 공백이 생기지 않도록 입법하며, 지나치게 하위법령에 위임하는 방식을 지양하고, 현재의 복잡다기한 환경법을 '통합환경법'에서 가능한 한 간단하고도 쉽게 규정할 수 있는 논거들을 제공하고자 한다.

### 3) 복수 환경관련법의 비효율성 해소의 필요성

환경법의 체계가 오염 매체별로 짜여진 다양한 법률로 구성된 복수법주의를 취하고 있어 환경보호 및 개선에 있어 비효율적이라는 비판이 제기되고 있다. 그 근거로는 다음과 같은 논거를 들고 있다.

첫째, 법체계가 오염매체별로 이루어진 개별적인 분할법 체계를 취하고 있다는 점이다.

둘째, 법체계가 지나치게 규제자 중심으로 이루어져 있다는 점이다.

셋째, 과도하게 직접규제에 의존하고 있다는 점 등이다.

특히 현행 오염매체별 분할적 환경법체계하의 입법은 매체별로 구성되어 있다. 이는 오염물질이 최초에 배출된 매체인 대기, 물 또는 토양에 그대로 머물러 있을 것을 전제하는 것이다. 따라서 실제로 발생하는 현상 즉, 오염물질이 매체를 이동하여 복합적, 광역적으로 발생하는 오염문제에 대해서는 개별적인 대책법의 체계만으로는 한계가 있다. 이에 따라 매체를 통합적으로 관리할 수 있는 입법이 필요하다.

규제자 중심의 규제편의를 위한 법제정은, 피규제자 입장에서는 매우 비효율적으로 법집행이 되는 것이다. 예컨대 배출시설설치 규제의 경우 하나의 시설물을 가동하려면 현재는 대기, 수질, 소음・진동, 폐기물 등 여러 분야의 허가를 각각 받아야 하는 경우가 있는데, 이러한 부담을 덜기 위해 허가를 일괄처리 할 수 있는 "하나의 신청서, 하나의 허가서"의 도입이라든가 지금까지는 여러 개의 개별 인가를 받아야 하는 시설물(예: 원자력발전소)의 허가절차가 통합환경법을 통해 하나의 "통합된 계획인가(Integrierte Vorhabengenehmigung)"로 완료하게 될 것이 필요하다.

과도한 직접규제위주의 법체계는 규제에 따르는 비효율과 손실이 많으며 기업들의 기술개발의지를 떨어뜨리는 결과를 낳는다. 반면에 간접규제수단이라고 할 수 있는 경제적 유인책은 별로 사용되고 있지 않고 있다. 경제적 유인책은 같은 환경개선효과를 낼 수 있으면서도 그 준수비용을 절감할 수 있다는 장점을 가지고 있는 바, 규제대상기업들이 스스로 오염물질의 배출의 감소를 유도할 수 있는 다양한 경제적 유인책의 도입과 활성화가 요망된다.

### 4) 환경법의 단일법전화의 필요성

법전화란 특정 부문에 관한 다양한 성격의 규범들을 모아 정리하는 것으로 자연보호와 오염방지로 크게 대비되고 있는 환경법의 경우에는 그 분야가 대기·수질·토양 등의 환경 요소에 관한 것, 사냥·수산·에너지 등의 인간의 활동에 관한 것, 소음·정화 등의 오염 또는 방해 행위에 관한 것, 자연보호·쓰레기·문화재와 같은 특정목적에 관한 것, 농업·산업·서비스와 같은 경제 분야에 관한 것 등을 포괄하므로 법의 체계화·단순화와 통일성을 기하기 위해 법전화의 필요성이 매우 크다.

환경법이 통합 내지 단일 법전화 되면, 환경관련법이 하나로 통합됨으로 인하여 적은 규범으로 많은 환경보호를 할 수 있도록 총괄적이고도 정연한 법체계상의 정비를 이룰 수 있다.

환경에 관한 기본이념이 총칙으로 규정되어 국가가 환경에 관하여 지향하는 바를 분명히 밝힐 수 있고 그 기본이념은 각칙에 규정된 각종의 법 규정 해석의 원칙으로 기능할 수 있다.

환경에 관한 일반원리들이 규정되어 있으면 새로운 형태의 환경문제 등이 발생하는 경우에 구체적인 개별법이 없더라도 이러한 일반원리에 의하여 문제해결이 가능하다.

다양한 환경관련법이 단일 법전화되면 간단하고 체계적이어서 이해하기 쉬운 환경법이 됨으로써 집행상의 문제점들을 개선할 수 있으며, 국민의 입장에서도 쉽게 접근할 수 있어서 자발적 준수를 유발할 수 있고 나아가 국민의 환경의식 강화에도 이바지한다.

특히 단순하고 일목요연한 환경규정과 절차 구조는 비관료주의를 의미함과 동시에 경제적인 부담도 덜어줄 수 있다. 특히 고유한 법무팀과 인가팀을 운영할 수 없고, 현재의 환경관련법들에서 올바른 방법을 찾기 위해 애써야 했던 중소기업들에게 많은 도움이 될 것이다.

통합환경법이 지향하는 환경법규의 간소화와 탈관료화가 환경기준의 하향화를 의미하는 것이 아니다. 오히려 통합적으로 환경기준을 관리할 수 있는 장점을 가지게 되어 통합환경법의 제정이 더욱 필요하다.

대륙법계의 대표적인 나라 중의 하나인 프랑스에서는 위와 같은 장점을 가진 통합환경법을 이미 제정하여 시행하고 있고, 대륙법계의 또 하나의 중심축인 독일에서도 통합환경법(안)을 마련하여 그 시행을 위한 마무리 단계에 와 있고, 그 이외에 네덜란드가 통합환경법을 현재 시행하고 있고, 스웨덴이 현재 통합환경법안을 준비하고 있는 점을 감안하면 같은 대륙법계에 속하는 우리나라에게 시사하는 바가 매우 크다고 여겨진다. 따라서 프랑스, 독일, 네덜란드, 스웨덴 등 주요 환경선진국의 통합환경법(안)을 철저히 분석·검토하여 이를 토대로 한국적 상황에 맞는 체계성을 갖춘 통합환경법을 모색하려는 것이 본 연구의 궁극적 목적이다.

### 5) 통합환경법의 일환인 가칭 「이산화탄소 저장 등에 관한 법률」안 제정의 필요성

지금 지구온난화의 주요원인인 이산화탄소 감축문제가 전 세계의 뜨거운 이슈인데 2015년 파리기후협약도 이것을 주된 내용으로 하고, 더 나아가 2020년에는 우리나라를 비롯하여 미국, 중국 등 세계 주요국들이 탄소중립 2050을 선언한 바 있다. 이산화탄소를 대규모로 감축하는 대표적인 기술인 이산화탄소 포집, 활용 및 저장기술(Carbon Dioxide Capture, Utilization and Storage; CCUS)[17]이 최근 문재인 정부의 그린 뉴딜정책 중에서도 주목을 받고 있다. 더 나아가 수소에너지 사용시 이산화탄소가 배출되어 이의 처리를 위해서도 CCUS 기술이 필요하여 CCUS 기술은 문재인 정부의 그린 뉴딜정책의 핵심정책이다. 그런데 현행 우리나라 법률에 이에 대한 근거가 없고 기존의 「폐기물관리법시행규칙」 부칙에 규정되어 있는 '이산화탄소 스트림'만으로는 이를 체계적으로 규율할 수 없고, 더 나아가 이 규정은 이산화탄소를 폐기물로 전제하고 규정한 것인데 이산화탄소를 폐기물로 보는 것은 문제가 있어 이산화탄소 포집, 수송, 저장 및 사후관리라는 전과정(Life Cycle)을 통합관리하는 차원에서 가칭 「이산화탄소 저장 등에 대한 법률」안을 마련할 필요가 있다.

## 2. 본 연구 주제에 대한 선행연구 및 독창성

종래 환경보호의 대상을 중심으로 규율하고 있는 입법례에 속하는 「지하수법」과 「토양환경보전법」에 대하여, "토양오염은 곧 지하수오염으로 연결된다."는 점과 "현행 「지하수법」과 「토양환경보전법」에서

---

17) CCS(Carbon dioxide Capture and Storage)기술은 화력발전소, 철강, 시멘트공장 등과 같은 화석연료를 사용하여 대량의 이산화탄소를 배출하는 배출원으로부터 이산화탄소가 대기 중에 배출되기 전에 포집한 후 수송하여 지하의 안전한 지층에 저장함으로써 대기로부터 격리시키는 기술로 정의되어 왔으며, 최근에는 더 나아가 포집한 이산화탄소를 석유나 천연가스의 회수증진에 활용하거나, 화학적 혹은 생물학적인 방법을 이용하여 이산화탄소를 고분자나 바이오디젤과 같은 유용한 물질로 전환하는 기술인 처리기술까지 포함하는 개념으로까지 확장되었다. 김재창 외, 앞의 책, 38쪽.

규율하고 있는 오염방지대책과 그 수단은 대체적으로 볼 때 큰 차이가 없다."는 점에 착안하여 양자를 통합하려는 선행연구가 있었다.

또한 생활의 발달로 수거식화장실에서 수세식화장실로, 단독주택에서 아파트화로 되어감에 따라 분뇨수거량이 감소하고 있고 그에 따른 분뇨처리장신증설이 감소하고 하수처리구역은 증감함에 따라 하수처리장 신증설은 증가하고 있어 오수·분뇨 및 하수의 동시처리 추세가 가속화되면서 하수와 오수·분뇨의 통합관리의 필요성이 증대되자, 하수 및 오수·분뇨를 통합하려는 선행연구가 있었다.

아울러 우리나라의 물과 본질적으로 관련되어 있는 법령을 크게 수량관리, 수질관리 및 재해관리로 나누어 구분할 경우 수량관리 분야에는 「하천법」, 「댐건설 및 주변지역지원등에관한법률」, 「지하수법」, 「소하천정비법」, 「농어촌 정비법」, 「전원개발에 관한 특별법」 등이 있고, 수질관리 분야에는 「환경정책기본법」, 「수질환경보전법」, 「수도법」, 「하수도법」, 「먹는 물 관리법」, 5대강수계 물 관리법 등이 있으며, 재난 관리 분야에는 「자연재해대책법」과 「농어업재해대책법」 등 대략 15개가 넘는다. 이렇게 많은 수자원에 관한 현재의 모든 법령을 하나로 통합하는 방안은 물 관리측면에서만 볼 때에는 이상적이지만 수자원과 관련된 다른 국가의 기능, 즉 국토의 균형개발, 환경보전, 자연재해예방, 농업정책, 에너지개발 등을 무시하고 오로지 수자원의 관리에만 초점을 맞춰 관련법령을 재편할 수 없다는 현실적인 문제점을 내포하고 있다. 따라서 그 현실적인 대안으로 현재의 법령을 그대로 유지하되, 실질적으로는 하나의 법령으로 통합한 것과 효과가 동일하도록 관련법령을 유기적으로 결합시킬 수 있는 물 관리기본법을 제정하는 것이 바람직하다는 선행연구가 있었다. 그 후 수질관리업무가 환경부의 업무로 이관됨에 따라 물관리의 기본이념과 물관리 정책의 기본방향을 제시하고 물관리에 필요한 기본적인 사항을 규정함으로써 물의 안정적인 확보, 물환경의 보전・관리, 가뭄・홍수 등으로 인하여 발생하는 재해의 예방 등을 통하여 지속가능한 물순환 체계를 구축하고 국민의 삶의 질 향상에 이바지함을 목적으로(제1조) 2018년 6월 12일 「물관리기본법」이 법률 제15653호로 제정되었고 「물관리기본법」은 부칙 제1조[18]에 따라 2019년 6월 13일 시행되었다. 「물관리기본법」은 그 후 타법개정으로 2020년 5월 26일 법률 제17326호로 개정되었고 「물관리기본법」부칙규정[19]에 따라 공포일인 5월 26일부터 바로 시행되었다.

독일의 통합환경법전의 초안에 대한 연구는 아직까지 번역 수준의 소개에 그친 정도이고, 이에 대한 본격적인 소개도 거의 없는 실정이다. 아울러 통합환경법전을 가지고 있는 프랑스에 대한 연구 역시 서의 행해지지 못하고 있는 실정이다. 더 나아가 네덜란드 통합환경법, 스웨덴의 통합환경법안 등에 대한 연구는 전혀 이루어지지 아니한 상태이다.

따라서 종래 우리나라에서 통합환경법에 대한 연구가 별로 이루어지지 않았고, 이에 대한 연구가 이루어졌다고 해도 제한적이나마 부분적인 통합화에 대한 연구 중심으로 미약하게 진행되어 왔을 뿐 환경법을 전반적으로 검토하여 새로운 통합환경법전을 본격적으로 제시한 연구가 거의 없다.

이러한 점에서 본 연구는 프랑스, 독일, 네덜란드, 스웨덴 등 대륙법계의 주요 국가들의 통합환경법을 토대로 새로운 통합환경법전안을 모색해 보려는 것이 주된 목적이므로, 종래의 선행연구에서 찾아

18) 제1조(시행일) 이 법은 공포 후 1년이 경과한 날부터 시행한다.
19) 이 법은 공포한 날부터 시행한다. <단서 생략>

볼 수 없는 독창성이 있는 획기적인 연구라고 할 수 있다.

더 나아가 이산화탄소를 대규모로 감축하는 기술인 CCUS기술이 그린 뉴딜정책의 일환으로 주목을 받고 있는 와중에 수소에너지 사용 시 배출된 이산화탄소의 처리를 위해서도 CCUS 기술이 필요하다. 그럼에도 불구하고 우리나라 현행 법률에는 이에 대한 근거가 없고 기존의 「폐기물관리법시행규칙」부칙에 규정되어 있는 '이산화탄소 스트림'만으로는 이를 체계적으로 규율할 수 없다. 설상가상으로 이 규정은 이산화탄소를 폐기물로 전제하고 규정한 것인데 이산화탄소를 폐기물로 보는 것은 문제가 있다. 이에 이산화탄소 포집, 수송, 저장 및 사후관리라는 전과정(Life Cycle) 차원에서 가칭 「이산화탄소 저장 등에 대한 법률」안을 마련할 필요가 있는바, 본 연구에서 통합환경법 제정의 일환으로 이를 모색하는 것은 매우 시의적절하고 의미가 크다고 하겠다.

## 제3절 연구의 방법

### 1. 문헌조사방법

본 연구는 기본적으로 문헌조사 방법을 사용한다. 본 연구는 통합환경법과 관련된 법규정을 1차적 분석대상으로 하기 때문에, 이와 관련되는 기존의 국내외의 연구들과 관련된 판례들을 분석 · 검토하게 될 것이다. 따라서 이 과정은 주로 통합환경법관련 기존의 법령, 저서와 논문들, 판례 등을 정리 · 분석하는 문헌조사방법을 사용하게 된다.

## 2. 비교법적 방법

본 연구는 대륙법계의 대표적 국가로서 통합환경법을 이미 가지고 있는 프랑스와 네덜란드, 통합환경법 제정의 마지막 단계에 도달하여 법안 초안을 제정하였으나 결국 좌절된 바 있는 독일을 중심으로 통합환경법 초안과 그 실패원인을 비교법적 방법으로 살펴본다.

프랑스와 독일을 주요 비교대상으로 한 것은 우리나라의 법체계가 기본적으로 대륙법계에 속하고, 우리나라의 법학발전에 지대한 영향을 미친 두 나라의 통합환경법전은 타산지석으로 삼기에 충분한 가치가 있다고 판단되기 때문이다.

프랑스와 독일을 주된 비교대상으로 하고 미국이나 일본을 제외한 이유는 다음과 같다.

첫째, 미국이나 일본은 아직 완전한 의미의 통합환경법이 제정되어 있지 않기 때문에 원천적으로 비교법적 연구가 불가능하다는 점이다.

둘째, 1987년 대한민국 헌법 제35조의 환경권 조항처럼 독일에서는 1994년 제42차 기본법 개정 시 독일기본법 제20a조에서, 프랑스에서는 2005년 프랑스헌법 환경헌장[헌법전문(前文)과 10개의 조항으로 구성되어 있음]에서 환경에 관하여 각각 규정하고 있는데 반하여 미국이나 일본은 아직까지 헌법에서 환경에 관하여 명문으로 규정하고 있지 않기 때문에 법 전체의 체계성을 위하여서도 미국이나 일본의 환경관련입법을 참고하기가 곤란하다는 점이다.

셋째, 더 나아가 독일기본법 제20a조와 프랑스헌법 환경헌장 제1조의 환경보호의 규정형태가 다른바, 독일에서는 국가목표조항의 형태로 환경보호를 규정하고 있고, 프랑스에서는 기본권 조항의 형태로 환경보호를 규정하고 있다. 이것은 현재 우리나라 헌법 제35조에서 기본적으로 기본권의 형태로 규정하고 있는데 반하여 북한(조선민주주의인민공화국) 헌법 제57조에서 국가목표조항의 형태로 규정하고 있어서 앞으로 이루어질 통일의 시기에 통일대한민국의 환경조항 및 이의 구체화로서의 통합환경법의 제정과 관련하여서도 시사하는 바가 매우 크다고 하겠다.

### 3. 현장조사 방법

본 연구가 실제로 한국의 통합환경법의 제정에 적용 가능하고 실용적인 연구가 되도록 하기 위해 프랑스의 통합환경법 제정에 직접 관여한 국회의원, 정부관계자, 전문가, 환경단체종사자, 통합환경법의 적용을 받는 회사관계자, 주민 등을 모두 직접 만나 심층면담을 하는 기회를 가지려고 하였으나 여러 가지 사정으로 프랑스 환경부 담당자와 전문가를 통한 프랑스 현지관찰조사를 실시하였다.

또한 프랑스와 더불어 대륙법계의 대표적 국가로서 통합환경법초안을 마련하고 이의 최종적인 마무리단계까지 갔다가 합의에 실패하여 좌절한 독일의 경험과 관련하여 통합환경법안의 제정에 관여한 정부관계자, 전문가 등의 생각과 경험을 직접 인터뷰 등을 통하여 입수하여 한국의 통합환경법의 제정에 소중한 자료로 활용하였다. 그 이외에 네덜란드와 스웨덴에 관한 연구 시 현지를 방문하여 생생한 경험담을 수집함으로써 소중한 자료를 수집하려고 하였다. 이는 문헌만을 통한 제도의 연구에서 결코 확인할 수 없는 현장의 실상을 확인할 수 있기 때문에 바람직한 통합환경법의 모형을 제시하는 데 크게 도움이 되리라고 생각된다.

## 제4절 연구의 내용

본 연구의 주된 내용은 다음과 같다.

(1) 서론

• 연구의 배경

• 연구의 목적

• 연구의 내용

• 연구의 방법

(2) 우리나라 환경관련 법령현황 및 체계의 문제점

• 우리나라 환경법의 발달과정

• 우리나라 환경관련 법령의 현황

• 다양한 복수의 환경관련 법들로부터 파생되는 문제점(비체계성, 비효율성 등) 분석

환경법과 관련된 분야에서 근무하는 공무원과 기업체 종사자들을 대상으로 설문조사하여 다양한 복수의 환경관련 법들로부터 파생되는 문제점들을 체계적으로 분석하고 문제점 해결을 위한 방안을 모색한다.

(3) 통합환경법에 관한 외국의 입법례연구

• 프랑스는 일찍부터 거의 모든 법률분야에서 법전화가 시작되어 왔으며(예: 민법전, 형법전 등), 환경법전도 이러한 법전화의 연장선상에서 법전화되어 있다.

• 독일의 통합환경법화는 1978년과 1986년 연방환경부의 위탁으로 수행된 학문적 준비작업을 근거로 한다. 즉, Kloepfer 교수의 환경법의 체계화(연방환경부의 1978년 8월 보고서), Kloepfer/Messerschmidt 교수의 환경법의 내용적 조화(연방환경부의 1986년 6월 보고서) 등의 연구를 근거로 한다. 위 두 연구로부터 환경법전 총칙의 제정이 가능하고 총칙제정의 장점이 단점을 훨씬 능가하기 때문에 유용하다는 결론을 도출하였다. 그 후 연방환경부연구용역으로 1988년 4월부터 1990년 4월까지 연구하여 통합환경법전 총칙의 초안이 나왔다. 그리고 1993년 말에 통합환경법전 각론의 초안을 완성하였다. 이러한 일련의 과정을 통하여 통합을 위한 생각들이 정리되었고, 정치적 다수의 지지를 확보하였으며, 연방개혁 1(2006.8.28.)과 연합정부의 구성은 핵심적인 환경영역의 법 제정과 연방 통합환경법전 편찬을 용이하게 흘러갔으나 2009년 5월 통합환경법안이 부결되었다. 이후 이를 다시 추진하여 30여 년이 넘게 지속되어 온 통합환경법전 편찬을 마무리할 예정이었지만 2021년 11월 현재까지 진척이 이루어지고 있지 않다.

• 독일의 통합환경법(안) 분석
• 독일에서 통합환경법(안)에 대한 논의과정 검토
  1970년대 중반부터 진행된 이래로 2009년 4월에 이르기까지 통합논의가 계속되다가 연방의회에서 통합환경법안이 결국 부결됨.
• 독일의 통합환경법에 찬성하는 입장의 근거들을 검토
  ① 복잡한 환경관련법들을 통일화시킬 필요가 있음.
  ② 환경보호의 방법들을 간소화할 필요가 있는바, 이는 관료주의의 해체와 투자촉진을 가져올 것으로 기대됨.

③ 현재 환경법은 너무 복잡할 뿐만 아니라 명료하지도 못함. 여러 전문영역이 뒤섞여 있고, 연방과 주(州) 사이에 환경보호의 방법이 각기 격리되어 운용되고 있음. 그래서 더 이상 현대의 통합적인 환경정책과 맞지 않음.

④ 2006. 8. 28. 기본법상의 연방주의(기본법 제70조 이하의 개정)가 개정되어 통합환경법을 제정할 수 있는 좋은 기회가 도래함. 대강규정(구 기본법 제75조)이 동법 제72조와 통폐합되어 연방이 자연보호법과 수법 영역에 대해 전권적 입법권을 가질 수 있게 이를 통합환경법에 포함시켜야 함.

⑤ 통합환경법을 통해 "인가"체계가 효율성을 갖게 됨. 지금까지는 여러 개의 개별 인가를 받아야 하는 시설물(예: 원자력발전소)의 허가절차가 통합환경법을 통해 하나의 "통합된 계획인가(Integrierte Vorhabengenehmigung)"로 완료하게 됨.

⑥ 단순하고 일목요연한 환경규정과 절차구조는 비관료주의를 의미함과 동시에 경제적인 부담도 덜어줄 수 있음. 그래서 특히 고유한 법무팀과 인가팀을 운영할 수 없고, 현재의 환경법에서 올바른 방법을 찾기 위해 애써야 했던 중소기업들에게 많은 도움이 될 것임.

⑦ 통합환경법이 지향하는 환경법규의 간소화와 탈관료화가 그렇다고 하여 환경기준(Umweltstandard)의 하향화를 의미하는 것이 아니므로 통합환경법의 제정이 필요함.

• 독일의 통합환경법에 반대하는 입장의 근거검토

① 환경법 경계를 정함의 어려움

② 하나의 독립된 법 영역으로서 인지의 어려움

③ 상대적으로 정리되지 않은 EU 환경법이 국가의 정리된 환경

법 형성에 맞지 않음

• 프랑스 통합환경법 분석

① 프랑스의 통합환경법 제정의 배경

② 프랑스의 통합환경법의 내용

제1권 통칙

제1편 일반원칙

제2편 정보제공과 시민참여

제3편 기관

제4편 환경보호단체

제5편 재정(財政)규정

제2권 자연환경

제1편 물환경

제2편 대기

제3권 자연공간

제1편 자연유산의 목록과 개선

제2편 해안선

제3편 공원과 특별보류지(reserve)

제4편 부지(sites)

제5편 경관

제6편 자연에의 접근

제4권 식물과 동물

제1편 식물과 동물의 보호

제2편 사냥

제3편 민물낚시와 양어장자원의 관리

제5권 오염, 위험 및 생활방해(nuisances)의 예방

제1편 환경보호를 위하여 분류된 시설

제2편 화학물질 및 살생물제(biocides)

제3편 유전자변형물질

제4편 폐기물

제5편 어떤 구조나 설비와 관련된 특별규정

제6편 자연적 위험의 예방

제7편 음향상 및 시각상의 생활방해의 예방

제8편 생활환경의 보호

제6권 New Caledonia, 프랑스령 Polynesia, the Wallis and Futuna Islands, French Southern과 남극지방 및 Mayotte

제1편 New Caledonia에 적용되는 규정

제2편 프랑스령 Polynesia에 적용되는 규정

제3편 the Wallis and Futuna에 적용되는 규정

제4편 French Southern과 남극지방에 적용되는 규정

제5편 Mayotte에 적용되는 규정

제7권 남극지방의 환경보호

제1편(Single Title) 1991년 10월 4일 마드리드에서 체결된 남극조약에 상응하는 환경보호에 관한 의정서의 집행

• 스웨덴과 네덜란드의 통합환경법에 대한 연구

EU회원국인 네덜란드가 2003년에 통합환경법[Environmental Management Act(EMA)]을 제정하여 시행하고 있고 스웨덴도 일찍이 1994년부터 통합환경법안을 준비해오고 있음에 따라 독일의 통합환경법 논의가 여전히 탄력을 받고 있는 상황에서 한국과 법률 교류가

거의 이루어지지 아니하여 관련 자료가 전혀 없는 네덜란드 통합환경법과 스웨덴의 통합환경법안에 대한 연구가 긴절히 필요함.

### (4) 환경법의 통합 필요성 여부

• 통합환경법(법전화)의 의의

• 통합환경법 제정의 유용성

### (5) 한국에서의 통합환경법의 모델

• 통합환경법의 제정방향과 구성(크게 총칙과 각론으로 규정)

• 통합환경법의 총칙

① 통칙(종래 환경정책기본법에서 규정하고 있는 내용들을 규정, 법의 목적, 개념정의, 환경법의 기본원칙)

② 환경의무와 환경권

③ 환경계획

④ 환경영향평가

⑤ 직접규제

⑥ 간접규제

⑦ 환경정보

⑧ 환경책임과 손해에 대한 배상

⑨ 단체의 참여와 절차의 공개

⑩ 법규명령과 행정규칙, 기술적 규칙

⑪ 조직과 권한, 국가의 환경의무

⑫ 부칙

• 통합환경법의 각론

① 자연보호와 경관보호

② 하천보호와 수자원관리

③ 지표환경보전

④ 임미시온방지

⑤ 핵에너지와 방사선보호

⑥ 위험물질

⑦ 폐기물관리와 폐기물처리

⑧ 부칙

• 통합환경법의 장애물 및 한계

• 전망과 해결방안

(6) 통합환경법의 일환으로 가칭 「이산화탄소 저장 등에 대한 법률」안

제2장

# 우리나라 환경관련 법령현황 및 체계의 문제점

# 제2장 우리나라 환경관련 법령현황 및 체계의 문제점

## 제1절 우리나라 환경정책을 기준으로 한 환경법의 발달과정

### 1. 개설

환경규제의 체계를 위한 기초를 형성하여 온 환경법이[1) 우리나라에서 약 60여 년 동안 존재하여 왔고 앞으로도 변화를 거치면서 존속할 것이다.[2)]

---

1) James F. Berry/Mark S. Dennison, The Environmental Law and Compliance Handbook, New York:: McGraw-Hill, 2000, 3쪽.

2) 우리나라 환경법의 발전시기에 대한 분류를 다양한 관점에서 분류하고 있다. 즉, 「공해방지법」 시대(1963년~1977년), 「환경보전법」 시대(1977년~1990년), 1986년 「환경보전법」 개정과 「폐기물관리법」 제정, 1990년 「환경정책기본법」 등 환경6법 제정, 1990년대의 환경입법 등으로 분류하거나(이상돈 · 이창환, 『환경법』, 이진출판사, 1999, 84-89쪽), 「공해방지법」 시대(1963~1977년), 「환경보전법」 시대(1977~1990년), 「환경정책기본법」(1990년 이후)으로 시기를 분류하거나(김홍균, 앞의 책, 8-15쪽), 「공해방지법」 시대(1963~1977년), 「환경보전법」 시대(1977~1990년), 「환경정책기본법」과 개별대책법시대(1990년대 초반 이후)로 시기를 분류(조현권, 『환경법』, 법률문화원, 2006, 98-100쪽)할 수 있지만, 모두 1990년 이후에 대한 분류를 세분화하지 않고 단지 하나로만 묶고 있어서 정확한 분류가 아니라고 판단된다. 따라서 중요 환경관련법제정을 기준으로 제1기(60년대 「환경보전법」이 제정되기 이전의 「공해방지법」 시기), 제2기(70년대 「환경보전법」 시

특히, 우리나라는 전 세계에 유례가 드문 압축성장(Condensed Growth)을 하였고 이러한 성장에 필수적으로 수반되는 효과인 환경오염의 악화를 겪은 후 오늘에 이르고 있다.[3] 이러한 환경오염의 악화를 막거나 최소한 현재의 환경수준을 유지하기 위해서는 바람직한 환경정책의 수립과 이를 뒷받침하기 위한 제도적 장치로서의 환경입법이 요구

---

기), 제3기(80년대 환경권 시기), 제4기(90년대 「환경정책기본법」 및 환경복수법 시기), 제5기(지속가능한 발전의 모색을 위한 환경법시기, 2000년~) 등의 시기로 나누는 것이 더욱 적절하다고 판단된다. 고문현, "환경정책의 변화와 입법", 「국회도서관보」, 제44권 제2호(통권 333호), 2007.2., 76-87쪽; 고문현, "우리나라 환경법의 문제점과 과제", 「법학논총」, 숭실대학교 법학연구소, 제25집, 2011.1., 4쪽 참조. 2020년 8월 현재 환경부 소관 환경관련법이 71개가 되는 상황에 이르고 있다.

3) 스위스 다보스 세계경제포럼(WEF)에서 지난 2018년 1월 23일(현지시간) 발표된 '2018 환경성과지수(Environmental Performance Index, EPI)' 종합 순위에서 우리나라는 평가 대상 180개국 가운데 60위를 기록했다. 이는 2016년 80위이었는데 20단계나 상승한 셈이다. 특히 미세먼지를 포함한 환경보건 부문의 대기질 순위는 최하위 수준인 173위에서 119위로 54단계나 뛰어올랐다.
환경성과지수란 미국 예일대 환경법·정책센터와 컬럼비아대 국제지구과학정보센터가 각 나라의 대기질, 위생, 생물다양성, 기후변화, 수자원, 농업 등 환경보건과 생태계 지속성 관련 분야 실태와 개선 노력에 점수와 순위를 매기는 것이다. 매 2년마다 세계경제포럼 개막에 맞춰 발표되고 있다.
2018 환경성과지수 평가내용을 살펴보면 우리나라는 100점 만점인 종합평가에서 62.30점을 얻어 60위를 기록했다. 종합 1위는 87.42점을 얻은 스위스가 차지했고, 일본 20위, 미국 27위, 중국은 120위 등의 순위이다.
환경성과지수의 부문별 성적을 보면, 한국은 생물다양성과 서식지(144위), 대기질(119위), 기후와 에너지(110위) 등의 분야에서는 하위권이었다. 그러나 납 노출을 지표로 한 중금속(11위), 수자원(15위), 물과 위생(20위), 대기오염(22위) 등은 상위권에 들어있다. 대기질이 하위권인데도 대기오염에서 좋은 성적을 올릴 수 있었던 것은 문재인 정부에 들어와서 미세먼지 종합대책 등 각종 정책이 많이 나와 개선의지에 대한 높은 평가를 받았기 때문이다.
http://www.econonews.co.kr/news/articleView.html?idxno=87562(2021년 10월 4일 검색)
최근의 우리나라 환경상황에 대하여는 환경부, 『2020 환경백서』, 2020, 337-338쪽(대기환경현황), 113-117쪽(물환경현황), 247-250쪽(토양오염현황), 541쪽(폐기물발생현황) 참조.

된다. 환경정책이란 "환경오염이라는 사회문제를 해결하기 위하여 현 상태의 환경을 개선하여 바람직한 환경상태를 달성하려는 목표를 설정하고, 이를 달성하기 위한 환경정책 수단을 권위 있는 환경관련 정부기관이 공식적으로 결정한 기본 방침"을 의미한다.[4)]

환경정책을 뒤늦게 추진하여 온 우리나라로서는 선진국들이 어떤 과정을 거쳐 환경정책을 추진해 오고 있는가를 검토하는 것은 매우 의미 있는 일이다. 선진국의 환경정책의 단계를 시간적으로 분류하는 것은 정확한 기간구분도 어렵고, 서로 겹치기도 하며, 국가에 따라 다르지만 개략적으로 전통적 산업정책(1960년대까지), 국가경제의 현대화(1970년대), 환경친화적 산업정책(1980년대), 예방적 환경정책(1990년대 전반), 통합적 환경정책(1990년대 후반)으로 나눌 수 있다.[5)] 우리나라의 환경정책도 변화를 거듭하여 오늘에 이르고 있다. 우리나라 환경정책의 시기 구분에 대하여는 조금씩 차이가 있고 그 명칭에 대하여 여러 가지의 명칭을 가지고 분류하고 있다. 예컨대, 정회성 · 변병설은 1960~1977년의 시기를 환경정책의 여명기(발아기), 1977~1989년의 시기를 환경정책의 형성기, 1990~1999년의 시기를 환경정책의 성숙기, 2000년~현재의 시기를 지속가능발전의 모색기(21세기)로 분류하고 있고,[6)] 정준금은 1960년대의 시기를 「공해방지법」, 1970~1980년의 시기를 「환경보전법」, 1990년대의 시기를 「환경정책기본법」과 복수환경법, 2000년대로 분류하고 있다.[7)] 여기에서는 편의상

4) 김인환 · 이덕길, 『신환경정책론』, 박영사, 1998, 3쪽; 정준금, 『환경정책론』, 대영문화사, 2007, 46쪽; 정회성 · 변병설, 『환경정책의 이해』, 박영사, 2014, 86-87쪽; 환경행정연구회, 『환경정책론』, 대영문화사, 2017, 92-93쪽.

5) 정선양, 『환경정책론』, 박영사, 1999, 85-91쪽.

6) 정회성 · 변병설, 앞의 책, 487-490쪽.

7) 정준금, 앞의 책, 58-62쪽.

우리나라의 환경정책의 변화를 환경정책실현에 대한 의지의 진정성을 기준으로 환경정책의 암흑기, 환경정책의 태동기, 환경정책의 발전기, 환경정책의 성숙기 등으로 크게 4기로 나누어 그에 상응한 환경입법에 대하여 개관해 본 후 그 문제점을 살펴보고자 한다.

## 2. 환경정책의 암흑기(1960~1977년)

이 시기는 1977년 「환경보전법」이 제정되기 이전의 시기로서 1963년 11월 5일 법률 제1436호로 우리나라 최초의 환경법인 「공해방지법」이 제정되었다. 「공해방지법」은 '공장이나 사업장 또는 기계 · 기구의 조업으로 인해 야기되는 대기오염 · 하천오염 · 소음 · 진동'으로 인한 보건위생상의 피해를 방지하여 국민보건의 향상을 기하는데 그 구체적 목적이 있었다. 그러나 「공해방지법」은 전문이 21개조에 불과하여 규율내용이 크게 미흡하였을 뿐 아니라, 동법시행규칙이 1969년 7월에야 제정되는 등 후속입법이 미비하여 일종의 관념법이었다.[8] 또한 동법이 제정되었지만 공해행정을 전담할 조직도 없었고 동법시행에 필요한 예산도 거의 책정되지 않았다. 물론 이 시기에는 「공해방지법」 외에도 「오물청소법」(1961. 12. 30.), 「수도법」(1961. 12. 31.), 「독물및극물에관한법률」(1963. 12. 31.), 「하수도법」(1966. 8. 3.), 「조수보호및수렵에관한법률」(1967. 3. 30.) 등의 환경관련법이 있었다.

1960년대 후반부터 환경문제에 대한 관심이 언론매체를 중심으로 국민적인 관심을 불러일으키기 시작하면서 1971년 1월 그동안 사문화(死文化)되다시피 한 공해방지법을 대폭 수정 · 강화하여 배출허용기

---

8) 정회성 · 변병설, 앞의 책, 483쪽.

준, 배출시설설치허가제도, 이전명령제도 등을 도입하였다.

요컨대 이 시기는 '선 성장 후 환경보전' 정책을 추진하던 당시의 사회적 분위기에 휩쓸려 환경문제가 주요 사회문제로 부각되지도 못하고 억눌린 채로 잠복된 상태로 있었던, 이른바 무의사결정이론(Non-decision Making Theory)[9]으로 이해될 수 있는 시기이다.

## 3. 환경정책의 태동기(1977~1989년)

### 1) 개관

이 시기는 1977년 「환경보전법」이 제정된 후 1980년대 후반까지의 시기이다. 급속한 산업화·도시화가 이루어지던 1970년대에는 환경문제가 더욱 심각하게 인식되었다. 그렇기 때문에 소극적인 공해의 규제를 목적으로 하는 종래의 「공해방지법」 체계로는 다양하고 광역적인 환경문제에 효과적으로 대처하는 데 한계가 있어, 이를 대체하는 「환경보전법」을 1977년 12월 31일 제정·공포하게 되었다. 「환경보전법」에서는 환경파괴 또는 환경문제에 대응하기 위한 환경영향평가제도, 환경기준, 산업폐기물처리 등을 새로이 도입하였다.

종래의 「공해방지법」이 대기오염·수질오염 등의 공해적 측면만을 대상으로 하였는 데 비하여, 「환경보전법」에서는 그 대상을 자연환경을 포함하는 전반적인 환경문제와 사전예방적 기능으로까지 확대하

---

9) Peter Bachrach & Morton Baratz, Power and Poverty, N. Y.. Oxford University Press, 1970, 44-46쪽; Crenson이 분석했던 바와 같이 거대한 철강회사(U.S. Steel) 때문에 지역사회의 정치체제가 공장공해문제를 거론조차 못했던 경우가 그 대표적인 예이다. Matthew A. Crenson, The Un-politics of Air Pollution, Baltimore: John Hopkins Univ. Press, 1971, 108-109쪽.

였다. 또한 「공해방지법」이 현재의 국민보건의 향상만을 목적으로 하였다면 「환경보전법」은 현재의 국민은 물론 장래의 세대까지 건강하고 쾌적한 환경에서 생활할 환경권을 보장하고 있다.10)

또한 1980년 헌법 제33조에서 환경보호를 기본권조항의 형태로 처음으로 신설하고 더 나아가 1987년 헌법 제35조에서 이를 계승·발전시킴으로써 환경보호의 헌법적 근거를 마련한 것은 매우 그 의미가 크다.11)

### 2) 환경권 수용에 관한 논의

#### (1) 개관

1980년 제8차 헌법개정시 환경권을 규정할 것인가 여부를 둘러싸고 의견이 갈렸으나, 1980년 헌법 제33조에 환경보호를 기본권조항의 형태로 헌정사상 처음으로 수용하였다. 이렇게 헌법상 환경권이 수용되는 데에 학자들의 기여가 매우 컸다.12) 1980년 제5공화국 헌법(憲法)은 그 제33조에서 환경권(環境權)을 다음과 같이 신설하게 되었다. 즉, "모든 국민은 깨끗한 환경에서 생활할 권리를 가지며, 국가와 국민은 환경보전을 위하여 노력하여야 한다."고 규정하였다.13) 더

---

10) 환경부, 『2018 환경백서』, 2018, 93쪽.

11) 여기에 관하여 자세한 것은 고문현, 『환경헌법』, 울산대학교출판부(UUP), 2005, 55-60쪽, 175-178쪽 등 참조.

12) 1980년 헌법 제33조의 초안은 구연창 교수가 작성하고 이를 토대로 노융희 교수, 권숙표 교수 등이 이를 검토하였다고 한다. 「환경분쟁조정제도의 기능강화를 위한 법적 과제」라는 대주제하에 2006년 4월 8일 개최된 한국환경법학회 제83회 학술대회에서 노융희 교수의 기조연설 중에서 인용, 고문현, "헌법재판소의 환경쟁송결정개요 및 그 정책적 시사점", 「환경법연구」, 제28권 1호, 2006.5., 549쪽 각주9); 이 책 제1장 서론 각주15) 참조.

나아가 1987년 제9차 헌법개정에서 환경의 실제화를 위하여 법률유보에 관한 사항과 주택개발정책 등을 통한 쾌적한 주거생활보장과 같은 사회적 환경에 관한 내용이 환경권 조항에 추가되어 이것을 둘러싸고 의견이 갈린다. 여기에 관하여는 환경권의 대상이 되는 환경에 사회적 환경까지도 포함시키는 견해가 있는데,[14] 그 헌법적 근거로서 제35조 제3항의 쾌적한 주거생활의 보장조항에서 찾고 있다.[15] 그러나 헌법 제35조 제3항은 환경정책과 사회보장정책을 혼동하여 규정한 결과 생겨난 조항이어서 문제라 할 것이다. 왜냐하면 전통적으로 주택문제는 사회보장의 대상이기 때문이다.[16] 우리나라의 주택

13) 이어서 1987년 헌법 제35에서는 "모든 국민은 건강하고 쾌적한 환경에서 생활할 권리를 가지며, 국가와 국민은 환경보전을 위하여 노력하여야 한다(제1항). 환경권의 내용과 행사에 관하여는 법률로 정한다(제2항). 국가는 주택개발정책 등을 통하여 모든 국민이 쾌적한 주거생활을 할 수 있도록 노력하여야 한다(제3항)."고 규정하여 환경권을 더욱 공고히 규정하였다.

14) 김철수, 『헌법학개론』, 박영사, 2007, 1042쪽; 이에 반하여 환경권의 대상은 자연환경을 기본으로 하고 물리적 인공환경도 그 대상이 되지만 사회적・문화적 환경권은 원칙적으로 그 대상이 되지 않는다고 새기는 견해[계희열, 『헌법학(상)』, 박영사, 2004, 193-194쪽; 계희열, 『헌법학(중)』, 박영사, 2004, 775-776쪽]와 광의의 환경 속에 사회적 환경이 포함되지 않는다고 보고 있는 견해가 있다. 천병태・김명길, 『환경법론』, 삼영사, 2000, 52-53쪽.

15) 헌법 제35조 제3항을 근거로 기본적 인권으로서의 환경권의 대상은 자연환경과 생활환경 모두를 포함한다고 새기는 견해가 있다. 권영성, 『헌법학원론』, 법문사, 2010, 699쪽. 그런데 여기에서의 생활환경을 사회적 환경과 같은 것으로 새길 수 있는지, 아니면 생활환경의 일부분에 사회적 환경이 내포되는지 여부는 분명치 않다.

16) 1980년 헌법이 제33조에서 단순하게 "모든 국민은 깨끗한 환경에서 생활할 권리를 가지며 국가와 국민은 환경보전을 위하여 노력하여야 한다."라고 규정하고 있다가 새로운 헌법에서 쾌적한 주거생활의 보장에 관한 내용을 보충한 것은 사회적・정치적 공감대하에서 '주택권'의 문제를 환경의 개념으로 편입시킨 것으로 해석될 수 있는 것이어서, 이렇게 주거의 보장에 관한 내용을 환경의 범주에 포함시켜도 환경의 근본개념과 모순되지 않으므로 주택권을 환경권의 일부로서 파악하는 것이 타당하다는 견해가 있다. 오세탁・류지태, "주택권의 법리에 관한 연구", 『현대법학의 이론과 과제』, 벽서오세탁박사화갑기념논문집, 법영사, 1990,

사정을 고려할 때 현행 헌법 제35조 제3항과 같은 내용의 규정은 필요하다고 할 수 있지만 그 적절한 위치는 환경권을 규정한 제35조가 아니라 사회보장의 근거 규정인 제34조이다.17)

여하튼 환경보호의 필요성이 지나치게 강조된 나머지 그것을 기본권조항의 형태로 헌법에 규정하게 되면 어떠한 문제가 발생할 것인가에 대하여는 거의 논의가 이루어지지 않은 채 헌법개정이 이루어졌다고 할 수 있다. 즉 정부는 1980. 1. 20.부터 법제처 내에 헌법연구반을 설치하여 헌법에 관한 연구를 추진하여 왔다. 헌법연구반은 법학자 10인, 정치학자 6인, 경제학자 6인, 법조인 3인, 공무원 3인 계 30인으로 구성되었으며, 앞으로 헌법개정안을 마련함에 있어서 기초자료로 활용하기 위하여, 항목별로 우리 헌법제도 및 관련 외국제도와 그 운영실태를 분석・평가하고, 항목별로 거론 가능성이 있는 제도의 유형과 앞으로 채택하는 경우에 예상되는 장・단점 및 보완책

---

215- 216쪽; Rauschning은 환경정책의 분야로 다음과 같은 7가지를 들고 있다. 즉 (1) 물관리(Wasserwirtschaft), (2) 대기청정도 유지(Luftreinhaltung), (3) 경관보호, (4) 자연보호, (5) 소음누출열, 방사선의 형태로 나타나는 에너지통제, (6) 식용품에 섞인 이물질통제, (7) 폐기물처리. D. Rauschning, “Staatsaufgabe Umweltschutz,” *VVDStRL*, H. 38, 1980, 169쪽.

17) 홍성방, “독일의 헌법과 행정법상에 있어서의 환경보호”, 「안암법학」, 제4집, 안암법학회, 1996, 65-66쪽; 홍성방, “환경기본권-한국헌법 제35조에 대한 해석론적・입법론적 소고-”, 「환경법연구」, 제22권, 한국환경법학회, 2000, 483쪽; 홍성방, 『헌법학』, 현암사, 2008, 592-593쪽; 고문철, “적절한 주거권에 관한 헌법적 연구”, 숭실대학교 법학박사학위논문, 2021.2., 32-33쪽; 우리 헌법 및 현행 주택관련법의 해석상 주거(택)기본권을 인정한다면 이는 환경권의 일종으로 보기보다는 또 하나의 생존권(사회권)적 기본권으로 보아야 할 것이다. 왜냐하면 주택은 환경권의 대상으로서의 단순한 환경이라기보다는 오히려 인간의 ‘생존의 장(場)’으로서의 성격이 매우 강하고 최저한도의 주거장소를 확보하고자 하는 저소득층 국민의 주거(택)급부청구권은 국가의 급부행정작용과 맞물려 생활보장적 성격에 가깝기 때문이다. 이은기, “프랑스의 주거기본권실현형태로서의 사회주택에 관한 법적 고찰-H.L.M.(저임료주택)을 중심으로-,” 서울대학교 법학박사학위논문, 1995.8., 303-304쪽.

을 분석하는 것을 그 임무로 하였다.[18)]

헌법연구반은 4개 분과로 나누어 연구를 추진하여 왔으며, 제1분과는 전체총괄 · 전문 · 총강 · 헌법개정에 관하여, 제2분과는 정부형태 · 대통령 · 내각 · 국회 · 선거제도 · 지방자치에 관하여, 제3분과는 기본권 · 사법제도 · 헌법보장에 관하여, 제4분과는 재정 · 경제에 관하여 각각 연구하였다.

여기에서는 1980년 헌법개정 당시의 헌법연구반 연구보고서와 각 정당의 안에 대하여 개관해 보기로 한다.

### (2) 헌법연구반 연구보고서[19)]

헌법연구반 연구보고서를 살펴보면 자세한 논의는 거의 하지 않은 채 환경권 강화를 위한 별도의 규정을 둘 것이냐의 문제에 관하여 다음과 같은 논의가 있다고 소개하고 있는 정도이다.

가. 명문화 찬성의견

ㄱ) 찬성의 근거

환경권은 현행 헌법상으로 인정되지 않은 것은 아니나 환경오염의 심각화에 따라 국민보건에 지대한 영향이 있으므로 이를 독립된 조문으로 보장할 필요가 있다. 명문화의 유형에 관하여는 다음과 같이 견해가 갈린다.

ㄴ) 명문화의 유형

① 일반적인 규정으로 "국가는 국민이 쾌적한 환경을 누릴 수 있

18) 법제처, 『헌법심의자료 헌법연구반보고서』, 1980.3., i-vi쪽.
19) 법제처, 위 헌법연구반보고서, i-vi쪽, 155-157쪽.

도록 그 보전에 노력하여야 한다."고만 규정하자는 의견

② "보다 이를 철저히 보장하기 위하여는 일반적인 노력조항으로는 부족하고 헌법에 규정하는 것만으로써 직접 효력이 발생하도록 법원에 출소(出訴)가 가능하도록 하는 안이 타당하다."는 의견

나. 명문화 반대의견의 근거

환경권이 헌법에 규정되는 경우 국가의 인적·물적 부담이 많으며 배상 사태로 국고부담 증대 내지 예산 집행상 어려움이 예상되고 경제 발전이 둔화될 우려가 있다.

다. 헌법연구반 연구보고서의 검토의견

"환경권에는 공해방지뿐만 아니라 자연자원의 보호와 개발도 포함되며, 경제조항과의 관계(예컨대 토지의 공개념 등)에서 중(重)히 검토되어야 할 것이다."라고 하고 있을 뿐이다.[20]

(3) 각 정당안 및 각계의 의견

이 당시 환경권에 관한 각계의 의견은 다음과 같다.[21]

가. 공화당안

국민은 환경오염으로부터 보호받을 권리를 가진다(제30조 제4항).

나. 신민당안

모든 국민은 보다 건강하고 쾌적한 환경을 향유할 권리를 가진다

20) 법제처, 위의 헌법연구반보고서, i-vi쪽, 155-157쪽 등 참조

21) 법제처, 위의 헌법연구반보고서, i-vi쪽, 155-157쪽 등 참조

(제35조 제1항). 국가는 환경의 적정한 이용관리 및 보전을 위하여 노력하여야 한다(제30조 제2항). 국민은 환경보전을 위해 노력하여야 한다(제30조 제3항).

### 다. 대한변호사협회안

모든 국민은 깨끗한 환경에서 생활할 권리를 가지며 국가는 이를 보호할 의무를 진다(제34조 제2항).

### 라. 6인연구회안

모든 국민은 쾌적한 환경에서 생활할 권리를 가진다(제36조 제1항). 국가는 환경을 청결하게 유지하고, 국민의 건강과 위생을 위험하게 하는 오염을 제거하며, 산업공해를 방지하여야 한다(제36조 제2항).

### 마. 소결

이상에서 살펴본 것처럼 환경권을 기본권조항의 형태로 명문화할 때 생길 수 있는 문제들을 충분히 고려하지 않은 우리의 입법태도는 독일의 경우와 극명하게 대조를 이룬다. 독일은 기본법에 환경보호를 기본권 조항의 형태로 규정하려 하였으나 독일 기본법상 기본권은 "직접적으로 효력을 갖는 법으로서(als unmittelbar geltendes Recht) 입법, 집행 및 사법을 구속"하는 것이므로 환경보호를 기본권 조항의 형태로 명문화할 때 생길 수 있는 문제점들을 고려하지 않을 수 없다는 반론으로[22] 기본권 조항의 형태로 규정하는 것을 단념하고 국가

---

22) R. Breuer, "Umweltschutzrecht," in: I. v. Münch/E. Schmidt-Aßmann(Hrsg.), Besonderes Verwaltungsrecht, 9. Aufl., Berlin, New York: Walter de Gruyter, 1994, Rn. 34, 410쪽.

목표조항의 형태로서의 환경보호에 관한 규정을 두게 된 것을 반면교사로 삼을 필요가 있다.23)

### 3) 기타 환경관련법률

그 밖에 이 시기에 「합성수지폐기물처리사업법」(1979. 12. 28.), 「자연공원법」(1980. 1. 4.), 「환경오염방지사업단법」(1983. 12. 31.), 「폐기물관리법」(1986. 12. 31.) 등의 환경관련 법률이 제정되었다.

## 4. 환경정책의 발전기(1990~1999년)

정부는 1990년을 환경보전원년으로 선언하고 기존의 환경청을 각료급의 환경처로 승격하였다. 1994년 12월에는 환경처가 환경부로 승격되어 종합적인 정책을 수행할 수 있도록 행정조정기능이 강화되었다.

산업화의 진전으로 인한 경제구조의 고도화로 환경문제가 심각화・다양화되자 오염분야별 대책법의 제정이 불가피하다는 인식하에 우리나라의 환경법은 복수법 체계로 이행하게 되었다. 즉 1990년

---

23) 이에 대하여 김홍균 교수는 일본, 독일 등의 경우와 같이 헌법이나 환경기본법 등에서 환경권을 명문으로 인정하고 있지 아니하는 경우에는 환경권을 구체적 권리로 인정할 수 있는지 여부가 크게 논란이 될 수 있으나 우리나라에서와 같이 명문으로 인정하고 있는 상황에서는 환경권의 구체적 권리성을 배척해서는 안 될 것이라고 한다. 환경권의 범위와 내용은 사회의 발전에 따라 필연적으로 변하는 상대적 개념을 내포하는 것으로 판례나 해석론으로 앞으로 충분히 명료화할 수 있으므로 법률의 규정이 없고 그 내용이 불명확하다고 하여 구체적 권리로 인정할 수 없다고 단정할 수 없는 것이라고 한다. 김홍균, 『환경법』, 제5판, 홍문사, 2019, 29-31쪽.

8월 1일에 「환경정책기본법」을 제정하여 환경보전정책의 기본방향을 설정하고, 이어 「자연환경보전법」, 「대기환경보전법」, 「토양환경보전법」, 「수질환경보전법」, 「소음·진동규제법」, 「유해화학물질관리법」, 「환경분쟁조정법」 등을 제정함으로써 환경에 관한 기본법제를 정비하였다.

1992년 리우회의 이후에는 많은 환경관련법이 제정되거나 개정되었다. 예컨대 독도를 비롯한 도서지역의 생물다양성과 수려한 경관을 보전하기 위한 「독도등도서지역의생태계보전에관한특별법」, 한강수계의 수질개선을 위한 「한강수계상수원수질개선및주민지원등에관한법률」, 습지를 효율적으로 보전·관리하기 위한 「습지보전법」이 제정되었으며, 2차에 걸친 정부조직 개편에 의하여 「자연공원법」 및 「조수보호및수렵에관한법률」이 환경부 관장업무로 이관되었다.

## 5. 환경정책의 성숙기(2000년~)

### 1) 개관

정부는 2000년 6월 5일 환경의 날을 기하여 '새천년 국가환경비전'을 선언하고, 동년 8월 5일 제정·공포된 「지속가능발전위원회규정」에 의해 대통령 직속기구로 정부, 학계, 산업계, 시민단체 등이 참여하여 환경보전과 개발에 대한 정책의 수립·시행시 야기된 환경파괴와 사회적 갈등을 사전에 방지하고 기후변화협약, 리우환경회의의 의제21의 실천 등 지구환경문제에 더욱 능동적으로 대처하기 위하여 '지속가능발전위원회'를 설치하였다.

2000년대에 수도권매립지의 효율적인 관리를 위하여 「수도권매립지관리공사의설립및운영에관한법률」이 제정되고 「호소수질관리법」이 「수질환경보전법」에 통합되었으며, 2002년 1월에는 날로 심각해지는 상수원수질을 보전하기 위하여 1999년에 제정된 「한강수계상수원수질개선및주민지원등에관한법률」에 이어서 낙동강, 영산강, 금강 등의 수질을 특별관리하기 위한 방안으로 종전의 사후정화처리중심에서 사전오염예방정책으로, 행정구역단위의 수질관리에서 유역단위관리체제로 전환하고, 비점오염원관리제도·수질오염방지시스템 및 유역공동체 구축을 위한 고통과 비용분담제도 등 선진적인 수질개선대책이 도입된 「낙동강수계물관리및주민지원등에관한법률」, 「영산강·섬진강수계물관리및주민지원등에관한법률」, 「금강수계물관리및주민지원등에관한법률」이 각각 제정·공포되었다. 이들 특별법은 환경부장관, 해당 광역자치단체의 장, 수자원관련 기관의 장 등으로 구성된 수계관리위원회가 중요한 의사결정을 하도록 규정하고 있다. 이어 하류지역 주민이 부담한 물이용부담금을 통하여 수계관리기금을 조성하여 각종 수질개선 및 주민지원 사업을 하도록 하고 있다. 정책수단으로 중요한 것은 수변구역지정제도와 오염총량제이다.[24] 2003년에는 수도권지역의 대기환경을 개선하기 위하여 대기오염원의 총량규제, 배출권거래제, 저공해자동차의 보급 등 대기오염원의 체계적인 관리를 위한 「수도권대기환경개선에관한특별법」이 제정·공포되었다.

2004년도에는 산업단지 등에서 국지적으로 발생하는 악취를 관리하기 위하여 「대기환경보전법」에서 악취분야를 분리하고, 악취관리지역을 지정하여 시·도지사가 지역실정에 맞는 악취배출허용기준을 정하여 관리할 수 있도록 하는 「악취방지법」과 야생동·식물과 그

24) 정회성·변병설, 앞의 책, 489-490쪽.

서식환경을 체계적으로 보전·관리하기 위한 「야생동·식물보호법」, 자원을 절약하고 환경오염을 줄일 수 있도록 공공기관에 친환경상품(환경표지제품, 재활용제품 등)의 구매의무를 부과하기 위한 「친환경상품구매촉진에관한법률」이 제정·공포되었다.

2005년도에는 「환경정책기본법」[25])을 중심으로 「다중이용시설등의실내공기질관리법」[26]),「대기환경보전법」[27]), 수돗물에 대한 불신을 해소하기 위하여 수돗물에 대한 정보공개제도를 도입한 「수도법」, 먹는물에 먹는해양심층수를 추가한 「먹는물관리법」[28]), 빈용기보증금 제도를 효율적으로 운영하기 위하여 미반환 빈용기보증금을 공익재원 등

25) 사전환경성검토를 행정계획의 수립단계에서부터 대안설정·분석 등 평가를 통하여 환경측면에서 계획의 적정성과 입지의 타당성 등을 검토하는 전략환경영향평가(SEA) 개념을 도입하고, 사전환경성검토의 사후관리 강화를 위해 협의의견을 통보받은 후 행정계획 및 개발사업을 변경하는 경우 재협의 등을 받도록 하고, 사전환경성검토협의가 완료되기 전에 시행한 개발사업에 대하여 협의기관의 장은 관계행정기관의 장에게 공사중지 외에 원상회복, 사업허가의 취소까지 요청할 수 있도록 하였으며, 국토에 대한 환경적 가치를 평가하여 등급으로 표시한 환경성평가지도를 제작·보급할 수 있도록 함으로써, 국토를 환경친화적으로 개발·이용할 수 있도록 하였다.

26) 신축 공동주택에 대한 실내공기질 권고기준을 설정하는 법적 근거를 마련하였고, 다중이용시설의 범위를 지상건물에 딸린 지하도상가까지 확대함으로써, '새집증후군' 등 실내공기 오염문제를 체계적이고 종합적으로 관리할 수 있도록 하였고, 종전까지 실내공기질이 관리되지 않고 있던 기숙사를 공동주택의 범위에 포함하여 체계적으로 관리하도록 하였다.

27) 불법 연료 및 첨가제의 대량 유통에 따른 대기환경의 악화를 방지하기 위하여 자동차연료 및 첨가제에 대한 사전검사제도를 도입하는 한편, 배출가스관련 부품의 결함으로 인한 자동차의 배출가스를 줄이고 소비자의 권리를 보호하기 위하여 자동차제작자의 책임을 강화하며, 배출가스 개선명령을 받은 차량소유주가 개선명령을 이행하고 이의 개선결과를 직접 시장·군수·구청장 등에게 보고하도록 하던 것을 확인검사대행자가 직접 행하도록 하였다.

28) 해양심층수 등 다양한 원수를 이용한 먹는물이 국제적으로 제조·판매되고 있는 실정을 반영하여 먹는물에 먹는해양심층수를 추가하고, 샘물을 이용하는 청량음료, 주류 등 그 밖의 샘물에 대한 수질개선부담금 부과방식을 개선하여 먹는샘물과 그 밖의 샘물 간의 부과금액의 형평성을 제고하였다.

으로 활용하기 위한 근거를 마련한 「자원의절약과재활용촉진에관한법률」, 생활소음 · 진동 규제기준을 초과하여 소음 · 진동을 발생한 자에게는 과태료를 부과하는 규정을 신설한 「소음 · 진동규제법」, 지방이양과 관련하여 수도법 등 7개 법률 개정 등 여러 개의 법률이 제 · 개정되었다.[29)]

2006년도에는 문화유산과 자연환경의 국민신탁운동을 활성화하기 위해 「문화유산과자연환경자산에관한국민신탁법」을 제정하였고, 건축물에 의한 일조방해 및 조망저해로 피해를 보고 있는 시민들이 사법적 구제보다 간편한 절차인 환경분쟁조정위원회의 분쟁조정을 통해 보다 편리하게 피해구제를 받을 수 있도록 하기 위해 「환경분쟁조정법」을 개정[30)]하고, 현행 「오수 · 분뇨및축산폐수의처리에관한법률」 중 축산폐수를 오수 · 분뇨와 분리하여 별도 법률로 제정하여(「가축분뇨의 관리 및 이용에관한 법률」) 가축분뇨의 자원화를 활성화하고 상수원보호구역 등 특별관리지역에 가축사육 관리기준을 강화하고, 하수(下水)와

---

29) 상수원수질보전을 위한 특별대책지역 이외의 지역에 대해서는 하수종말처리시설의 설치인가에 관한 사무를 시 · 도로 이양하도록 하였고, 「야생동 · 식물보호법」, 「습지보전법」, 「대기환경보전법」, 「수도법」, 「먹는물관리법」, 「자원의절약과재활용촉진에관한법률」등 6개 지방이양관련 법률을 개정하여 수렵장의 설정 및 수렵면허장교부, 습지보호지역지정, 비산먼지 발생사업장의 신고, 중수도 및 절수설비 등의 설치이행명령, 조사업무, 먹는샘물 업체에 대한 수입 또는 판매제한, 붙박이장 설치권고 등에 관한 사무를 국가에서 시 · 도로 이양하거나 시 · 도지사에서 시 · 군 · 구로 이양하여 지방분권을 통해 선진 지방자치를 실현하도록 하였다.

30) 그 동안 분쟁조정대상인 환경피해가 아니었던 통풍방해, 일조방해 및 조망저해를 분쟁조정대상으로 추가하고, 환경피해의 보상 범위로 건강상 · 재산상의 피해 외에 정신적 피해를 추가하여 환경피해를 효율적으로 구제할 수 있는 계기를 마련하였다. 특히, 건축물에 의한 일조방해 및 조망저해로 피해를 보고 있는 시민들이 사법적 구제보다 간편한 절차인 환경분쟁조정위원회의 분쟁조정을 통해 보다 편리하게 피해구제를 받을 수 있도록 근거를 마련하였다.

오수(汚水) 관리체계가 「하수도법」과 「오수·분뇨및축산폐수의처리에관한법률」로 이원화되어 시설이 중복 설치되거나 연계체계가 미흡한 실정이므로 두 법률을 「하수도법」에 통합하여 비효율성을 근본적으로 개선하고, 폐기물의 배출 및 처리절차를 생활폐기물과 사업장폐기물로 구분하여 규정한 「폐기물관리법」[31]등 여러 개의 법률을 제·개정하였다.

2007년도에는 기술개발사업과 관련된 기술료의 징수·사용, 한국환경기술진흥원에 대한 국유재산의 무상임대, 환경기술개발센터의 지정취소 및 환경친화기업의 지정·재지정기간 등에 관한 법률적 근거를 마련한 「환경기술개발및지원에관한법률」, 의료기관에서 배출되는 폐기물을 더욱 과학적·체계적으로 관리하기 위해 실제 관리대상을 정확하게 표현하지 못하는 '감염성폐기물'이라는 용어를 '의료폐기물'로 변경한 「폐기물관리법」, 생분해성수지제품에 대한 정의규정을 신설하고, 동 제품에 대하여 합성수지재질로 된 포장재의 연차별 줄이기에 관한 기준준수의무 및 폐기물부담금을 면제한 「자원의 절약과 재활용촉진에 관한 법률」, 4대강 이외의 수계에 대하여도 총량관리를 실시할 수 있는 근거와 절차를 마련하고, 수질 및 수생태계의 조사, 수질 및 수생태계 보전에 필요한 조치의 권고, 오염된 공공수역에서의 행위제한의 권고를 할 수 있도록 하는 등 수질 및 수생태계 보전을 위한 제도적 기반을 마련하며, 그 밖에 현행 제도의 운영상 나타난 일부 미비점을 개선·보완하기 위하여 「수질 및 수생태계 보전에

---

31) 아울러 「폐기물관리법」은 폐기물의 국가 간 이동 통제에 관한 바젤협약 등의 취지를 반영하여 국내에서 발생한 폐기물은 최대한 국내에서 적정하게 처리하고, 수입으로 인하여 국내 폐기물의 처리에 지장을 주는 경우에 수입을 억제한다는 일반원칙을 규정하고 있다.

관한 법률」[32] 등 10여 개의 법률이 개정되었다.

2020년 8월 현재 환경부가 직접 관장하는 환경법은 총 71개 법률에 달할 정도로 매우 방대하다. 이하에서는 최근에 제정 내지 개정된 환경관련 법률을 중심으로 살펴보기로 한다.

---

32) 그 주요 내용으로는 첫째, 제명을 「수질환경보전법」에서 「수질 및 수생태계 보전에 관한 법률」로 변경하여 법적용 대상을 명확히 하고, 법의 목적 등 관련 규정을 새로이 정리하고, 둘째, 4대강수계 외의 수계에 대하여 환경부장관이 총량목표수질 및 총량관리기본방침을 정하고 총량관리지역을 관할하는 시·도지사가 그에 따라 총량관리기본계획을 수립하며, 총량목표수질이 달성·유지되지 아니하는 경우 총량관리시행계획을 수립하고 시설별 오염부하량을 할당하거나 배출량을 지정하여 할당오염부하량 등을 초과하여 배출하는 자에게 수질오염방지시설의 개선 등 필요한 조치를 명령하고 총량초과부과금을 부과·징수하도록 하는 등 총량관리의 절차를 체계적·구체적으로 규정하고(제4조, 제4조의2부터 제4조의9까지 신설), 셋째, 하천·호소 등의 이용현황 등을 고려하여 수계영향권별 및 정기적 조사·측정 대상이 되는 호소별 수질 및 수생태계 목표기준을 결정·고시하고, 그 목표기준의 달성 여부 등을 평가하여 그 결과를 공개하도록 하며(제10조의2 신설), 넷째, 환경부장관 소속으로 수질 및 수생태계 정책심의위원회를 설치하여 수질·수생태계 보전을 위한 장·단기 정책방향에 관한 사항, 수질·수생태계 관리체계에 관한 사항, 수계·호소 등의 관리 우선순위 및 관리대책과 관련한 사항 등의 정책을 심의하도록 하고(제10조의3 신설), 다섯째, 환경부장관은 하천·호소등의 수질·수생태계에 중대한 위해를 끼칠 우려가 있는 경우 공공수역을 관리하는 자에게 수질·수생태계의 보전에 필요한 조치를 하도록 권고하고, 수변습지 등 수변생태구역을 매수하거나 환경부령이 정하는 바에 따라 생태적으로 조성·관리할 수 있도록 하여 공공수역의 생태적인 관리를 위한 제도적 기반을 마련하고(위원회 수정)(제19조의2 및 제19조의3 신설), 여섯째, 오염된 공공수역에서의 수영 등 물놀이, 그 밖에 대통령령이 정하는 행위를 자제하도록 안내하는 등 필요한 조치를 할 것을 권고할 수 있는 근거를 마련하고(제21조의2 신설), 일곱째, 배출시설 이외에 공공하수처리시설·폐수종말처리시설 등 일정한 규모 이상의 공공처리시설을 운영하는 자에게도 측정기기를 부착하도록 하고, 측정기기를 부착한 사업자 등에 대하여 측정기기를 적정하게 운영·관리할 수 있도록 그 운영·관리기준을 준수하도록 한다(제38조의2 및 제38조의3 신설).

## 2) 2008년 제·개정된 법률

### (1) 「환경보건법」

산업단지 폐금속광산 인근 지역주민의 건강피해가 발생하고 있고, 새로운 기술 및 물질의 사용으로 국민과 생태계에 대한 위협이 증가함에 따라 환경유해인자의 위해성을 지속적으로 평가·관리하고, 환경에 영향을 미치는 개발사업과 개발계획을 수립할 때에 주민의 건강을 고려하도록 하는 한편, 환경유해인자로 인한 국민의 건강피해 현황을 조사하고 그 결과에 따라 조치를 하는 등 국민건강 보호의 관점에서 환경정책을 추진하도록 하여 국민건강과 생태계의 건전성을 보호하기 위하여 「환경보건법」을 제정하였다. 특히, 사전환경성검토와 환경영향평가의 대상이 되는 행정계획이나 개발사업 중 대통령령으로 정하는 행정계획이나 개발사업에 대하여는 검토·평가 항목에 환경유해인자가 국민의 건강에 미치는 영향을 추가하도록 하였다(제13조).[33]

### (2) 환경교육진흥법

최근 기후변화 등 환경문제는 인류생존에 위협이 되고 국가경쟁력에도 악영향을 주고 있으며 환경은 한번 훼손되면 원상회복이 불가능할 뿐만 아니라 복원에 막대한 사회·경제적 비용이 들기 때문에, 사전예방이 매우 중요하므로 경제주체와 사회구성원에 대한 환경교육

33) 위 법률은 2008년 2월 19일 국회에서 의결되었다. 위 법률은 2008년 3월 21일 법률 제8946호로 공포된 후 1년이 경과한 2009년 3월 22일부터 시행된다(위 법률 부칙 제1조). 다만, 제13조는 위 법률부칙 제1조 단서에 의하여 2010년 1월 1일부터 시행되었다.

이 필요하므로 유엔은 환경오염의 사전예방과 건강한 환경보전을 위하여 지속가능발전교육을 주창하면서 2005년부터 10년간을 지속가능발전교육의 해로 선포한 바 있으며, 미국·일본 등 선진국은 오래전부터 환경교육관련 법률을 제정하여 환경교육을 지원하고 있다. 우리나라의 경우 학교와 민간에서 환경교육이 실시되고 있기는 하지만 환경교육과 관련하여 법적 기반과 제도가 미흡하여 환경교육이 체계적이고 효율적으로 이루어지지 못하고 있는 실정이므로 이에 환경교육을 체계적, 종합적으로 진흥·지원하는 내용의 법률을 제정함으로써 학교 및 사회에서의 환경교육이 활성화될 수 있도록 하고 나아가 인간과 자연 그리고 현재세대와 미래세대가 서로 조화와 균형을 유지하는 지속가능발전을 실현하고자 「환경교육법」을 제정하였다.[34]

그 주요 내용으로는 첫째, 환경교육을 체계적이고 효율적으로 실시하기 위하여 매 5년마다 환경부 장관은 환경교육종합계획을, 시·도지사는 지역환경교육계획을 수립하고, 관계기관의 장에게 통보하여 소관업무에 반영하여 추진하도록 하고(제5조 및 제6조), 둘째, 환경교육종합계획, 전문인력 양성 및 지원사업등에 관한 사항 등을 심의하기 위하여 환경부장관 소속으로 환경교육진흥위원회를 두며(제7조), 셋째, 학교환경교육의 활성화를 위하여 환경부장관이 교육인적자원부장관과 협의하여 학교환경교육에 관한 시책을 지원하고, 교육인적자원부장관은 환경부장관이 요청하는 환경교육에 관한 기본 내용이 학교교육활동의 반영에 노력하도록 하며(제9조), 넷째, 사회환경교육의 진흥

34) 위 법률은 2008년 3월 21일 법률 제8949호로 제정되고 부칙에 의하여 2008년 9월 22일 시행된다. http://likms.assembly.go.kr/law/jsp/Law.jsp?WORK_TYPE=LAW_BON&LAW_ID=A2136&PROM_NO=08949&PROM_DT=20080321(2020년 10월 3일 검색).

을 위해 국가 및 지방자치단체는 사회환경교육교재의 개발, 전문인력 양성 등의 시책을 추진하고, 환경교육기관의 이수자에게 사회환경교육지도사자격을 부여할 수 있도록 하며(제10조 및 제11조), 다섯째, 환경부장관이 국·공립교육시설, 사회환경교육기관 등 환경교육기관을 사회환경교육지도사 양성기관으로 지정할 수 있도록 하며(제12조), 여섯째, 다양한 환경교육의 기회를 제공할 수 있도록 국가 및 지방자치단체는 환경교육프로그램을 개발 보급하고, 환경교육의 전문성 제고를 위해 환경교육프로그램의 인증제도를 도입하고(제13조), 일곱째, 환경교육의 활성화를 위하여 환경교육 교재의 개발 및 보급, 환경교육 전문인력의 양성, 환경교육기관의 환경교육 지원 등을 수행하는 환경교육센터를 설치하도록 하며(제16조), 여덟째, 국가 및 지방자치단체는 환경교육을 실시하는 기관·단체 등에 대하여 재정적 지원을 할 수 있도록 하였다(제17조).

### (3) 환경·교통·재해등에관한영향평가법

환경·교통·재해·인구영향평가 등 성격이 서로 다른 평가제도를 통합·운영하여 오면서 평가제도 상호간에 중복현상이 발생하거나 각종 영향평가서 작성에 과다한 시간·비용·인력이 소요되는 등의 문제점이 제기됨에 따라 이를 개선하기 위하여 「환경·교통·재해등에관한영향평가법」에서 교통·재해·인구영향평가 제도를 분리하고 환경영향평가제도만을 규정하되, 환경영향평가의 협의 및 이행과정이 관리를 강화하기 위하여 평가서에 대한 검토와 사후관리 등에 관한 규정을 보완·개선하였다.

### (4) 환경친화적 산업구조로의 전환촉진에 관한 법률

환경친화적인 산업구조를 구축하기 위하여 제품의 기능 등을 서비스 형태로 제공하여 제품의 이용 효율성을 높이는 제품서비스화산업을 육성하기 위한 시책을 마련하고, 종합시책을 효과적으로 수립하고 시행하기 위하여 「환경친화적 산업구조로의 전환촉진에 관한 법률」이 개정되었다.

### (5) 환경분쟁조정법

점점 복잡·다양화하는 환경분쟁사건을 신속·공정하게 해결하기 위한 기반을 강화하기 위하여 환경분쟁조정위원회 위원의 정원을 증원하고, 환경갈등을 줄일 수 있도록 위원회의 직권조정의 대상을 사회적으로 파급효과가 클 것으로 우려되는 분쟁사건으로 확대하며, 조정조서 및 재정문서에 대하여 재판상 화해의 효력을 부여함으로써 소액사건 신청자의 구제의 실효성을 높이는 등 현행 제도의 운영상 나타난 일부 미비점을 개선·보완하기 위하여 「환경분쟁조정법」이 개정되었다.

### (6) 수도권 대기환경개선에 관한 특별법

대기오염물질 총량관리제도를 원활하게 시행하기 위하여 배출량 산정결과를 전산 처리할 수 있는 전산망 운영과 기술지원에 관한 근거를 마련하고, 총량관리사업자가 할당받은 배출허용총량과 배출량 산정결과에 대하여 이의신청을 할 수 있도록 하며, 배출가스저감장치를 부착하거나 저공해엔진으로 개조한 특정경유차 소유자에게도 배출가스저감장치나 저공해엔진에 대한 관리의무를 부과하고자 「수도권 대기환경개선에 관한 특별법」이 개정되었다.

그 주요내용으로는 수도권 대기환경관리 기본계획의 수립·변경 시 관계 중앙행정기관의 장 및 서울특별시장 등과 미리 협의를 거치도록 하고, 수도권대기환경관리위원회의 위원장을 국무총리에서 환경부장관으로, 위원을 관계 부처의 장관, 시·도지사에서 차관 및 부시장·부지사로 각각 조정하고(제8조제4항 및 제11조제2항), 환경부장관은 총량관리사업자가 부착한 배출량 측정기기의 측정결과를 전산 처리할 수 있는 전산망을 운영하고, 총량관리사업자에게 기술지원을 할 수 있도록 하였으며(제16조제8항 신설), 배출허용총량과 배출량 산정결과에 이의가 있는 총량관리사업자는 배출허용총량을 할당받은 날 또는 배출량 산정결과를 제출한 날부터 30일 이내에 환경부장관에게 문서로 이의를 신청할 수 있도록 하고(제16조의2 신설), 배출가스 저감장치 등을 부착한 특정경유자동차의 소유자에게도 환경부령으로 정하는 저감효율에 맞게 성능이 유지되도록 배출가스 저감장치 등에 대한 관리의무를 부과하고, 이를 위반한 경우에는 서울특별시장 등이 시정을 명할 수 있도록 하였다(제25조제8항 및 제9항 신설).

### (7) 대기환경보전법

「수도권 대기환경 개선에 관한 특별법」에 따라 경비 보조를 받아 경유차 배출가스 저감장치를 부착하거나 저공해엔진으로 개조한 경우 의무운행 기한을 설정하여 예산 낭비를 최소화하고, 폐차·수출시에 장치를 반납하여 재활용토록 2006년 12월 특별법이 개정되어 2007년 7월 27일부터 시행되고 있는 바, 비수도권에서 경비 보조를 하여 부착하거나 개조하고 있는 경유차 배출가스 저감장치 또는 저공해엔진 또한 이와 같이 운용토록 할 필요성이 있으며, 또한, 현행법에 따르면 운행차 배출가스 정밀검사를 받아야 할 대상인 자동차가 해당 정밀검사를 받지 않으면 그 소유자에게 과태료를 부과하도록 하고, 시・도지사는 자동차 소유자에게 정밀검사를 받도록 명할 수 있으며 자동차 소유자가 정밀검사명령을 이행하지 아니하면 벌금형에 처하도록 하고 있으나, 이는 효율적인 규제수단이 되지 못하여 2006년 8월의 경우 운행차 배출가스 정밀검사를 받지 않은 자동차가 51만대에 이르고 있는 실정으로 대기환경 오염의 원인이 되고 있으므로 이에 자동차 등록번호판의 영치제도를 도입하여 운행차 배출가스 정밀검사의 실효성을 높이는 등 그동안 입법상의 미비점을 개선・보완코자 「대기환경보전법」이 개정되었다.

그 주요내용으로는 첫째, 비수도권에서 경비 보조를 받아 경유차 배출가스 저감장치를 부착하거나 저공해엔진으로 개조한 경우, 의무운행 기한을 설정하여 예산 낭비를 최소화하고, 폐차・수출 시에 장치를 반납하도록 하고(제58조제3항 및 제4항 신설), 둘째, 정밀검사를 받지 아니한 자동차의 소유자가 시・도지사의 정밀검사 명령을 이행하지 아니하는 경우에는 시・도지사는 해당 자동차의 등록번호판을 영치할 수 있도록 하였다(제63조제6항 신설).

### 3) 2009년도 제・개정된 법률

2009. 2. 「한국환경공단법」이 제정되면서 기존의 한국환경관리공단과 한국환경자원공사가 한국환경공단으로 통합되었다.

2009. 6. 소음・진동이 단지 규제의 대상이 아니라 관리의 대상임

을 명확히 하기 위해 「소음 · 진동규제법」의 명칭을 「소음 · 진동관리법」으로 변경하였다.

### 4) 2010년에 제·개정된 법률

석면으로 인한 건강피해자 및 유족에게 급여를 지급하기 위한 조치 등을 담은 「석면피해구제법」을 제정하였다.

「한강수계 상수원수질개선 및 주민지원 등에 관한 법률」의 개정을 통하여 오염총량관리제의 도입과 관련된 규정을 신설하여 오염총량관리제를 다른 수계에서와 마찬가지로 의무적으로 실시하도록 하는 규정을 마련하였다.

버려졌던 빗물, 오수 및 하 · 폐수처리수를 생활용수 등 각종 용수로 재이용함으로써 물 자원을 효율적으로 이용하기 위한 「물의 재이용 촉진 및 지원에 관한 법률」을 제정하였다.

폐기물 재활용신고를 허가 대상으로 전환하고, 폐기물을 재활용하여 만든 제품 등에 대한 유해성 기준을 도입한 「폐기물관리법」의 일부를 개정하였다.

### 5) 2011년에 제·개정된 법률

석면을 안전하게 관리함으로써 석면으로 인한 국민의 건강 피해를 예방하고 국민이 건강하고 쾌적한 환경에서 생활할 수 있도록 하는 것을 목적으로 「석면안전관리법」을 제정하였다.

### 6) 2012년에 제·개정된 법률

「인공조명에 의한 빛공해 방지」, 「물다양성 보전 및 이용에 관한 법률」, 「온실가스 배출권 할당 및 거래에 관한 법률」, 「화학물질의 등록 및 평가 등에 관한 법률」 등이 새로 제정되었다. 그리고 다수 환경관련 법률의 개정작업이 있었다. 「환경정책기본법」은 2012.2.1. 일부개정에서 제2조 제2항을 신설하여 국가와 지방자치단체로 하여금 환경정책의 수립 및 시행 시 사회적 약자를 고려하도록 하여 환경복지, 더 넓게는 환경정의의 내용을 기본이념에 포함시켰다. 「대기환경보전법」은 2012년, 2013년 각각의 개정을 통하여 기존의 내용을 보완하거나 새로운 내용들을 추가하는 등 비교적 큰 폭의 변화가 있었다. 그 외 여러 개별 환경법의 크고 작은 개정작업이 있었다.

특히 주목되고 있는 점은 현재 이루어지고 있는 토양환경보전법의 개정 작업이다. 이미 알려져 있듯이 헌법재판소는 2012년 8월 23일 구 토양환경보전법상의 오염원인자의 범위에 관한 동법 제10조의3 제3항 제2호(2012.8.23., 2010헌바167 결정)와 제3호 중 '토양오염관리대상시설을 양수한 자' 부분(2012.8.23., 2010헌바28 결정)에 대하여 각각 헌법불합치 결정을 내리고 향후 적용중지를 명한 바 있다. 따라서 위헌성을 해소하기 위한 방안들, 예를 들면 보충적 책임을 인정하거나 면책사유를 확대하거나 책임의 범위를 제한하는 등의 대책을 마련하는 것이 필요하게 되었다. 헌재 결정에 대하여서 여러 가지 지적들이 나오고 있지만, 동법을 개정함에 있어서 염두에 두어야 할 것은 오염토양의 신속한 정화를 통한 국민건강 및 환경상의 위해 제거라는 동법의 입법취지가 결코 훼손되어서는 아니 된다는 점이다.

### 7) 2013년에 제·개정된 법률

화학물질의 등록·신고 및 유해성·위해성에 관한 심사·평가, 유해화학물질 지정에 관한 사항을 규정하고, 화학물질에 대한 정보를 생산·활용하도록 함으로써 국민건강 및 환경을 보호하는 것을 목적으로 「화학물질의 등록 및 평가 등에 관한 법률」을 제정하였다. 또한 화학물질로 인한 국민건강 및 환경상의 위해(위해)를 예방하고 화학물질을 적절하게 관리하는 한편, 화학물질로 인하여 발생하는 사고에 신속히 대응함으로써 화학물질로부터 모든 국민의 생명과 재산 또는 환경을 보호하는 것을 목적으로 「화학물질관리법」을 제정하였다.

### 8) 2014년에 제·개정된 법률

환경오염피해에 대한 배상책임을 명확히 하고, 피해자의 입증부담을 경감하는 등 실효적인 피해구제 제도를 확립함으로써 환경오염피해로부터 신속하고 공정하게 피해자를 구제하는 것을 목적으로 「환경오염피해 배상책임 및 구제에 관한 법률」을 제정하였다.

### 9) 2015년에 제·개정된 법률

사업장에서 발생하는 오염물질 등을 효과적으로 줄이기 위하여 배출시설 등을 통합 관리하고, 최적의 환경관리기법을 각 사업장의 여건에 맞게 적용할 수 있는 체계를 구축함으로써 환경기술의 발전을 촉진하고 국민의 건강과 환경을 보호하는 것을 목적으로 「환경오염시설의 통합관리에 관한 법률」을 제정하여 기존의 환경관리방식에 큰 변화를 하는 기반을 구축하였다.

### 10) 2016년에 제·개정된 법률

자원을 효율적으로 이용하여 폐기물의 발생을 최대한 억제하고 발생된 폐기물의 순환이용 및 적정한 처분을 촉진하여 천연자원과 에너지의 소비를 줄임으로써 환경을 보전하고 지속가능한 자원순환사회를 만드는 데 필요한 기본적인 사항을 규정함을 목적으로 「자원순환기본법」을 제정하였다.

### 11) 2017년에 제·개정된 법률

「유전자원에 대한 접근 및 그 이용으로부터 발생하는 이익의 공정하고 공평한 공유에 관한 생물다양성에 관한 협약 나고야 의정서」의 시행에 필요한 사항과 유전자원 및 이와 관련된 전통지식에 대한 접근·이용으로부터 발생하는 이익의 공정하고 공평한 공유를 위하여 필요한 사항을 정함으로써 생물다양성의 보전 및 지속가능한 이용에 기여하고 국민생활의 향상과 국제협력을 증진함을 목적으로 「유전자원의 접근·이용 및 이익 공유에 관한 법률」이 제정되었다.

### 12) 2018년에 제·개정된 법률

생활화학제품의 위해성 평가, 살생물물질 및 살생물제품의 승인, 살생물처리제품의 기준 등에 관한 사항을 규정함으로써 국민의 건강 및 환경을 보호하고 공공의 안전에 이바지하는 것을 목적으로 「생활화학제품 및 살생물제의 안전관리에 관한 법률」을 제정하고, 또한 미세먼지 및 미세먼지 생성물질의 배출을 저감하고 그 발생을 지속적으로 관리함으로써 미세먼지가 국민건강에 미치는 위해를 예방하고 대기환경을 적정하게 관리·보전하여 쾌적한 생활환경을 조성하는 것을 목적으로 「미세먼지 저감 및 관리에 관한 특별법」을 제정하여 미세먼지문제에 본격적으로 대응하게 되었다.35)

더 나아가 물관리의 기본이념과 물관리 정책의 기본방향을 제시하고 물관리에 필요한 기본적인 사항을 규정함으로써 물의 안정적인 확보, 물환경의 보전·관리, 가뭄·홍수 등으로 인하여 발생하는 재해의 예방 등을 통하여 지속가능한 물순환 체계를 구축하고 국민의 삶의 질 향상에 이바지함을 목적으로 「물관리기본법」을 제정하고, 「수자원의 조사·계획 및 관리에 관한 법률」, 「댐건설 및 주변지역지원 등에 관한 법률」, 「지하수법」, 「친수구역활용에 관한 특별법」, 「한국수자원공사법」 등 수자원·수량관련 5개 법률이 환경부로 이관되었다. 아울러 「하천법」 중 하천관리를 제외한 수량, 수질, 재해예방 등

---

35) 이 법에서 제2조(정의)에서 사용하는 용어의 뜻은 다음과 같다.
   1. "미세먼지"란 「대기환경보전법」 제2조제6호에 따른 먼지 중 다음 각 목의 흡입성먼지를 말한다.
   가. 입자의 지름이 10마이크로미터 이하인 먼지(PM-10: 미세먼지)
   나. 입자의 지름이 2.5마이크로미터 이하인 먼지(PM-2.5: 초미세먼지)
   2. "미세먼지 생성물질"이란 대기 중에서 미세먼지로 전환되는 다음 각 목의 물질을 말한다.
   가. 질소산화물
   나. 황산화물
   다. 휘발성유기화합물
   라. 그 밖에 환경부령으로 정하는 물질
   3. "미세먼지 배출원"이란 미세먼지와 미세먼지 생성물질을 대기에 배출하는 시설물·기계·기구 및 그 밖의 물체로서 「대기환경보전법」 제2조제11호에 따른 대기오염물질배출시설과 환경부령으로 정하는 것을 말한다.

관련 물관리 기능 일부가 환경부로 이관됨으로써 바야흐로 통합적 물관리 체계의 기본 틀을 갖추었다.

### 13) 2019년에 제·개정된 법률

생물다양성을 체계적으로 보전하고 '생물다양성협약'의 합의문을 이행하여 국민 삶의 질을 향상하고 국제협력을 증진하기 위해 2012년 「생물다양성 보전 및 이용에 관한 법률」을 제정하였으나 기후변화, 서식지 파괴, 외래종 침입 등으로 인해 생물다양성의 양과 질이 저하되고, 자연이 인간에게 주는 혜택(생태계서비스)이 급격하게 감소됨에 따라 국제사회에서는 생물다양성과 생태계서비스의 가치를 고려한 정책과 제도를 마련하고 있으나 국내에서는 생태계서비스 가치를 체계적으로 평가하고 정책에의 반영이 미흡한 상황이었다. 이에 따라, 2019년 12월 10일 「생물다양성 보전 및 이용에 관한 법률」을 개정하여 생태계서비스의 개념을 정의(제2조 제10호)[36]하고, 생태계서비스의 제공에 관한 기본원칙을 추가하고(제3조 제5호)[37], 관련 연구 및 기

---

36) 제2조(정의) 이 법에서 사용하는 용어의 뜻은 다음과 같다. <개정 2018.10.16., 2019.12.10.>

10. "생태계서비스"란 인간이 생태계로부터 얻는 다음 각 목의 어느 하나에 해당하는 혜택을 말한다.

가. 식량, 수자원, 목재 등 유형적 생산물을 제공하는 공급서비스

나. 대기 정화, 탄소 흡수, 기후 조절, 재해 방지 등의 환경조절서비스

다. 생태 관광, 아름답고 쾌적한 경관, 휴양 등의 문화서비스

라. 토양 형성, 서식지 제공, 물질 순환 등 자연을 유지하는 지지서비스

37) 제3조(기본원칙) 생물다양성 보전 및 생물자원의 지속가능한 이용을 위하여 다음 각 호의 기본원칙이 준수되어야 한다. <개정 2019.12.10.>

5. 생태계서비스는 생태계의 보전과 국민의 삶의 질 향상을 위하여 체계적으로 제공되고 증진되어야 한다.

술개발을 통해 생물다양성과 생태계의 가치를 체계적으로 평가하고, 그 가치를 정책과 연계하려는 국제사회의 추세에 대응하며, 생태계서비스를 증진하기 위해 적절한 비용을 보상[38]하는 등 모든 국민에게 공평한 자연혜택을 지속가능하게 제공하도록 하였다.

---

38) 제16조(생태계서비스지불제계약 <개정 2019.12.10.>) ① 정부는 다음 각 호의 지역이 보유한 생태계서비스의 체계적인 보전 및 증진을 위하여 토지의 소유자·점유자 또는 관리인과 자연경관(「자연환경보전법」 제2조제10호에 따른 자연경관을 말한다) 및 자연자산의 유지·관리, 경작방식의 변경, 화학물질의 사용 감수, 습지의 조성, 그 밖에 토지의 관리방법 등을 내용으로 하는 계약(이하 "생태계서비스지불제계약"이라 한다)을 체결하거나 지방자치단체의 장에게 생태계서비스지불제계약의 체결을 권고할 수 있다. <개정 2019.12.10.>

1. 「자연환경보전법」제2조제12호에 따른 생태·경관보전지역
2. 「습지보전법」제8조에 따른 습지보호지역
3. 「자연공원법」제2조제1호에 따른 자연공원
4. 「야생생물 보호 및 관리에 관한 법률」제27조에 따른 야생생물 특별보호구역
5. 「야생생물 보호 및 관리에 관한 법률」제33조에 따른 야생생물 보호구역
6. 멸종위기 야생생물 보호 및 생물다양성의 증진이 필요한 다음 각 목의 지역

가. 멸종위기 야생생물의 보호를 위하여 필요한 지역

나. 생물다양성의 증진 또는 생태계서비스의 회복이 필요한 지역

다. 생물다양성이 독특하거나 우수한 지역

7. 그 밖에 대통령령으로 정하는 지역

② 정부 또는 지방자치단체의 장이 생태계서비스지불제계약을 체결하는 경우에는 대통령령으로 정하는 기준에 따라 그 계약의 이행 상대자에게 정당한 보상을 하여야 한다. <개정 2019.12.10.>

③ 생태계서비스지불제계약을 체결한 당사자가 그 계약 내용을 이행하지 아니하거나 계약을 해지하려는 경우에는 상대방에게 3개월 이전에 이를 통보하여야 한다. <개정 2019.12.10.>

④ 정부는 「문화유산과 자연환경자산에 관한 국민신탁법」에 따른 국민신탁법인 또는 대통령령으로 정하는 민간기구가 생태계서비스지불제계약을 체결하는 경우에는 그 이행에 필요한 지원을 할 수 있다. <신설 2019.12.10.> <종전 제4항은 제5항으로 이동 2019.12.10.>

⑤ 생태계서비스지불제계약의 체결 등 그 밖에 필요한 사항은 대통령령으로 정한다. <개정 2019.12.10.> <제4항에서 이동 2019.12.10.>

### 14) 2020년에 제·개정된 법률

폐자원으로 인하여 발생하는 국민건강 및 재산에 대한 피해를 예방하기 위하여 공공폐자원관리시설의 설치·운영 및 주민지원 등에 관하여 필요한 사항을 규정함으로써 공공처리대상폐기물을 신속하고 친환경적으로 처리하여 지속가능한 환경보전과 국민생활의 질적 향상에 이바지함을 목적으로 「공공폐자원관리시설의 설치·운영 및 주민지원 등에 관한 특별법」이 법률 제17423호로 2020년 6월 9일 제정되었다.[39)]

또한 「자원의 절약과 재활용촉진에 관한 법률」 중 제2장 제2절의 제목 중 "재사용"을 "자원의 순환"으로 하고, 제15조의2의 제목 중 "빈용기의 재사용"을 "빈용기·1회용 컵의 자원순환"으로 하고, 같은 조 제2항 중 "용기의 재사용을 활성화하기 위하여 제1항에 따른 제품에 사용된 용기 중에서 규격이 통일되어 공동으로 사용할 수 있는 용기(이하 "표준용기"라 한다)를"을 "용기등의 재사용 또는 재활용을 활성화하기 위하여 제1항에 따른 제품에 사용된 용기등 중에서 규격이 통일되어 공동으로 사용할 수 있는 용기등(이하 "표준용기"라 한다)을"로 하고, 같은 조 제3항부터 제5항까지를 각각 다음과 같이 하며, 같은 조 제6항 중 "빈용기재사용생산자는"을 "보증금대상사업자는"으로, "빈용기보증금이"를 "자원순환보증금이"로, "용기에 빈용기보증금"을 "용기등에 자원순환보증금"으로, "재사용 표시"를 "재사용 또는 재활용 표시"로 하는 등 중요한 내용을 개정하였다.[40)] 제15조의3의 제목 중

39) 부칙 <제17423호, 2020.6.9.>
이 법은 공포 후 1년이 경과한 날부터 시행한다(시행 2021.6.10.).

40) ① 용기·1회용 컵(이하 "용기등"이라 한다)의 회수, 재사용이나 재활용 등을 촉진하기 위하여 다음 각 호의 경우에는 출고, 수입 또는 판매가격과는 별도의 금

"빈용기보증금"을 "자원순환보증금"으로 하고, 같은 조 제1항 각 호

---

액(이하 "자원순환보증금"이라 한다)을 제품 가격에 포함시켜야 한다. 다만, 제1호의 경우에는 해당 제조업자나 수입업자가 자원순환보증금 포함 여부를 결정할 수 있다.

1. 대통령령으로 정하는 빈복 사용이 가능한 용기를 사용하여 제조업자나 수입업자가 대통령령으로 정하는 제품을 제조 또는 수입하는 경우
2. 1회용 컵을 다량으로 배출하는 사업자로서 대통령령으로 정하는 업종・규모에 해당하는 사업자가 1회용 컵을 사용하여 대통령령으로 정하는 제품을 판매하는 경우

③ 제1항제1호에 따라 자원순환보증금이 가격에 포함된 제품을 제조・수입하는 자와 제1항제2호의 판매자(이하 "보증금대상사업자"라 한다)는 용기등을 반환하는 자에게 자원순환보증금을 돌려주어야 한다. 이 경우 자원순환보증금액은 용기등의 제조원가, 자원의 순환이용 등을 고려하여 환경부령으로 정한다.

④ 보증금대상사업자는 자원순환보증금이 가격에 포함된 제품 용기등의 회수, 선별, 보관, 재활용 등에 소요되는 다음 각 호의 비용을 지급하여야 한다. 이 경우 해당 비용을 산정할 때에는 물가변동 등 경제적인 여건을 고려하여야 한다.

1. 제1항제1호에 해당하는 제조업자나 수입업자의 경우 도매업자나 소매업자(한국표준산업분류에 따른 종합소매업・음식료품 및 담배소매업을 하는 사업자로 한정한다)에게 환경부령으로 정하는 빈용기의 보관과 운반에 드는 비용(이하 "취급수수료"라 한다)
2. 제1항제2호에 해당하는 판매자의 경우 1회용 컵 등의 재활용을 위하여 이를 운반 및 처리하는 자에게 환경부령으로 정하는 비용(이하 "처리지원금"이라 한다)

⑤ 제3항 및 제4항에 따른 자원순환보증금의 반환, 취급수수료와 처리지원금의 지급, 관리 등이 원활하게 이루어질 수 있도록 하기 위하여 보증금대상사업자는 제15조의6에 따른 자원순환보증금관리센터에 자원순환보증금이 가격에 포함된 제품의 출고 및 판매, 회수, 재사용 또는 재활용 등에 관한 정보를 제공하여야 하며, 자원순환보증금관리센터로 하여금 반환된 용기등을 확인한 후 이에 해당되는 자원순환보증금과 취급수수료 또는 처리지원금 등을 반환 또는 지급하도록 하여야 한다.

⑦ 자원순환보증금의 반환, 취급수수료와 처리지원금의 지급 등 용기등의 원활한 회수・재사용 또는 재활용을 위하여 보증금대상사업자 등이 지켜야 할 사항은 환경부령으로 정한다.

종전의 빈용기보증금의 문제에 대하여는 Moon Hyun, Koh, "The Present State of 'Korean Security Deposit System on Empty Container' and Its Reform Measure", The Second International Forum on Strategic Technology,

외의 부분 중 "빈용기보증금"을 "자원순환보증금"으로 하며, 같은 항 제1호 및 제2호 중 "빈용기"를 각각 "용기등"으로 하고, 같은 항 제3호 중 "빈용기의 효율적 회수와"를 "자원순환촉진을 위한 용기등의 회수, 재사용과"로 하며, 같은 항 제4호 중 "빈용기보증금액보다 빈용기보증금"을 "자원순환보증금액보다 자원순환보증금"으로 하고, 같은 항 제4호의2 중 "빈용기"를 "용기등"으로 하며, 같은 항에 제4호의3을 다음과 같이 신설하고, 같은 조 제2항 중 "빈용기"를 "용기등"으로 한다.

제15조의4의 제목 "(빈용기보증금 미지급 소매업자 신고 보상)"을 "(자원순환보증금 미지급 소매업자 등 신고 보상)"으로 하고, 같은 조 중 "제15조의2제4항에 따른 소매업자 중 빈용기보증금 포함 제품"을 "자원순환보증금이 가격에 포함된 제품"으로, "빈용기보증금을"을 "자원순환보증금을"로 한다.

제2장제2절에 자원순환보증금관리위원회(제15조의5)[41] 및 제15조의6(자원순환보증금관리센터 설립)[42]을 각각 신설하였다. 아울러 환경보전

---

Mongolian University of Science and Technology in Ulaanbaatar, Mongolia, 2007.10.4. 참조.

41) 제15조의5(자원순환보증금관리위원회) ① 자원순환보증금 및 취급수수료·처리지원금의 부과·지급, 미반환보증금의 운용 등 자원순환보증금관리에 관한 사항을 협의·조정하기 위하여 환경부에 자원순환보증금관리위원회(이하 이 조에서 "위원회"라 한다)를 둔다.
② 위원회는 위원장을 포함하여 7명 이내의 위원으로 구성한다.
③ 위원회의 구성·운영 등에 필요한 사항은 환경부령으로 정한다.

42) 제15조의6(자원순환보증금관리센터 설립) ① 보증금대상사업자는 대통령령으로 정하는 바에 따라 환경부의 허가를 받아 자원순환보증금관리센터를 공동으로 설립하여야 한다.
② 자원순환보증금관리센터는 법인으로 한다.
③ 자원순환보증금관리센터는 다음 각 호의 사업을 하여야 한다.
1. 제15조의2제5항에 따른 자원순환보증금 반환 및 취급수수료, 처리지원금 지

과 국민 생활의 질적 향상이라는 「폐기물처리시설 설치촉진 및 주변지역지원 등에 관한 법률」을 제1조에 규정된 입법목적 달성을 위하여 '폐기물처리시설의 지하화' 등을 골자[43)]로 하는 「폐기물처리시설

---

급 및 관리 등에 관한 업무
2. 제15조의3제1항에 따른 미반환보증금의 집행 및 관리
3. 자원순환보증금 반환과 취급수수료 또는 처리지원금 지급 등에 관한 실태조사
4. 제15조의4에 따른 신고를 처리하기 위한 자원순환보증금반환 신고센터의 설치ㆍ운영
5. 그 밖에 용기등의 회수, 재사용 또는 재활용 촉진 등을 위하여 환경부령으로 정하는 사업

43) 1. 개정이유 및 주요내용
현행법은 대통령령으로 정하는 규모 이상의 공동주택단지나 택지를 개발하려는 자는 폐기물처리시설을 설치하거나 설치비용에 해당하는 금액을 해당 지역을 관할하는 지방자치단체장에게 납부하도록 하고 있음.
그런데 대부분의 사업자가 폐기물처리시설을 설치하지 않고 설치비용을 납부하고 있어, 폐기물처리시설이 부족해지고 불법폐기물 대책까지 마련하여야 하는 상황임.
또한 환경부 표준조례에 따라 각 지방자치단체가 제정한 조례에 근거하여 주민편익시설 설치 비용을 포함한 폐기물처리시설 설치부담금을 부과하였음에도 법원에서 주민편익시설을 포함할 현행법령상의 근거가 없다는 이유로 해당 부과처분이 위법으로 판단되어 폐기물처리시설의 설치 촉진과 주변지역 주민의 복지 증진 등 본 법률의 입법취지가 무색해지고 있는 상황임.
특히 '폐기물처리시설의 지하화'는 토지자원의 효율적인 이용과 쾌적한 환경 조성 및 유지를 위한 합리적인 방안임에도 현행법상 이에 관한 근거규정이 없어 '지하화'의 추진이 어려우며, 결과적으로 환경보전과 국민 생활의 질적 향상이라는 본 법률 제1조에 규정된 입법목적 달성이 어려움.
이에 원칙적으로 일정규모 이상의 공동주택단지나 택지를 개발하려는 자에게 폐기물처리시설의 설치의무를 부과하되 예외적으로 지방자치단체가 신규 처리시설이 불필요하다고 인정하는 등의 경우 설치비용 납부로 의무이행을 갈음할 수 있도록 하고,
폐기물처리시설을 지하에도 설치할 수 있는 근거를 명시하며, 폐기물처리시설 설치 비용에 '주민편익시설'의 설치 비용을 포함하고, 주민편익시설 설치 주체에 '공동주택단지 또는 택지개발자'를 추가함으로써 폐기물의 원활한 처리에 도움이 되도록 하려는 것임.
2. 대안의 주요내용
가. 공동주택단지나 택지를 개발하려는 자는 대통령령으로 정하는 폐기물처

설치촉진 및 주변지역지원 등에 관한 법률」을 2020년 6월 9일 개정하였다.[44)]

---

리시설을 설치하되, 해당 지역을 관할하는 지방자치단체의 장이 해당 공동주택단지나 택지의 특성상 신규 폐기물처리시설이 필요하지 아니하다고 인정하는 등 대통령령으로 정하는 경우에는 그 설치비용에 해당하는 금액을 해당 지역을 관할하는 지방자치단체의 장에게 내야 함(안 제6조제1항).

나. 공동주택단지나 택지를 개발하려는 자는 주거지역과 인접한 등의 경우 폐기물처리시설을 지하에 설치하거나 설치비용에 해당하는 금액을 내야 함(안 제6조제2항 신설).

다. 지원협의체의 구성원이 그 직무와 관련하여 횡령·배임죄로 100만원 이상의 벌금형을 선고, 확정된 날부터 2년이 지나지 아니한 경우 구성원이 될 수 없는 바, 경합범에 대하여 해당 벌금형을 분리하여 선고하도록 함(안 제17조의3 신설).

라. 공동주택단지나 택지를 개발하려는 자가 해당 지역을 관할하는 지방자치단체의 장과 협의한 경우 해당 폐기물처리시설 부지나 그 인근에 주민편익시설을 설치할 수 있음(안 제20조제2항 신설).

마. 법인의 대표자나 법인 또는 개인의 대리인, 사용인, 그 밖의 종업원이 그 법인 또는 개인의 업무에 관하여 위반행위를 한 경우, 법인 또는 개인이 위반행위를 방지하기 위하여 주의와 감독 의무를 다한 경우에는 처벌을 면하도록 규정함(안 제32조).

44) 제6조(택지개발사업에 따른 폐기물처리시설의 설치 등) ① 대통령령으로 정하는 규모 이상의 공동주택단지나 택지를 개발하려는 자는 그 공동주택단지나 택지에서 발생하는 폐기물을 처리하기 위하여 대통령령으로 정하는 폐기물처리시설을 설치하여야 한다. 이 경우 주거지역과 인접하여 생활환경에 심각한 영향이 우려되는 등 대통령령으로 정하는 기준에 해당하는 때에는 폐기물처리시설을 지하에 설치하여야 한다.

② 제1항에도 불구하고 해당 지역을 관할하는 특별자치시장・특별자치도지사・시장・군수・구청장이 해당 공동주택단지나 택지의 특성상 신규 폐기물처리시설이 필요하지 아니하다고 인정하는 등 대통령령으로 정하는 경우에는 그 공동주택단지나 택지를 개발하려는 자는 같은 항 전단 또는 후단에 따른 폐기물처리시설의 설치를 갈음하여 설치비용에 해당하는 금액을 해당 지역을 관할하는 특별자치시장・특별자치도지사・시장・군수・구청장에게 내야 한다. <신설 2020.6.9.> <종전 제2항은 제3항으로 이동 2020.6.9.>

③ 특별자치시장・특별자치도지사・시장・군수・구청장은 제2항에 따라 받은 금액을 해당 공동주택단지나 택지에서 발생하는 폐기물을 처리하기 위한 폐기물처리시설을 설치하는 데에 사용하여야 한다. <개정 2013.8.13., 2020.6.9.> <제2항에서 이동, 종전 제3항은 제4항으로 이동 2020.6.9.>

### 15) 기타 환경에 관계되는 타 부처 소관 법령

2021년 11월 현재 타 부처 소관의 환경법은 「도로교통법」, 「원자력법」, 「해양오염방지법」 등 60여 개 이상이며 관련부처만도 15개 이상에 달하고 있다. 이처럼 환경관련규정이 여러 부처의 법에 산재되어 있는 관계로 각 부처 권한사항의 경계부분에서 규제관리의 허점이 발생할 우려가 있다. 또한 부처 간의 정책방향이 상이하여 상호모순 또는 충돌이 발생할 가능성이 있으므로 이를 예방하기 위하여 부처 간의 긴밀한 협조가 필요하다.

---

④ 특별자치시장・특별자치도지사・시장・군수・구청장은 제2항에 따라 설치비용에 해당하는 금액을 내야 할 자가 납부기한까지 내지 아니하면 지방세 체납처분의 예에 따라 그 금액을 징수한다. <개정 2013.8.13.> <제3항에서 이동, 종전 제4항은 제5항으로 이동 2020.6.9.>

⑤ 제2항에 따른 납부금액의 산정방법, 납부절차 등에 관하여 필요한 사항은 대통령령으로 정한다. <개정 2020.6.9.> <제4항에서 이동 2020.6.9.>

[전문개정 2007.12.27.]

제20조(주민편익시설의 설치) ① 폐기물처리시설 설치기관은 대통령령으로 정하는 바에 따라 해당 폐기물처리시설의 부지나 그 인근에 지원협의체와 협의하여 체육시설 등 지역주민을 위한 편익시설을 설치하여야 한다. 다만, 지원협의체가 그 편익시설의 전부나 일부의 설치를 원하지 아니하는 경우에는 시설의 설치 비용에 해당하는 금액을 제21조에 따른 주민지원기금에 출연(出捐)할 수 있다. <개정 2020.6.9.>

② 제6조에 따라 공동주택단지나 택지를 개발하려는 자는 해당 지역을 관할하는 특별자치시장・특별자치도지사・시장・군수・구청장과 협의하여 주민편익시설을 설치할 수 있다. <신설 2020.6.9.>

[전문개정 2007.12.27.]

제32조(양벌규정) 법인의 대표자나 법인 또는 개인의 대리인, 사용인, 그 밖의 종업원이 그 법인 또는 개인의 업무에 관하여 제31조의 위반행위를 하면 그 행위자를 벌하는 외에 그 법인 또는 개인에게도 해당 조문의 벌금형을 과(科)한다. 다만, 법인 또는 개인이 그 위반행위를 방지하기 위하여 해당 업무에 관하여 상당한 주의와 감독을 게을리 하지 아니한 경우에는 그러하지 아니하다.

[전문개정 2020.6.9.]

## 제2절 우리나라 환경법의 체계 및 문제점

### 1. 우리나라 환경법의 체계

좁은 의미의 우리나라 환경법의 체계는 국가의 최고법인 헌법을 정점으로 그 하위에 개별환경법의 헌법과 같은 성격을 지니고 있는 「환경정책기본법」, 그리고 오염분야별 대책법의 성격을 가지는 환경관계법으로 구성되어 있다.

환경관계법을 분야별로 분류하여 보면 다음과 같다.45)

환경영향평가와 관련하여 「환경영향평가법」이 있다.

자연환경분야와 관련하여 「자연환경보전법, 야생동·식물보호법」, 「자연공원법」, 「독도등도서지역의생태계보전에관한특별법」, 「습지보전법」, 「백두대간보호에관한법률」, 「토양환경보전법」, 「문화유산과환경자산에관한국민신탁법」 등이 있다.

대기환경분야와 관련하여 「대기환경보전법」, 「소음·진동관리법」, 「다중이용시설등의실내공기질관리법」, 「악취방지법」, 「수도권대기환경개선에관한특별법」 등이 있다.

수질분야와 관련하여 「수질및수생태계보전에관한법률」, 「가축·분뇨의관리및이용에관한법률」, 「하수도법」 등이 있다.

폐기물분야와 관련하여 「폐기물관리법」, 「자원의절약과재활용촉진에관한법률」, 「폐기물처리시설설치촉진및주변지역지원등에관한법률」, 「폐기물의국가간이동및그처리에관한법률」, 「건설폐기물의재활용촉진에관한

45) 김홍균, 앞의 책, 17쪽.

법률」, 「전기·전자제품및자동차의자원순환에관한법률」 등이 있다.

유해화학물질분야와 관련하여 「유해화학물질관리법」, 「잔류성유기오염물질관리법」 등이 있다.

먹는물분야와 관련하여 「수도법」, 「먹는물관리법」, 「한강수계상수원수질개선및주민지원등에관한법률」, 「낙동강수계물관리및주민지원등에관한법률」, 「금강수계물관리및주민지원등에관한법률」, 「영산강·섬진강수계물관리및주민지원등에관한법률」 등이 있다.

환경범죄분야와 관련하여 「환경범죄의단속에관한특별조치법」이 있다.

해양분야와 관련하여 「해양환경관리법」, 「해양생태계의보전및관리에관한법률」 등이 있다.

피해분쟁조정 분야와 관련하여 「환경분쟁조정법」이 있다.

기타 분야와 관련된 법으로서 「저탄소녹색성장기본법」, 「지속가능발전법」,[46] 「환경기술개발및지원에관한법률」, 「환경보건법」, 「환경개

46) 종래의 「지속가능발전기본법」의 제명이 동법 부칙 제4조 제10항에 따라 「지속가능발전법」으로 변경되었다. 「지속가능발전법」 부칙(저탄소 녹색성장 기본법) <제9931호, 2010.1.13.> 제4조(다른 법률의 개정) ⑩ 지속가능발전 기본법 일부를 다음과 같이 개정한다. 제명 "지속가능발전 기본법"을 "지속가능발전법"으로 한다.

「지속가능발전법」제4장 지속가능발전위원회 <개정 2010. 1. 13.>

제15조(지속가능발전위원회의 설치) 국가의 지속가능발전을 효율적으로 추진하기 위하여 환경부장관 소속으로 지속가능발전위원회를 둔다.[전문개정 2010. 1. 13.]

제16조(위원회의 기능) 위원회는 다음 각 호의 사항을 심의한다.

1. 「저탄소 녹색성장 기본법」 제50조 제2항에 따른 지속가능발전 기본계획 수립·변경의 사전심의에 관한 사항
2. 제7조에 따른 이행계획의 협의·조정에 관한 사항
3. 제9조 제1항에 따른 국가이행계획의 추진상황 점검에 관한 사항
4. 제11조에 따른 법령 및 행정계획에 대한 검토 및 통보 등에 관한 사항
5. 제13조에 따른 지속가능발전지표의 작성 및 지속가능성 평가에 관한 사항
6. 제14조 제1항에 따른 지속가능성보고서의 작성 및 공표에 관한 사항
7. 제20조에 따른 지속가능발전 지식·정보의 보급 등에 관한 사항

선비용부담법」, 「친환경상품구매촉진에관한법률」, 「환경교육진흥법」, 「환경개선특별회계법」, 「한국환경공단법」, 「수도권매립지관리공사의설립및운영등에관한법률」 등이 있다.

위에서 살펴보았듯이 종전의 환경보전법과 같이 단일법으로 이루어진 것이 아니라 복수의 법으로 이루어졌다는 점에서 우리나라의 환경법은 복수법 체계를 채택하고 있다고 할 수 있다.

---

8. 제21조에 따른 교육·홍보 등에 관한 사항
9. 제22조에 따른 국내외 협력 등에 관한 사항
10. 그 밖에 지속가능발전을 위하여 고려하여야 할 주요 정책과 이와 관련된 사회적 갈등 해결에 관하여 환경부장관에 대한 자문이 필요한 사항

제17조(위원회의 구성 등) ① 위원회는 위원장 1명을 포함한 50명 이내의 위원으로 구성하고, 위원은 당연직위원과 위촉위원으로 하되, 공무원이 아닌 위원이 전체위원의 과반수가 되도록 하여야 한다. <개정 2010. 1. 13.>

② 당연직위원은 대통령령으로 정하는 중앙행정기관의 고위공무원단에 속하는 고위공무원으로 하고, 위촉위원은 시민사회단체, 학계, 산업계 등에서 지속가능발전에 관한 지식과 경험이 풍부한 사람 중에서 대통령이 위촉하는 사람으로 한다. <개정 2010. 1. 13., 2020. 5. 26.>

③ 위원장은 위촉위원 중에서 환경부장관이 위촉한다. <개정 2010. 1. 13.>

④ 위촉위원의 임기는 2년으로 한다.

⑤ 위원회의 심의사항에 관하여 분야별로 전문적인 연구·검토를 하기 위하여 전문위원회를 둔다. <개정 2010. 1. 13.>

⑥ 위원회 및 전문위원회의 구성·운영 등에 관하여 필요한 사항은 대통령령으로 정한다. <개정 2010. 1. 13.>

이 개정으로 지속가능발전위원회의 소속이 환경부장관 소속으로(제15조) 격하되어 문제가 많다. 여기에 대하여 자세한 것은 고문현 외, 『포스트코로나 대한민국』, 한울아카데미, 2020, 278쪽 참조.

## 2. 우리나라 환경법의 문제점

### 1) 복수법주의로 인한 문제점

현행 환경법체계는 오염종류별 또는 규제대상별로 여러 개의 독립된 법을 제정하는 방식인 복수법주의를 채택하고 있다. 이에 대하여는 많은 비판이 있다. 이러한 비판은 크게 두 가지로 요약될 수 있는데, 환경법의 비체계성으로 인한 복잡성과 비효율성이다.[47]

#### (1) 법령체계의 복잡성

현행 환경법령체계가 너무 복잡하여 규제자인 환경담당 공무원은 물론이고 피규제자인 국민들이 이해하기가 매우 어렵다. 요즈음 4대강 사업과 관련되는 수질및수생태계보전을 위한 법만 해도 여러 개가 있고 여기에 관련된 법들이 일반법과 특별법의 관계를 이루고 있어서 단일법에 대한 이해만으로는 전체에 대한 개념 파악이 안 되어 오류를 범하기 쉽다.[48] 예컨대 「수질및수생태계보전에관한법률」상 배출허용기준이 있고, 또한 「수질및수생태계보전에관한법률」, 「오수・분뇨및축산폐수의처리에관한법률」에 의한 방류수수질기준이 있으며, 「환경영향평가법」에 의하면 이러한 기준과 다른 협의 기준을 정하도록 규정되어 있다.

---

47) 조홍식・송상현・노상환, 『우리나라 환경법체계 정비에 관한 연구 I』, 한국환경정책평가연구원, 1997, 26쪽.

48) 조현권, 앞의 책, 891쪽 참조.

### (2) 규제내용의 산만성

현행 환경련련법이 오염매체별 관리체계로 이루어져 있는 관계로 동일한 규제내용이 여러 법률에 흩어져 있어 체계가 전혀 없고 매우 산만하다. 「대기환경보전법」, 「수질및수생태계보전에관한법률」, 「소음·진동관리법」 등이 그 대표적인 예이다.

### (3) 개별법들의 형평성 결여

개별법들 간의 형평성이 맞지 않는 부분이 많다. 인·허가, 신고·등록제, 벌칙·과태료·행정처분, 부담금의 납기규정방법, 하위법령에의 위임방법, 징수금의 교부비율 등이 그 예이다. 또한, 비슷한 제도가 A법률에는 존재하는데 반하여 B법률에는 없는 경우도 있다. 이것은 법령 제·개정을 임기응변적인 필요에 의하여 졸속적으로 처리하다 보니 나머지 개별법들에 대한 충분한 고려 없이 제·개정함으로써 초래된 결과라 하겠다.[49]

## 2) 비효율성

환경법의 체계가 오염매체별로 짜여진 복수법주의를 취하고 있어 환경보호 및 개선에 있어 비효율적이라는 것이다. 그 근거로는 다음과 같은 것들을 들고 있다.[50]

---

49) 조현권, 앞의 책, 892쪽 참조.
50) 조홍식·송상현·노상환, 앞의 책, 26쪽.

### (1) 오염매체별 분할법체계

현행 분할적 환경법체계 즉, 개별법주의하의 입법은 매체별로 이루어져 있다. 이러한 분할법 체계는 오염물질이 최초에 배출된 매체인 대기, 물 또는 토양에 그대로 머물러 있을 것을 전제하는 것인데, 실제로 발생하는 현상 즉, 오염물질이 매체를 이동하여 복합적, 광역적으로 발생하는 오염문제에 대해서는 위와 같은 개별대책법 체계만으로는 한계가 있을 수밖에 없다. 따라서 매체를 통합적으로 관리할 수 있는 입법이 필요하다.[51]

### (2) 규제자 중심의 법체계

규제자 중심의 규제편의를 위해 법을 제정하게 되면, 피규제자에게는 매우 비효율적 체계가 되는 것이다. 예컨대 배출시설설치 규제의 경우 하나의 시설물을 가동하려면 현재는 대기, 수질, 소음・진동, 폐기물 등 여러 분야의 허가를 각각 받아야 하는 경우가 있는데, 이것은 매우 비효율적이다. 따라서 이러한 비효율성을 줄이기 위하여 일련의 허가를 통합적으로 처리할 수 있는 "하나의 신청서, 하나의 허가서"의 도입이 필요하다.

### (3) 과도한 직접 규제위주의 법체계

인・허가제와 같이 과도한 직접규제위주의 법체계는 규제에 따르는 비효율성을 초래하며 기업들의 기술개발의욕마저 꺾어버리는 결과를 초래한다. 더 나아가 동일한 배출시설에서 배출되는 오염물질의

51) 조홍식・송상현・노상환, 앞의 책, 44-48쪽.

종류에 따라 인·허가의 종류가 달라진다. 예컨대, 동일배출시설에서 ① 대기오염물질, ② 휘발성유기화합물, ③ 악취가 발생한 경우를 보면, 이에 필요한 서류로는 ① 대기배출시설 설치허가증, ② 휘발성유기화합물 배출시설 설치 신고증명서, 그리고 ③ 악취배출시설 설치신고증명서가 각각 교부·관리되고 있다. 비단 이 문제만 있는 것은 아니다. 신고기관이 상이한 경우, 이 또한 혼란과 비용을 초래할 것으로 보이는데, 실무상 대기배출시설규제의 담당은 규모나 지역에 따라 시청 또는 구청이, 휘발성유기화합물의 경우는 시청에서, 그리고 악취배출시설은 구청에서 담당하고 있다. 더욱이 악취방지법 제정으로 인하여 악취배출시설 설치신고를 대기배출시설 설치신고와 별개로 하고 있다. 이러한 문제점에 대한 대책으로는 허가증을 통합하여 작성·관리할 필요가 있다. 동일한 배출시설에서 다양한 오염물질을 배출하는 것을 관리·감독할 관계공무원의 전문성의 확보는 그 전제가 될 것이다.[52)]

따라서 간접규제수단이라고 할 수 있는 경제적 유인책을 가능한 한 많이 활용하는 것이 바람직하다. 현재 이용되고 있는 경제적 유인책으로 배출부과금제도가 있는데, 엄밀한 의미에서 순수한 경제유인적 규제방식이 아니라 명령적 규제방식의 비효율성을 시정하기 위하여, 명령적 규제와 경제유인적 규제를 결합시킨 일종의 변형적 규제유형이라는 것이 일반적인 분석이다. 경제적 유인책은 같은 환경개선효과를 낼 수 있으면서도 그 준수비용을 절감할 수 있다는 장점을 가

52) 고문현, “통합배출허가제의 문제점과 대책”, 통합배출허가제 포럼 발표문, 2008. 6.26. 14쪽; 한상운·정회성·공성용·이창훈, 『통합적 환경관리체계구축을 위한 방안 연구(Ⅱ)-배출시설규제에관한법률(가칭) 제정안을 중심으로-』, 한국환경정책·평가연구원, 2007, 79-87쪽, 135쪽 참조.

지고 있는바 규제대상기업들이 스스로 오염물질의 배출의 감소를 유도할 수 있는 다양한 경제적 유인책의 도입과 활성화가 요망된다. 다만, 「대기환경보전법」(제20조의2)이나 「수질환경보전법」(제49조)상의 배출허용기준이나 개선명령의 준수를 과징금이라는 금전적 수단에 의해 대체할 수 있도록 함으로써, 특히 지불능력이 충분한 사업자의 경우나 위반행위에 대한 정규적인 단속·적발에 대한 예측가능성이 확보되지 않을 경우, 자칫 처음부터 금전적 수단으로 규제를 회피하도록 만드는 결과를 초래할 우려가 있다.[53]

### 3) 지나친 하위법령 위임방식[54]

환경입법에서 위임입법이 빈번히 나타나는 것은 과학기술입법 등의 다른 전문기술적 분야에서 볼 수 있듯이 사안의 전문기술성, 국회의 입법능력 및 시간의 부족, 사정변화에 따른 유연성 부여 등 여러 가지 합리적인 이유가 있다. 그러나 이러한 위임입법의 확대는 의회입법의 원칙을 형해화함으로써 입법의 민주적 정당성의 기초를 손상시킨다는 점에서 결코 가볍게 생각할 문제가 아니다.

특히, 무분별한 위임입법현상은 환경규제 현실에서 중요한 영향을 미치는 요인들이 법률보다는 하위명령인 행정입법 수준에서 결정되는 경우가 많고, 이것은 환경규제의 내용과 정도가 국회가 아니라 정부의 결정에 좌우된다는 것을 의미한다. 가령 개별 환경법상의 규제기준들, 예컨대 배출허용기준은 법률이 아니라 시행령의 수준에서 결

53) 홍준형, 앞의 책, 598쪽, 674쪽.

54) 고문현, "환경행정법의 특색과 환경행정처분 기준의 문제점", 「환경법연구」, 제29권 3호, 2007.12., 104-105쪽.

정되며, 규제대상 오염물질의 종류 역시 대부분 시행령, 시행규칙에서 결정되고 있다. 이러한 사정은 각 규율들의 법적 성질 내지 그 구속력의 정도에 관하여 매우 복잡한 문제를 수반한다. 민간의 기술규범들은 관계 전문가단체나 협회 또는 그들의 합동조직체들에 의해 발간되는데, 상호이해관계를 달리하는 조직체들에 의해 공동으로 제정되기도 한다. 전술한 모든 규율들은 형식적 의미의 법률에서 규정하고 있는 법적 요건들을 구체화하는 것들이다. 그리고 민간의 기술규범들이 행정규칙이나 법규명령에서의 규율보다 더 구체적이고 그 양도 광범위한 사정이다.[55)]

### 4) 평가

2020년 10월 현재 환경부가 직접 관장하는 환경관련 법률의 수가 총 60개가 넘는 상황에 이르게 되었다. 이렇게 많은 법률들 중에서 상당수가 오늘날에도 여전히 제기되는 '환경위기'[56)]를 타개하기 위하여 임기응변적으로 제정되었다고 할 수 있다.[57)] 이러한 현행 환경관련 법률의 방대함과 복잡다기함은 반드시 짚고 넘어가야 할 필요가 있다. 환경정책의 변화에 상응하기 위하여 환경관련 법률이 거의 매

---

55) 김해룡 · 이종영, "과학기술의 발전과 환경법의 과제", 『한국 법학 50년-과거 · 현재 · 미래』(Ⅱ), 대한민국건국 50주년기념 제1회 한국법학자대회 논문집, 한국법학교수회, 1998.12., 619쪽.

56) Carson여사를 중심으로 오늘의 환경위기론이 형성되었다. Rachel Carson, Silent Spring, Boston: Riverside Press, 1962, 21-22쪽; Megan A. Senatori, "The Second Revolution: The Diverging Paths of Animal Activism and Environmental Law", in: Robert J. Goldstein(ed.), Environmental Ethics and Law, Burlington: ASHGATE, 2004, 626쪽.

57) 홍준형, 앞의 책, 1056쪽 참조.

년 증가하는 것은 한편으로는 환경보전을 위한 적절한 대책을 강구하기 위한 필수불가결한 현상이라고 할 수도 있겠지만, 법률의 홍수현상으로 인한 법규범의 복잡화 및 집행력의 결여[58] 또한 심각한 문제가 아닐 수 없다. 환경입법정책의 기본 틀이 앞에서 언급한 1991년 3월 낙동강 페놀오염사건에 따라 제정된 「환경범죄의 처벌에 관한 특별법」처럼 관련 문제점이 발생할 때마다 임기응변식으로 그 문제점을 해결하기 위한 특별법제정으로 귀결되는 오늘날 한국의 입법현상은 분명 재고되어야 할 사항이다.[59] 더 나아가 환경문제의 해결을 위하여 제정된 환경법규가 적정하지 않은 것도 재검토되어야 할 것이다.[60]

58) 환경법제가 잘 정비되어 있다고 해도 그 실효성이 없으면 환경문제의 해결을 기대할 수 없다. 집행결함 또는 실효성의 결여는 다른 법분야에서도 문제되지 않는 것은 아니지만, 특히 환경법분야에서 현저하게 나타나는 현상이다. 홍준형, 앞의 책, 1064쪽. 그 대표적인 예로 폐기물발생억제・재활용의무의 실효성에서 볼 수 있다. 현행 「자원의절약과재활용촉진에관한법률」제41조 제1항과 제2항은 폐기물발생억제와 재활용의무에 위반한 경우 300만원 또는 100만원 이하의 과태료를 부과할 수 있도록 하고 있다. 그러한 이러한 과태료의 제재는 형벌도 아니고 커다란 재정적 부담도 주고 있지 못해서 실효성을 담보하지 못하고 있다. 이러한 집행결여의 문제점은 빈용기보증금제도에서도 그대로 나타나고 있다. 여기에 관하여는 Koh Moon Hyun, "The Present State of 'Korean Security Deposit System on Empty Container' and Its Reform Measure", The Second International Forum on Strategic Technology, 2007.10.4. 발표문(Mongolian University of Science and Technology in Ulaanbaatar, Mongolia), 508-511쪽 참조.

59) 송동수, "참여정부의 환경정책 평가와 과제-환경관련법령의 제・개정을 중심으로-", 「환경법연구」, 제27권 4호, 2005.12., 91쪽 참조.

60) 홍준형, 앞의 책, 1056쪽.

제3장

# 통합환경법 제정의 필요성

# 제3장 통합환경법 제정의 필요성

## 제1절 문제의 제기

앞에서 살펴본 바와 같이 종래 우리나라 환경법체계가 오염종류별 또는 규제대상별로 여러 개의 독립된 법을 제정하는 방식을 채택한 복수법주의를 취하고 있다. 현행 「대기환경보전법」, 「수질및수생태계보전에관한법률」, 「토양환경보전법」은 매체가 분할되어 있다는 전제하에 각 매체로 흘러나오는 오염물질을 규제하고 있다. 그런데 이와 같은 배출구를 통한 오염물질의 배출을 규제하는 매체별 분할규제방식은 환경문제가 그 상호관련적·매체교환적인 특성 때문에 효과적인 해결을 기대하기 곤란하다.[1] 즉, 오염물질은 최초로 배출된 매체에 머물러 있지 않고 매체를 전전 순환하기 때문에, 매체별로 배출구를 아무리 단속하여도 이미 나온 오염물질은 다른 형태로 변하여 다른 매체를 오염시키므로 종합적인 환경개선효과면에서는 비효율적일 수밖에 없다. 이러한 배경에서 탄생한 통합오염관리방식(Integrated

---

1) 홍준형, "우리나라 환경정책기본법의 개정방향", 노상환 편, 『우리나라 환경법체계정비에 관한 연구Ⅱ-환경정책기본법, 상수원보호 및 그린벨트지역법령정비를 중심으로-』, 한국환경정책·평가연구원, 1998, 103쪽.

Pollution Prevention and Control: IPPC)은 어떤 산업공정의 작동이 있기 전에 그 공정에 따른 위해도를 지역의 환경용량과 비교하여 종합적으로 평가하고 통합적 의사결정에 따라 하나의 통합된 허가를 발부하는 것으로 미국이나 영국을 위시한 OECD회원국 등 주요 선진국들은 그런 배경에서 통합오염관리방식을 제도화해 오고 있다.[2)]

우리나라의 경우에는 대륙법적인 법체계를 따르고 있고, 대표적인 대륙법 국가이며 환경법전이 제정되어 있는 프랑스와 통합환경법 제정의 마지막 단계에 갔다가 의회에서 통과하지 못한 독일의 경우[3)]를 타산지석으로 삼을 필요성이 있다.

## 제2절 통합환경법 제정의 필요성

### 1. 환경관련 법률 간의 중복·모순으로 인한 비효율성 및 불균형

종래 환경법체계가 복수법주의를 채택한 결과 상호간의 중복・모순으로 인한 비효율성이 증대되고 개별법률들 간의 균형이 맞지 않고 있다. 법질서통일성의 원리와 관련하여 볼 때 복수환경법 상호간에 규범충돌 혹은 논리모순 현상이 발생하고 있다. 정부가 필요할 때마

2) 홍준형, 위의 글, 103쪽-112쪽.

3) 통합환경법전 총칙 등에 관하여는 Michael Kloepfer u. a., Zur Kodifikation des Allgemeinen Teils eines Umweltgesetzbuches(UGB-AT), *DVBl*, 1991, 339-346쪽 (고문현 역, 독일 환경법전의 총칙, 「환경법연구」, 제20권, 1998, 429-452쪽); 고문현, 『독일환경법』, 울산대학교출판부(UUP), 2005, 139-195쪽 참조).

다 제정되는 환경특별법들은 이와 같은 환경복수법들 사이에서뿐만 아니라 전체법질서의 통일성을 매우 크게 위협하고 있다.

## 2. 기존의 환경법이 너무 복잡하고 어려움

환경법이 너무 복잡하고 어려워 일반 국민을 비롯한 규제대상자들뿐만 아니라 심지어 규제자인 환경공무원조차도 체계적으로 이해하기 어려워 환경법을 통한 예측가능성을 기대하기 어렵다.

## 3. 「환경정책기본법」과 개별대책법과의 관계의 불분명

「환경정책기본법」과 개별대책법과의 관계가 불분명하여 환경관련법의 체계를 확립할 필요가 있다.

## 4. 통합환경법 제정의 유용성

통합환경법을 제정하면 다음과 같은 유용성이 있다.

### 1) 환경보호의 총괄적이고 체계적인 정비에 기여

환경법이 통합되면, 환경관련법이 하나로 통합됨으로 인하여 적은 규범으로 많은 환경보호를 할 수 있도록 총괄적이고도 정연한 법체계상의 정비를 이룰 수 있다.[4] 환경에 관한 기본이념이 총칙으로 규정

4) 앞으로의 환경입법의 체계화의 과제로서 환경책임법의 제정을 진지하게 검토하여야 한다는 주장은 경청할 만하다. 이순자, 『환경법』, 법원사, 2012, 449쪽 참조

되어 국가가 환경에 관하여 지향하는 바를 분명히 밝힐 수 있고 그 기본이념은 각칙에 규정된 각종의 법규정 해석의 원칙으로 기능할 수 있다. 환경에 관한 일반원리들이 규정되어 있으면 새로운 형태의 환경문제 등이 발생하는 경우에 구체적인 개별법이 없더라도 일반원리에 입각하여 문제해결이 가능하다. 단일화되면 간단하고 개괄적이며 이해하기 쉬운 환경법이 됨으로써 집행을 개선할 수 있으며 국민의 입장에서도 쉽게 접근할 수 있어서 자발적 준수를 유발할 수 있고 나아가 국민의 환경의식 강화에도 이바지함으로 인하여 환경법의 통합을 모색하는 것이 매우 필요하다.

### 2) 법전화의 필요성에 부응

법전화란 특정 부문에 관한 다양한 성격의 규범들을 모아 정리하는 것으로 자연보호와 오염방지로 크게 대비되고 있는 환경법의 경우에는 그 분야가 대기, 수질, 토양 등의 환경 요소에 관한 것, 사냥, 수산, 에너지 등의 인간의 활동에 관한 것, 소음, 정화 등의 오염 또는 방해 행위에 관한 것, 자연보호, 쓰레기, 문화재와 같은 특정목적에 관한 것, 농업, 산업, 서비스와 같은 경제 분야에 관한 것들을 포괄하므로 법의 단순화를 위해 법전화의 필요성이 매우 크다고 할 수 있다. 환경법은 독자적 법이 아니고, 도시계획법, 농어촌법, 산업법 등의 다양한 법들의 병렬 상태에 있으나 한편 오늘날 다양한 법들은 "법의 일반원칙"에 의하여 단일성을 강하게 추구하고 있으므로 이러한 조류에 부응하여 환경법을 단일 법전화할 필요성은 더욱 증대되고 있다.

### 3) 통합적 인허가에 기여

통합환경법을 통해 "인가"체계가 효율성을 갖게 될 것이다. 지금까지는 여러 개의 개별 인가를 받아야 하는 시설물(예: 원자력발전소)의 허가절차가 통합환경법을 통해 하나의 "통합된 계획인가"로 완료하게 될 것이다.

제4장

# 외국의 통합환경법전

# 제4장 외국의 통합환경법전

## 제1절 개관

환경법은 국내에만 그 효력이 미치는 것이 아니라 전 세계적인 관심이 집중되고, 또한 국제법적인 측면에서의 고려가 매우 중요하다. 한국의 경우에는 대륙법적인 법체계를 보유하고 있어서 대표적인 대륙법국가로서 통합환경법전을 가지고 있는 프랑스, 통합환경법전안을 마련하였다가 의회에서 최종 통과되지 못한 독일의 경우, 나아가 네덜란드 통합환경법, 스웨덴의 환경법전 등에 대한 연구 등을 살펴볼 필요성이 있다.

프랑스와 독일 등을 주된 연구대상으로 하고 영미법계의 미국이나 대륙법계의 일본을 제외한 또 다른 이유는 첫째, 미국이나 일본은 아직 완전한 의미의 통합환경법이 제정되어 있지 않기 때문에 원천적으로 비교법적 연구가 불가능하며, 둘째, 대한민국 헌법 제35조의 환경권조항처럼 독일기본법 제20a조와 2003년 개정된 프랑스헌법 환경헌장에서 환경에 관하여 규정하고 있는데 반하여 미국이나 일본은 아직까지 헌법에서 환경에 관하여 명문으로 규정하고 있지 않기 때문에 법전체질서의 체계성을 위하여서도 미국이나 일본의 환경관련입법을 참고하기가 곤란하기 때문이다.

## 제2절 프랑스 통합환경법

### 1. 개관

프랑스는 일찍부터 민법전, 형법전 등 거의 모든 법률분야에서 법전화가 시작되어 왔다. 환경법전도 이러한 법전화의 연장선상에서 법전화되어 있다. 환경법의 법전화는 환경법전 법률부분이 2000년 9월 18일 명령 제2000-914호로 200년 9월 21일 관보에 게재됨으로써 커다란 진전을 보았는데, 이 내용은 정부의 법제 단순화를 위한 2003년 7월 2일의 법률 제2003-591호에 의하여 비준되었다. 환경법전은 2000년 9월 18일 명령에서 작성된 6개의 장에 남극환경보호에 관한 2003년 4월 15일 법률 제2003-346호가 보태져 총 7장으로 구성되어 있다. 환경법전의 법률부분은 1150개 조문에 가까우며 2000년 이전까지 산재되어 있던 39개 법률과 2000년 이후 채택한 법률들을 모두 총섭하고 있다. 2005년에는 7장의 환경법전 명령부분 중에서 4개의 장(제7장, 제1장, 제3장, 제4장)이 완성됨으로써 또 한 번의 진전이 이루어졌고, 2007년에는 명령부분 제2장과 제5장 및 제6장이 완성되어 관보에 게재되었다. 2008년 현재 명령부분은 모두 완성되어 있으며, 제1장은 일반규정이며, 제2장은 수질 환경, 제3장은 자연 공간, 제4장은 동・식물, 제5장은 오염과 위험의 방지, 제6장은 해외영토, 제7장은 남극환경의 보호이다. 환경법전의 가장 최근의 법률개정은 특수공간에 대한 개정으로, 2008년 6월 7일 이루어졌으며, 개정부분은 2008년 6월 27일부터 적용된다.

## 2. 법전화의 원칙

법전화에는 두 가지 방법이 있는데 하나는 진정한 시스템의 개혁에 해당하는 법전화이고, 다른 하나는 내용의 개혁 없이 흩어져 있는 입법들을 모아놓기만 하는 것이다. 진정한 법전화는 단순한 편집에 그쳐서는 안 된다. 법전화는 합리화와 개혁의 산물이어야 한다. 이러한 법전화를 위하여 다음과 같은 원칙이 필요하다.

① 일관성

조각나 있고 산재해 있는 법령을 집중시켜 이해와 참조를 돕는다.

② 모순점의 제거

법전은 모순된 이전 규정들을 폐지하여 현행법과 충돌되지 않도록 한다.

③ 완결성

법전은 가능성의 여지를 남겨 놓지 말고 완결성을 추구하여야 한다.

④ 명확성

법전은 접근하기 좋게 한문이나 라틴어 또는 고어(古語)를 쓰지 말고 정확한 언어로 표기되어야 한다.

⑤ 간편성

법전의 분량은 축약된 최소 분량이어야 한다.

⑥ 공표성

법전은 아무도 법을 모른다고 여겨지지 않도록 쉽게 접근되고 널리 보급되도록 공표되어야 한다.

프랑스에서는 경제 · 사회 분야에 대한 정부의 개입이 증가함에 따라 입법이 홍수를 이루었고, 입법의 인플레에 의한 규범의 혼돈이 극에 달하게 되어 1948년 5월 10일 명령으로 꽁세이데따에 법전화 고등위원회(Commission supérieure de la codification)를 설치하였으나 가동되지 아니하고 Rocard 정부에 의한 "공공서비스의 현대화" 사업의 일환으로 1989년 9월 12일 명령에 의하여 가동되게 되었다.

오늘날 법전화는 두 가지 상반된 개념이 대립하고 있는데, 하나는 양적인 것이고 다른 하나는 질적인 것이다. 양적인 법전화는 단순히 하나의 문서에 법 전체의 내용이 기술되는 것으로 병렬적인 해결책들을 편집하는 것이다.

질적인 법전화는 이에 반하여 특별한 법적 가치를 지니는 형태로 조직화하는 것이다. 법규는 더이상 병렬적으로 놓이지 않으며 논리에 따라 합리적이고 보편적인 원칙에 따라 계층적으로 조직된다.

## 3. 환경법전의 필요성

환경법의 법전화는 환경의 사회적 합의의 중요성과 법규의 복잡성을 고려할 때, 합리적이고 현대적인 수단으로 프랑스 사회를 운영하여야 한다는 점에서 매우 필요한 사업이다. 환경법은 역사적으로나 내용에 있어 다양한 기원으로부터 흘러나온 산재된 법으로 사회적 승부의 요행수로부터 하나씩 성립된 것이다. 따라서 가장 큰 문제점은 환경문제를 생각하고 해답을 구성하기 위한 동질적인 카테고리가 결어되어 있다는 점이다. 공공자산의 운영, 사소유권의 보장, 위험의 방지와 같은 상이한 논리들 사이에서 나온 오늘날, 환경법의 잡동사니를 구성하는 규정들은 법률가들이 꿈꾸는 단일화된 시스템으로 기능하지 못한다. 환경법은 주변환경(물, 대기, 토양)을 다루기도 하고, 인간의 활동(사냥, 고기잡이, 산업활동, 광산)을 다루기도 하고, 공간(연안, 산, 유보지역, 국립공원, 부지)을 다루기도 하고, 개체(동・식물)보존을 다루기도 한다. 이러한 상이한 분야들은 각 국에 있어서의 역사적인 퇴적의 결과지만 프랑스에 있어서는 더욱 두드러진다. 네덜란드 사람들이 물의 감시에 집착하고 독일 사람들이 공중보건에 집착하듯이 프랑스 사람들은 우선 유적지(유물과 부지)에 대한 미적 관념에 집착한다. 비평가들은 무질서한 팽창주의의 결과인 이러한 "바로크적 건축물", "규범의 정글" 내지는 "규범의 오염"을 비난[1]하고 있다. 그런데 오늘날 유럽연합 규범들과 국제규범들의 양산은이 거대한 도시를 더욱 복잡하게 만들고 있다. 이 규범들은 처음에는 경제적 문제로부터 시작하였으나오늘날은 환경문제를 세계적 이슈로 만들어 국제정치적인 문제로 비화하였기 때문에 환경법전의 제창자들로 하여금 더욱 복잡한 상황에 빠지게 한다. 그러므로 이러한 실타래를 풀어 법전화의 기초를 마련하여야 한다.[2].

---

1) Pierre Lascoumes, Gilles J. Martin; "Des droits épars au code de l'environnement", Droit & Société N 30-31/1995.

2) ibid.

## 4. 프랑스 통합환경법의 구성내용

프랑스 환경법전은 다음과 같이 구성되어 있다.

**제1권 통칙**

제1편 일반원칙

제2편 정보제공과 시민참여

제1장 환경 또는 공간배치에 중요한 영향을 미치는 공간 또는 시설의 계획수립에 대한 시민참여

제1절 국립공적분쟁위원회의 역할 -공적분쟁의 범위와 목적-

제2절 국립공적분쟁위원회의 구성과 작용

제3절 공적분쟁의 편제

제2장 환경영향평가

제1절 영향연구

제2절 환경에 중요한 효과를 미칠 몇몇 계획과 서류의 평가

제3장 환경에 영향을 주는 공사에 대한 의견조사

제1절 공적 의견조사의 범위와 목적

제2절 공적 의견조사의 절차와 순서(Procedure and course of the public enquiry)

제4장 환경에 관한 정보공개

제5장 정보공개의 다른 방법

제6장 계획의 선언

제3편 기관

제1장 환경보호부문의 개입 기관

제1절 환경과 에너지 감독 기구(Environment and Energy

Management Agency)

제2절 환경부문에서의 공적 이해단체들

제2장 몇몇 기관에 대한 통칙규정

제4편 환경보호단체

제1장 환경보호단체의 승인

제2장 단체의 소송

제5편 재정(財政)규정

제1장 통합장

**제2권 자연환경**

제1편 물환경

제1장 일반원칙과 수원지의 관리(General principles and resource management)

제2장 계획

제1절 물관리의 종합기본계획(Water management master plan)

제2절 물관리의 구조(schemes)

제3장 행정과 재정조직

제1절 국립물관리청(National Water Agency)

제2절 습지/물웅덩이관리청(Water basin agencies)

제3절 물행정당국(Water adminstration authorities)

제4절 국립물기금(National Water fund)

제5절 지역물위원회들

제6절 개발자의 용석에서 활동하는 소식들(Organisations acting in the capacity of thedeveloper)

제7절 해외분야에서의 물사무소(Water offices in overseas

départments)

제4장 활동, 시설과 이용

제1절 권한부여정책과 선언정책(Authorisation of declaration policies)

제2절 선박의 이용

제3절 오수의 폐기

제4절 물의 가격

제5장 공적재산에 속하지 않는 수도에 관한 규정

제1절 주민의 권리

제2절 물의 경찰과 보존(Policing and conservation of waters)

제3절 청결, 유지, 확장과 강화(Clearing, maintenance, widening and straightening)

제1관 청결과 유지

제2관 확장, 질서화 그리고 강화

제3관 일반조항

제6장 제재

제1절 행정제재

제2절 형사조항

제1관 침해에 대한 조사

제2관 형사제재

제7장 국방

제8장 해양에 관한 특별규정과 해양 노선

제1절 선박에서 배출하는 공해

제1관 석유공해로 인한 손해배상에 대한 민사책임과 선주의 책임을 보전하기 위한 보험가입의무

제6장 감독과 제재

제1절 침해의 확인과 조사

제2절 제재

제7장 방사선에 의한 오염에 관한 특별 규정

제8장 기타 규정

제1절 국방

제2절 자전거도로

제9장 온실효과(L229-1조 - L229-24조)

제1절 지구온난화에 관한 국가감시기구[3)]

제2절 온실가스배출할당(쿼터)

**제 L229-5조**

본 절의 조항들은 국참사원령에서 정한 목록에 속하는 활동을 하는 과정에서 대기 중에 온실 가스를 배출하는 시설에 적용된다. 이 국참사원령은 장치의 생산 및 산출 능력을 고려하여야 한다.

---

3) 제L229-1조: 온실효과의 증대를 제지하고 지구온난화에 따른 위험성을 방지하는 것을 국가적 우선 과제로 한다.
제L229-2조: 이로써 프랑스 본국과 해외의 기관 및 영토의 지구온난화 효과에 대한 국가적 감시기구를 설립한다. 지구온난화 효과에 대한 국가적 감시기구는 관계 연구 시설 및 기관, 그리고 기후의 진화에 대한 정부 간 전문가 집단과의 협력을 통해, 지구온난화와 프랑스 본국과 해외의 기관 및 영토의 극단적 기후현상에 대한 정보를 수집 및 배포하고, 온난화로 인한 위험성에 관한 연구와 조사를 하여야 한다. 이 기구는 그 권한 내에서 공공 기관 및 지방 기관의 정보를 획득하기 위하여 필요한 조치를 취할 수 있다.
제L229-3조: 지구온난화 효과에 대한 국가감시기구는 매년 총리와 의회에 제출할 보고서를 준비하여야 한다. 이 보고서에는 지구온난화에 따른 위험성들을 줄이기 위한 예방적이고 적응적인 조치에 대한 권고를 포함시킬 수 있다. 이 보고서는 일반의 접근이 가능하도록 공개되어야 한다.
제L229-4조: 이 기구의 본부, 구성, 위원 임명의 절차와 운영 규칙은 법령에 의한다.

**제 L229-6조**

본 절의 적용 범위에 속하는 시설은 온실 가스 배출에 관한 허가의 대상이 된다. L.512-1조에 규정된 허가를 받은 경우 본 조의 허가를 받은 것으로 본다. 온실 가스를 배출하는 것으로 분류된 시설에 관한 총리령은 본 절의 대상이 되는 범주에 속하는 시설들의 감시, 신고, 검사에 관한 개별적인 의무 수행 방법을 규정하여야 한다. 이 결정은 제L229-14조 제3항에 규정된 배출 신고의 검사 방법을 규정하여야 한다.

**제 L229-7조**

본 절에서, 온실 가스 배출 쿼터는 이산화탄소 1톤에 해당하는 배출량을 하나의 계정 단위로 표시한 것을 의미한다. 온실 가스 배출 허가로 인해 혜택을 보는 각 시설에 대하여, 국가는 그 시설의 운영자에게 일정한 기간 동안의 가스 배출 쿼터를 분배하여야 하며, 매년 그 기간 내에 운영자에게 이에 따라 분배된 쿼터의 할당분을 발행하여야 한다. 1년간 이 시설에 의해 배출된 온실가스의 양은 이산화탄소의 톤 수로 측정, 계산, 표현된다. 가스 배출 기간 내 매 연말마다 운영자는, 그 쿼터가 발행된 것이거나 제L229-15조에 의하여 획득된 것임에 관계없이, 그의 시설에서 배출한 온실가스의 총량과 동일한 수의 쿼터를 국가에 반환해야 하며 만일 이를 반환하지 않았을 경우에는 제L229-18조에 규정된 처벌의 대상이 된다.

그러나 만일 연소 과정에서 시설이 야금 시설에 의해 공급된 가스를 사용한 경우에는, 이 시설에서 배출된 가스는 야금 시설의 운영자에게 배분되고 발행된 쿼터에 포함된다. 야금시설의 운영자는 본 절에 규정된 의무에 관하여 단독으로 책임을 진다. 제L229-8조 6항에 규정된 비율의 한도 내에서, 이 운영자는 제L229-16조에 규정된 국가등록부의 자신의 계좌에 등재되어 있는 제L229-22조에 규정된 단위 수에 따라 본 조에 규정된 의무를 수행할 수 있다. 국참사원령은 본 조의 규정에 따라 이용되는 단위들을 명시하여야 한다.

**제 L229-8조**

1. 온실 가스 배출 쿼터는 2005년 1월부터 3년 기한으로 국가에 의하여 분배되며, 이후부터는 각 기간 별로 마련된 국가 계획의 틀 안에서 5년 단위로 분배된다.

2. 이 계획은 지정된 기간 동안 국가에 의해 분배될 배출 쿼터의 총량 -제L229-15조 제2항에 따라 획득되는 쿼터를 제외하고, 쿼터들의 분배 기준, 혜택을 받을 시설의 목록을 정하여야 한다.

3. 지정된 기간 동안의 배출 쿼터 분배는 아래의 요소들에 고려하여 정해진다.

1) 온실 가스 배출에 대한 프랑스의 국제적 의무
2) 프랑스 내의 총 추정 배출량 대 본 절의 규정의 대상이 되는 시설들의 가스 배출량의 비율
3) 모든 활동 분야의 가스 배출 추세 및 제L.229-5조에 규정된 범주에 속하는 활동들의 생산 추세 변화에 대한 예측
4) 모든 활동 분야에서 온실 가스의 배출을 감소시킬 수 있는 기술적, 경제적 가능성
5) 본 절의 범주에 속하는 시설들의 설립, 확장, 폐쇄에 관한 예측

4. 이 계획은 제L.229-5조에 규정된 다양한 시설들에 대하여 가스 배출 쿼터를 분배한다. 이 분배는 이로써 혜택을 받는 활동으로 인한 가스 배출 감소의 기술적, 경제적 가능성, 이 활동들의 생산 추세 변화에 관한 예측, 쿼터 거래 체계가 설립되기 이전에 온실 가스 배출 감소에 관한 시각에 따른 수단, 그리고 필요한 경우 유럽 연합에 속하지 않는 국가들의 활동들과의 경쟁을 고려하

여 이루어져야 한다.

5. 이 계획은 그 지속 기간 동안 허가를 받은 시설의 운영자에게 부여될 배출 쿼터 및 허가가 변경될 여지가 있는 운영자에게 부여될 쿼터를 유보/확보하여야 한다. 국가는 이 유보를 위하여 제L229-15조제2항에 따라 쿼터의 입찰가격을 정할 수 있다.

6. 제 1항에 규정된 매 5년의 기간마다, 이 계획은 각 시설에 분배된 쿼터의 총량의 비율의 형식으로, 제L229-7조 후단에 따라 시설의 운영자가 사용할 수 있는 제L229-22조에 규정된 단위들의 총량을 규정하여야 한다.

**제 L229-9조**

각 산업 비밀 및 기업 비밀을 침해하지 않는 범위에서, 온실가스 배출 쿼터의 분배에 대한 국가 계획안은 법령에 규정된 절차에 따른 공청회를 거처여 한다. 국가는 이 계획을 공포하고, 유럽 위원회에 고지하여야 한다. 이 계획은 국참사원령에 의해 승인되어야 한다.

**제 L229-10조**

2005년 1월부터 시작되는 최초 3년의 기간 동안 발행되는 쿼터는 무료로 발행된다.

**제 L229-11조**

행정기관은 온실 가스를 배출 할 수 있는 허가를 받은 시설의 운영자들에게 국가 계획의 각 실행 기간 동안 분배될 총 배출 쿼터와 매년 발행될 쿼터의 양을 고지하여야 한다. 국참사원령은 쿼터의 발행과 분배에 관한 결정의 고지 절차를 규정하고, 해당 정보를 일반 국민이 접근할 수 있도록 하는 조건을 규정하며, 연간 쿼터 발행의 원칙과 운영자가 변경된 경우 또는 활동의 해산 및 이전된 경우에 적용 가능한 원칙, 그리고 제L229-8조에 따른 쿼터의 분배와 발행에 관한 결정이 다투어질 수 있는 조건을 규정하여야 한다.

**제 L229-12조**

1. 행정 기관은, 공청회를 거쳐서, 유럽 위원회의 요청으로, 제 L229-7조에 규정된 의무의 범주에서 일부 시설을 2007년 12월 31일까지 일시적으로 제외시킬 수 있다. 행정 기관은 제5권의 규정들을 적용함에 있어서, 앞서 제외된 시설들의 감시와 이 시설들의 온실 가스 배출을 제L229-7조에 규정된 의무의 대상이 되는 시설들의 배출 비율과 같이 제한하는 것에 관한 규정을 마련하여야 한다. 이 시설의 운영자는 배출 쿼터 거래 체계에 참여하는 운영자들에게 부여된 감시, 신고, 검사 의무와 동일한 의무의 대상이 되고, 만일 이들 시설이 그 가스 배출 한도를 초과할 경우, 초과 이산화탄소 톤 당, 제L229-18에서 규정하고 있는 미반환 쿼터의 가격과 동일한 벌금을 부과 받게 된다.

2. 2005년 1월 1일부터 시작되는 3년의 기간 동안 행정 기관은 유럽위원회의 동의를 얻어, 운영자와 국가 모두가 예측할 수 없거나, 운영자의 하나 혹은 그 이상의 시설에서 온실 가스 배출량에 합리적으로 방지할 수 없는 중대한 변경을 초래하는 외부적 상황이 발생한 경우에, 그 운영자에게 거래가 불가능한 추가적 배출 쿼터를 분배할 수 있다.

**제 L229-13조**

쿼터는 그것이 사용되는 한, 이를 분배한 국가계획의 지속기간 동안 유효하다. 분배 기간 동안 발행되거나 획득되었으나 지정된 기간 동안 사용되지 않았고, 제L229-14조에 따라 취소된 쿼터는 국가에 귀속되며, 다음 기간의 시작과 함께 취소된다. 새로운 기간 동안 유효한 배출 쿼터와 동일한 양의 쿼터는 취소된 쿼터를 보유하고 있는 사람에게 즉각적으로 발행된다. 그러나 2005년 1월 1일부터 시작되는 3년의 기간이 도과한 후에, 위 규정의 적용이 온실 가스 배출을 억제에 관한 프랑스의 국제적 의무 이행을 제한하는 경우, 행정 기관은 본 조에 따라, 다음 기의 계획 기간에 배출 쿼터를 온실 가스 배출을 허가 받은 시설의 운영자에게, 각 운영자에게 지난 기간 동안 분배된 쿼터와 실제로 그 기간 동안 그 운영자의 시설에서 배출된 가스의 양과의 차이에 해당하는 양만큼만 제한적으로 발행할 것을 결정할 수 있다.

**제 L229-14조**

1. 매년 제L229-7조에 따라 운영자들에 의해 국가에 반환된 쿼터는 취소된다.

2. 쿼터를 분배 받은 이는 언제라도 국가에 그 쿼터의 취소를 요청할 수 있다.

3. 쿼터는 행정기관이 승인한 기관이 운영자의 비용으로 실시하고, 해당 시설의 감사국에 의해 그 타당성이 입증된 온실가스 배출량 검사 결과의 신고에 따라 반환된다. 운영자에 의한 온실가스 배출 신고는 해당 시설의 감사국이 제L229-6조에 규정된 기간 내에 어떠한 문제점도 발견하지 못했을 경우에는 유효한 것으로 간주한다.

**제 L229-15조**

1. 온실 가스 배출을 허가 받은 시설의 운영자들에게 발행된 온실가스 배출 쿼터는 제L229-16에 규정된 국가등록부 상에 그 쿼터를 부여 받은 자의 계정에 등록됨으로써 개인 재산으로써 독점적으로 구체화된다. 배출 쿼터는 양도가 가능하며, 계정 이체를 통해서 이전되고, 그 취득자들에게 동일한 권리를 부여한다. 배출 쿼터는 제L229-12조 및 제 L229-18조에 따라 발행되는 즉시 이

전이 가능하다. 쿼터 소유권은 국가등록부 관리자가 수익자의 계정에 이전된 쿼터를 기록함으로써 이전되고 법령에 규정된 조건에 따라 이전된다.

2. 유럽 연합 소속 국가에 의해 발행된 온실 가스를 배출 할 수 있는 허가를 받은 시설의 운영자, 유럽 연합 소속 국가의 국민, 그 본부를 유럽 연합 국가에 두고 있는 법인, 유럽 연합 소속 국가는 누구나 배출 쿼터를 획득, 보유, 이전할 수 있다. 유엔 기후변화협약에 따라 1997년 1월 22일 채택된 교토의정서의 부속서 B에 언급된 제3국과 유럽연합 사이의 상호 승인 협의가 있는 경우, 배출 쿼터는 이 제3국 국민 혹은 이 국가에 본부를 두고 있는 법인에 의해 획득, 보유, 이전될 수 있다.

3. 프랑스 정부에 의해 발행된 배출 쿼터와, 유럽 연합에 소속된 다른 국가에 의해 발행된 쿼터 그리고 유럽 연합과 상호 승인 협의를 한 국가에 의해 발행된 쿼터는 해당 국가의 영토 내에서 동일한 법적 효과를 가진다.

4. 제L229-8조제5항의 유보 시에 국가가 운영자들에게 분배할 쿼터가 더 이상 없는 경우, 이들 운영자들은 본 절에 규정되어 있는 의무, 특히 제L229-7조에서 규정하고 있는 쿼터 반환에 관한 의무를 수행하지 않아도 된다. 배출 쿼터는 계획이 진행 중인 경우에는 운영자들에게 분배되지 않는다. 유권 기관은, 제L229-12조제1항에 규정되어 있는 요건에 따라, 본 법의 제5권을 적용함에 있어서 이들 운영자에 대한 규정을 마련하여야 한다.

**제 L229-16조**

온실 가스 배출에 관한 국가등록부는 쿼터의 발행, 보유, 이전 및 취소를 그 계정에 기록하여야 한다. 제L229-15조제2항에 규정된 자는 누구나 이 대장에 계정을 열고 쿼터를 보유할 수 있다. 국가등록부는 쿼터를 보유자 개인 당 하나의 계정을 부여한다. 이

등록부는 법령에 규정된 요건 하에서 일반 국민이 열람할 수 있다. 국가등록부의 관리는 본 조의 적용 절차, 특히 대리인의 임무와 그 보수, 그리고 국가등록부의 쿼터에 연관된 다른 작용을 위한 기록 방법을 규정하고 있는 국참사원령에 따라 지정된 법인에 위임될 수 있다.

**제 L229-17조**

유럽 회의의 합의가 있은 후에, 국가는 동일 행위를 수행하는 여러 시설의 운영자들에게 2005년 1월 1일부터 시작되는 3년간의 기간 또는 그 후 5년간의 기간 동안 각 시설의 쿼터 운영을 공동으로 할 것을 허가할 수 있다. 이 허가가 여러 운영자들에게 부여된 경우, 본 절 규정의 대상이 되는 대표자를 선임할 수 있다. 쿼터를 공동으로 운영하는 시설들에 대하여서는, 국가등록부의 계정을 하나로 한다. 운영자들에 의해 선임된 대표자는 이 계정에 기록된 쿼터를 운영할 책임을 진다. 만일 이 대표자가 쿼터가 반환되지 않았을 경우에 부과되는 제L229-18조제2항의 처벌을 회피할 경우, 각 시설의 운영자는 자신의 시설에서 배출되는 가스에 해당하는 쿼터를 반환할 책임을 지며, 만일 이 의무를 위반하였을 경우에는 그에 대한 처벌을 받게 된다. 국참사원령은 본 조의 규정을 실행하는 데 필요한 절차를 규정하여야 한다.

**제 L229-18조**

1. 시설의 운영자는 다음의 경우 규정된 1년의 기간 동안 그 시설에 대하여 발행된 쿼터의 한도 내에서, 그가 소유하고 있는 쿼터를 이전하지 못한다.

1) 법령에 의해 규정된 기일 전에 운영자가 해당연도에 자신의 시설에서 배출한 가스를 신고하지 않은 경우
2) 해당 시설의 감시국이 해당연도에 그 시설에서 배출된 가스

의 신고가 제L229-6조에 규정된 요건을 만족시키지 못함을 확인한 경우. 이 결정은 그 이유를 적시하여 제L229-14조 제3항에 규정된 기간이 만료하기 전에 이루어져야 한다. 운영자는 만일 이 신고가 적절한 것으로 간주되거나, 비록 적절하지 않은 신고였더라도, 그 신고가 부적격이라는 것을 운영자에게 고지한 뒤 2달 이내에, 또는 신고가 없는 경우에는 5월 31일까지 마련된 고정된 계산에 따라 행정 기관에 의해 직권으로 그 배출량이 결정된 경우에는 그 쿼터를 돌려받을 수 있다. 법령은 이 계산 방법과, 운영자가 그 이전에 참고해야 하는 조건들에 관하여 규정하여야 한다.

2. 매년, 법령에 의해 규정된 날짜에 운영자 혹은 대표자가 전년도의 가스 배출량을 제외하고 남은 쿼터를 반환하지 않은 경우, 또는 국가등록부의 관리 권한을 가진 기관이 행정 기관에 반환의무의 불이행을 고지하거나 해당 시설이 반환된 쿼터의 수보다 많은 양의 배출을 한 것을 고지한 경우, 유권 기관은 그 시설의 운영자 혹은 대표자로 하여금 한 달의 기간 내에 이 의무를 수행하도록 하기 위해 소환장을 발부할 수 있다. 행정기관은 소환장을 받은 해당 시설의 운영자나 대표자가 정해진 기간 내에 그 의무를 이행하지 않은 경우, 미반환 쿼터 수에 비례하여 벌금을 부과하여야 한다. 이 벌금을 납부하였더라도, 운영자 혹은 대표자는 여전히 잔여 배출분에 해당하는 쿼터를 반환할 의무를 진다. 이들은 늦어도 다음 년도가 시작하기 전까지는 이 의무를 이행하여야 한다. 이들이 미반환한 쿼터는 이용이 불가능하며, 그 반환의무를 이행할 때까지 매 년마다 새로운 벌금이 부과된다. 벌금은 2005년 1월 1일부터 시작되는 3년의 기간 동안에는 미반환 쿼터 당 40유로이며, 그 다음 기간부터는 100유로이다. 총액의 회수는 세금과 재산에 영향을 받지 않는 국가 부채에 적용되는 것과 동일한 원칙에 따라 재정부에 납부한다. 벌금 부과에 관한 최종 결

정에는 그 운영자 혹은 대표자의 이름을 공개적으로 적시하여야 한다.

**제 L229-19조**

본 절의 적용 절차는 국참사원령에서 정한 바에 따른다.

제3절 1992년 5월 9일에 채택된 UN기후변화협약에 따라 1997년 12월 11일에 채택된 교토의정서에 규정된 계획활동들의 수행

**제 L229-20조**

1. 본 장에서 규정된 의미 범주 내에서, 계획 활동은 유엔 기후변화협약에 따라 1997년 12월 11일에 채택된 교토의정서의 제6조 또는 제12조에서 승인한 계획을 의미하며, 그 계획의 수행을 위하여 유엔 기후변화협약의 부속문서1에 규정된 하나 혹은 여러 국가들 중 교토의정서를 비준한 국가들의 결정에 따라 승인된 계획을 의미한다.

2. 환경부 장관이 계획활동을 승인하는 조건은 제L229-24조 따라 국참사원령에서 규정하여야 한다. 이 승인은 사람들로 하여금 그 계획 활동에 참여할 수 있도록 하는 허가로 간주된다.

**제 L229-21조**

교토의정서 및 그 실행을 위한 당사국들의 결정에 따른 쿼터의 이전과 획득에 관한 기준을 만족시키는 국가인 프랑스의 국민은 누구나 계획 활동의 수행 과정에서 발생하는 제L229-22조의 쿼터를 획득, 보유 이전할 수 있다. 온실 가스 배출 규제에 관한 프랑스의 국제적 의무를 이행하기 위하여, 환경부 장관은 제L229-24조에 따라 국참사원에 규정된 요건하에서 제L229-8조제1항의 매5년의 기간이 끝날 때마다 제L229-16조에 따른 국가등록부에 기록된 쿼터의 이월을 제한할 수 있다.

**제 L229-22조**

교토 의정서 제6조 및 제12조와 그 실행을 위한 당사국들의 결정에 따라 발행된 배출 감소 쿼터와 발행된 배출 감소 쿼터는 제L229-16조에 따른 국가등록부상의 소유자 계정에 기록됨으로써 독점적으로 구체화되는 개인 자산이다. 각 쿼터는 1톤의 이산화탄소와 동일한 양의 배출을 의미한다.

**제 L229-23조**

위 교토 의정서 제6조에 따라, 제L229-5에 규정된 시설들의 가스 배출을 국가 영토별로 직접적으로 감소시키거나 제한하는 계획 행위는, 시설의 운영자가 보유한 제L229-16조의 국가등록부상의 계정에서 온실 가스 배출 쿼터의 양과 동일한 양이 취소된 경우에만 배출 감소 쿼터를 발행하도록 할 수 있다.

**제 L229-24조**

본 절의 실행 방법은 국참사원령에 정한 바에 따른다.

**제3권 자연공간**

제1편 자연유산의 목록과 개선

제2편 연안

제1장 연안의 보호와 정비

제1절 총칙

제2절 계획과 개발

제3절 원료의 추출(Extraction of materials)

제4절 연안접근

제5절 부속도서와의 연결

제6절 보호구역에 대한 해양여객운송

제2장 연안지역과 호숫가의 보존

제1절 총칙

제2절 연안보호청의 상속(Coastal Protection Agency heritage)

제1관 구성 및 양도

제2관 관리

제3절 행정/재산관리(Administration)

**제3편 공원과 특별보류지**(reserve)

제1장 국립공원

제1절 창설 및 일반조항

제2절 계획 및 관리

제3절 주변지역의 개선

제4절 필수적 자연보존지(Integral nature reserves)

제5절 보상

제6절 형벌

제1관 침해의 조사와 절차

제2장 자연보존지역

제1절 자연보존지역의 분류

제1관 창설

제2관 자연보존지역의 상태 및 현상의 개량

제3관 강등

제2절 자연보존지역의 비분류

제3절 총칙

제1관 자연보존지역의 보호

제2관 보호경계선

제3관 기타 규정

제3장 야생동물 보호소

제4장 야생 동식물의 자연주거의 보존

제1절 Natura 2000 Sites

제2절 야생동물과 그 서식지의 관리와 보호를 위한 지역의 지도(Regional orientations for themanagement and conservation of the wild fauna and its habitants)

제5장 벌칙

제1절 침해의 조사

제2절 침해

제2편 사냥

제1장 사냥 기관

제1절 국립사냥청 및 야생동물청(National Hunting and Wildlife Office)

제1관 총칙

제2관 일반행정

제2절 사냥협회부문(Départment hunting federations)

제3절 사냥협회들간의 부문

제4절 지역사냥협회

제5절 국립사냥협회

제6절 기타규정

제2장 사냥터

제1절 승인된 꼬뮨 및 꼬뮨간의 사냥협회(Approved commune and inter-commune hunting associations)

제1관 총칙

제2관 승인된 꼬뮨사냥협회의 설치

제3절 사냥방법 및 보존지역

제4절 사냥감매매 및 운송

제1관 영속적 금지

제2관 일시적 금지

제5절 해양사냥에 관한 특별규정

제6절 안전규칙

제5장 운영

제1절 사냥운용계획부문

제2절 농지와 숲에서의 사냥

제3절 살상율

제4절 최대허용사냥동물의 수

제5절 사냥운영계획

제6절 사냥감관련 손해배상

제1관 야생멧돼지와 큰 사냥감과 관련한 농작물피해에 대한 사냥연합부문의 보상(Compensationfor wild boar-and large game-related crop damage by the département hunting federations)

제2관 농작물손해에 대한 법정보상

제6장 해충의 박멸과 통제(Destruction and control of pests)

제1절 행정조치

제1관 통제

제2관 행정선별

제2절 개인의 권리

제3절 매매와 운송

제7장 해로운 동물의 박멸과 늑대사냥

제8장 벌칙

제1절 형벌

제1관 지역

제2관 사냥허가

제2절 환경악화

제3절 부가적 형벌

제1관 몰수

제2관 사냥허가평가비용

제3관 사냥허가의 취소와 정지

제4관 운전면허의 정지

제4절 침해조사와 절치

제1관 침해의 조사

제2관 침해의 확인

제3관 절차

제9장 Bas-Rhin, Haut-Rhin, 및 Moselle 군 지역에 대한 특별규정

제1절 지자체수준의 선언에 의한 사냥행정

제1관 지자체수준의 선언

제2관 사냥권의 이용

제3관 고립지역(Enclaves)

제4관 기타규정

제2절 사냥

제1관 사냥시기

제2관 사냥방법 및 수단

제3관 사냥감의 매매와 운송

제3절 사냥감관련 손해배상

제1관 총칙

제2관 야생멧돼지에 의한 손해배상

제4절 형벌

제1관 형벌선고

제2관 반복된 침해

제3관 부가형

제3편 민물낚시와 양어장자원의 관리

제1장 적용지역

제1절 총칙

제2절 양어장

제2장 물환경의 보존과 양어장 자산의 보호

제1절 총칙

제2절 양어장과 그 서식지보호

제3절 건조물과 관련한 의무

제4절 인구통제

제3장 물환경과 양어장자원의 관리

제1절 물웅덩이관리 가이드라인(Guidelines for water basins)

제2절 낚시계획부문

제4장 낚시꾼 기관

제1절 상급 낚시위원회

제2절 레저 낚시 조직

제3절 전문 낚시 소식

제5장 낚시권

제1절 낚시권상태

제2절 지역주민의 낚시권

**제5권 오염, 위험 및 생활방해(nuisances)의 예방**

제1편 환경보호를 위하여 분류된 시설

제1장 통칙규정

제2장 허가나 신고의 대상 시설

제1절 허가대상 시설

제2절 신고대상 시설

제3절 허가와 신고에 대한 규정

제3장 기득권을 누리는 시설

제4장 분류시설의 감독과 소송

제1절 조사와 행정제재

제2절 형벌

제3절 제3자 보호

제5장 몇몇 시설에 대한 특별 규정

제1절 채석장

제2절 위험물질의 지하매립

제3절 공적이용을 위한 지상권설치시설

제4절 허가받은 활동이 행해진 시설

제5절 쓰레기처리시설

제6절 기술적 위험방지계획시설

제6장 재정규정

제7장 기타규정

제2편 화학물질 및 살생물제(biocides)

제1장 화학물질의 감독

제1절 신소재물질의 신고

제2절 원재료와 조제관련 규정(Provisions common to substances

제2관 쓰레기의 지하매립

제3관 가정용 쓰레기의 수거

제4관 쓰레기처리시설

제5관 쓰레기재활용

제4절 쓰레기의 지역간 이동에 관한 규정

제5절 재정

제6절 형벌

제1관 침해의 조사

제2관 제재

제7절 기타 규정

제2장 방사선 물질과 폐기물의 지속적 관리를 위한 특별규정

**제5편 몇몇 구조물이나 설비에 관한 특별규정**

제1장 위험에 대한 연구

제2장 재정적 보장

제3장 풍차

**제6편 자연적 위험의 예방**

제1장 자연재해로 위협받는 인구의 구조 조치

제2장 예견할 수 있는 자연적 위험의 예방계획

제3장 기타 예방수단

제4장 생성의 예보

제5장 중요 자연적 위험방지 군(département)위원회와 계획

**제7편 소음의 예방**

제1장 소음방지책

제1절 소음의 배출

제2절 소음활동

제3절 토지이동시설과 하부구조

제4절 항공운송소음

제1관 소음노출계획

제2관 공항의 환경

제3관 환경위원회

제4관 지역주민에 대한 원조

제5절 행정조사와 제재

제6절 형벌

제1관 침해의 조사

제2관 제재

제2장 환경상의 소음의 평가, 예방, 감소

**제8편 생활환경의 보호**

제1장 광고, 간판, 표지

제1절 총칙

제2절 광고

제1관 총칙

제2관 건물지역외부의 광고(옥외광고)

제3관 건물지역내부의 광고(옥내광고)

제4관 광고지역, 광고제한지역, 광고확대지역에 대한 허가의 절차

제5관 일부 광고에 적용되는 규정

제3절 간판과 간판기둥

제4절 총칙

제5절 광고공간의 임대계약

제6절 제재

제1관 행정절차

제2관 형벌

제2장 시각적 거슬림의 방지

**제6권 New Caledonia, 프랑스령 Polynesia, the Wallis and Futuna Islands, 프랑스령 폴리네시아와 남극지방 및 Mayotte에 적용되는 규정**

제1편 New Caledonia에 적용되는 규정

제1장 환경보호단체의 승인과 소송

제2장 해양과 항해로

제3장 남극

제4장 기타 규정

제2편 프랑스령 Polynesia에 적용되는 규정

제1장 환경보호단체의 승인과 소송

제2장 해양과 항해로

제3장 남극

제4장 기타 규정

제3편 the Wallis and Futuna에 적용되는 규정

제1장 환경보호단체의 승인과 소송

제2장 해양과 항해로

제3장 사람이 소비하는 물, 하수와 쓰레기, 이웃소음 방지책과 대기오염

제4장 남극

제5장 기타 규정

제4편 남극지방에 적용되는 규정

제5편 Mayotte에 적용되는 규정

제1장 통칙

제2장 물질환경

제3장 자연공간

제4장 동·식물

제5장 오염, 위험, 불편의 방지

제6장 남극

**제7권 남극지방의 환경보호**

제단일편 1991년 10월 4일 마드리드에서 체결된 남극조약에 상응하는 환경보호에 관한 의정서의 집행

제1장 통칙규정

제2장 선언과 허가

제3장 감독과 제재

제1절 행정조사와 제재

제2절 형벌

## 제3절 독일 통합환경법안

### 1. 개관

독일의 통합환경법전화는 1978년과 1986년 연방환경부의 위탁으로 수행된 학문적 준비작업을 근거로 한다.[4] 위 두 연구로부터 환경법전 총칙의 제정이 가능하고 총칙제정의 장점이 단점보다 훨씬 크기 때문에 유용하다는 결론을 도출하였다. 그 후 연방환경부용역으로 1988년 4월부터 1990년 4월까지 연구하여 통합환경법전 총칙의 초안이 나오고, 1993년 말에 통합환경법전 각론의 초안을 마련하여 교수안(Professorenentwurf)이 완성되었다.[5] 1992년 독일 법률가대회에서 이들은 통합환경법이 환경법규들의 종합적인 간소화, 용어의 통일성과 체계성의 제고, 개별규정에 대한 이해와 그의 집행을 용이하게 할 것이라는 점 등의 이점이 있으므로[6] 통합환경법을 지지하였다. 즉, 1992년 교수안의 각칙 작업 중에 환경문제에 관한 실무전문가들을 중심으로 하는 독립적인 전문가위원회를 구성하여 별도의 통합환경법전을 연구하였다. 전문가위원회의 위원장은 젠들러 교수(Prof. Sendler)

---

4) Kloepfer, 환경법의 체계화, 연방환경부의 78년 8월 보고서; Kloepfer/Messerschmidt, 환경법의 내용적 조화, 연방환경부의 86년 6월 보고서.

5) Kloepfer, M., Umweltrecht, 3.Aufl., München,: Verlag C. H. Beck, 2004, § 1 Rn. 45-Rn. 46, ss.34-37; Kloepfer u. a., Michael, Zur Kodifikation des Allgemeinen Teils eines Umweltgesetzbuches(UGB-AT), *DVBl*, 1991, 339-346쪽(고문현 역, 독일 환경법전의 총칙, 「환경법연구」, 제20권, 1998, 429-452쪽); Kloepfer u. a., Michael, Zur Kodifikation des Besonderen Teils eines Umweltgesetzbuches(UGB-BT), *DVBl*, 1994, 305쪽 이하(고문현 역, 독일 환경법전의 각론, 「환경법연구」, 제20권, 1998, 453-487쪽).

6) 강기홍, "EU의 환경보호규정하에서 회원국 환경법의 발전-독일 통합환경법 논의와 관련하여-", 「유럽헌법연구」, 제4호, 2008.12., 190쪽 참조.

이며 1997년에 전문가위원회의 초안을 완성하였다. 전문가위원회안은 총 17장 775개의 조문으로 구성되어 있다. 전문가위원회의 초안이 제출되고 난 이후 연방환경부는 이를 바탕으로 통합환경법전의 제정을 위한 구체적인 초안작업에 들어가고 1999년 초 연방정부(연방 환경·자연보호·원자로안전부)차원의 최초의 초안인 환경법전 제1편(UGB I)이 발표되었으나 이 초안작업은 기본법상의 입법관할권문제로 중단되었다.[7] 그 후 2005년 총선에서 CDU(기민당), SPD(사민당) 모두 연방의회의 과반수를 차지하지 못하자 대연정이 이루어졌다. 연방정부는 2006년 8월 28일 연방개혁을 통하여 기본법을 대폭적으로 개정하였다. 즉, 기본법 제75조의 대강입법를 폐지함으로써 연방정부가 생태계, 수자원관리, 토양 등에 대한 전속적인 입법관할권을 갖게 되어 입법의 모든 장애요인들을 제거하였다. 2008년 5월 20일 독일 연방정부는 최근 2-3년 동안 기존의 통합환경법(안)에 대한 비판을 보완한 새로운 안을 마련하였다.[8] 이 새로운 안은 1997년 젠들러 교수(Prof. Sendler)가 제안한 안을 보완한 것으로 기존의 안들보다 내용이 압축·간략화되었다. 연방정부는 이 새로운 안을 연방의회에 상정하여 의결을 거친 후 연방참사원의 동의를 거쳐 동법률을 발효시키기를 희망하였지만 결국 실패하였다. 특히, 스웨덴과 네덜란드가 통합환경법을 제정함에 따라 독일의 통합환경법 논의가 더욱 탄력을 받은 바 있다.[9]

---

7) 이 안(案)에 의하면 수자원관리, 생태계 및 농촌분야의 환경문제도 포함하고 있어 이러한 규율권한이 연방정부의 입법권한(기본법 제75조)의 범위에 있는가라는 문제를 야기하여 연방차원에서 통합법전의 제정이 불가능하게 되었다.

8) 법안의 이유 및 근거 등에 대하여 자세한 것은 독일 연방환경부 홈페이지에 2009년 9월 1일자 자료를 참조할 것. https://www.bmu.de/fileadmin/Daten_BMU/Download_PDF/ Gesetze/ugb_09_hintergrund.pdf(2020년 10월 8일 검색).

9) Wolfgang Koeck, "Nach dem Scheitern des UGB: Wie geht es weiter?",

## 2. 교수안(Professorenentwurf)

교수안은 환경법전 총칙과 각론으로 이루어져 있다.

### 1) 환경법전의 총칙[10)]

#### 가. 개관

이미 70년대 중반 무렵부터 논의되어 온 독일환경법의 법전화(法典化)가 점차 구체화되고 있다. 급속하게 변화하는 사회의 한정조건하에서 법전편찬이라는 생각이 법형성의 수단으로서 그 의미를 상실하지 않았다는 것이 언젠가 입증될 것이다.

환경법전의 총칙의 편찬으로 특히 다음과 같은 목적이 달성될 수 있다.

첫째, 단지 중간 출발점(Ansatz)에 불과하다는 것을 극복한 전체적인 개념이라는 의미에서 환경법의 생태적인 지속적 발전. 하나의 환경법전의 편찬은 오히려 현대 환경정책의 전체적인 징후에 상응한다.

둘째, 완전한 환경법과 동시에 보다 적은 규범을 통하여 더 많은 환경보호를 창출하기 위하여 환경법규정의 포괄적이고 올바르게 정

---

*ZUR*, 2/2009, 57-58쪽; Kloepfer, M.,, “Bedeutung des Umweltgesetzbuchs aus Sicht der Rechtswissenschaft”, in: Bundesministerium für Umwelt, Naturschutz und Reaktorsicherheit, Herausforderung Umweltgesetzbuch, Tagung des Bundesministeriums für Umwelt, Naturschutz und Reaktorsicherheit am 16. 02. 2007 in Berlin, 2007, 26-27쪽.

10) Michael Kloepfer, Philip Kunig, Eckard Rehbinder, Eberhard Schmidt Aßmann, “Zur Kodifikation des Allgemeinen Teils eines Umweltgesetzbuches(UGB-AT)”, *DVBl.*, 1991, 고문현 역, “독일환경법전의 총칙”, 「환경법연구」, 제20권, 1998, 429-452쪽.

리한 조화라는 목적을 가진 환경법의 통일

셋째, 단일의, 모순이 없고, 알기 쉬운 환경법을 통하여 환경규범의 집행의 개선, 보다 더 시민과 가깝게 됨(시민친화성, Bürgernähe) 그리고 주민(Bevölkerung)속에서 환경의식의 강화가 달성되어 져야 한다.

법전화(法典化)되고 있는 법의 영역의 구분가능성이라는, 법전화를 위해서 포기할 수 없는 전제조건과 규정할 수 있는 소재의 이른바 법전화의 성숙성이 오늘날 환경법을 위해서 주어 졌다: "환경보호의 특별법"으로 이해되는 환경법은 다른 법과 경계지을 수 있는 법 영역이다. 환경법의 산재(散在)와 일목요연하지 않다는 관점에서 이미 존재하는 불만 때문에 그리고 환경에 대한 전체적인 고찰방법이라는 의미에서 발전이 필요하기 때문에 하나의 법전화를 필요로 한다.

법전화는 1978년과 1986년 연방환경청의 위탁으로 수행된 학문적 준비작업을 근거로 할 수 있다. :

—Kloepfer, 환경법의 체계화, 연방환경청의 78년 8월 보고서
—Kloepfer/Messerschmidt, 환경법의 내용적 조화, 연방환경청의 86년 6월 보고서

위 두 연구의 결과로서 다음과 같은 것이 밝혀질 수 있었다. 즉 환경법전 총칙의 제정이 가능하다. 그리고 총칙제정의 결과로 결합된 장점이 단점[예컨대 현존하는 규범체계의 산재(散在)]을 훨씬 능가하기 때문에 유용하다.

### 나. 환경법전의 중심사상과 내용

환경법전의 총칙을 위하여 제시된 과제, 즉 복잡한 구조의 해결을

위하여 우선 현행 개별환경법상 어떤 규정들이 공통적이며 그래서 한 묶음으로 만들 수 있는지에 의하여 환경법규들이 정리되어져야 했다. 그렇지만 이 초안은 현행 환경법의 정리나 체계화된 요약에만 제한되는 것이 아니라 환경법의 법창조적인 지속적 발전을 추구하고 있다. 이 초안이 규정에 적합하게 현행 환경법으로부터 나온다면 그것은 지금까지의 규범상태의 신중한 현대화와 조화라는 개념에서의 초안이 완전히 새로운 환경법 구조에서의 초안보다도 더 높은 실현가능성이 있다고 판단되기 때문에 그러하다. 물론 독특하게 전문적인 차이들을 획일적으로 조정하지 않는 환경법의 내적 통일성과 무모순성을 위한 노력이 경주될 것이다.

### ① 중심사상

법전화의 중심적 목표설정은 환경법의 내부적 조화와 통일이어야 한다. 그때 전체 법질서 속에서 환경법의 적응도 역시 고려되어야 하며, 더 나아가서 환경법이라는 특수분야에서 증대된 도그마적 구조들을 갖는 그러한 것이 특수분야적 문제들의 해결을 위하여 완전히 의미있게 보일 경우나 보이는 한(특별법적 규정의 유보) 노력이 경주된다. 그 밖에 환경법의 법전편찬을 통하여 다음과 같은 관심사(Anliegen)도 또한 실현되어야 한다.

첫째, 환경보호에 있어서 매체지배적(medienübergreifenden), 생태적 항목의 법적 정착

둘째, 환경법전의 기본적인, 강화된, 또한 법적으로도 중요한 원칙(Leitlinien)으로서 환경정책의 3원칙[사전배려의 원칙(Vorsorgeprinzip), 원인자책임의 원칙(Verursacherprinzip), 협동

의 원칙(Kooperationsprinzip)]의 정착

셋째, 예방우위와 함께 환경침해의 회피, 저감, 또는 조정(Ausgleich)을 위한 환경조치의 순위확정

② 법전화의 기본원칙

초안작업 동안 필자들은 특히 다음과 같은 원칙에 좌우되었다.

ㄱ. 협의(狹義)의 환경법만이 법분야의 특성을 나타내기 때문에 협의의 환경법의 법전편찬으로 제한

ㄴ. 현행 환경법에 있어서 규정의 흠에 대한 종결

ㄷ. 법전편찬의 법 발전에의 적응, 특히 환경헌법, 유럽환경법과 국제환경법의 발전에 대한 법전 편찬의 적응

ㄹ. 적어도 환경법의 현재 기준의 유지(역행금지)

ㅁ. 시장합치적 조치의 원칙적 강조라는 의미에 있어서 환경법전상의 수단의 가능한 한 시장합치: 환경법전은 한정된 생태적 법테두리에서 사회적 시장경제를 위하여 구성되어야 한다.

ㅂ. 환경보호에 있어서 개인의 자유롭고 책임있는 계발(Entfaltung)의 강조

ㅅ. 소위 탄력성이 있는 수단과 점점 더 의미있는 환경과 관련된 정보우선권의 영역을 포함한 환경영향적인 국가행위의 가능한 한 광범위하게 미치는 범위의 고려

## 다. 환경법의 내용-총칙

환경법 총칙에서는 다음과 같은 규정들이 상세하게 규정되어 있다.

제1장 통칙

제1장은 환경법의 기본적 목표와 원칙들을 규정하고 있다.

제1절(법의 목적, 개념정의)은 제1조에서 환경법의 기본적인 내용의 개념(목표, 행위개념 등)을 포함하고 있다. 환경보호는 인간 건강의 보호를 지향하고, 다른 법익과의 형량의 필요성을 통하여 상대화된다. 특히 환경법이 법률의 효력범위 밖에서 환경보호의 관심사에 분명히 기여해야 하는 동조 제4항에서 더 많은 국제성에 대한 신념이 나타나게 되어야 한다. 제2조는 부분적으로 넘겨받은 (종래의) 개념구성과 상이한 중요한 개념들을 포함한다.

제2절(환경법의 기본원칙)은 주로 초안에서 소위 환경보호의 중심 노선(제3조), 즉 제1조에서 표현한 법률의 중요한 실질적 고려를 포함한다. 계속해서 제4조-제6조에서는 환경보호의 기본원칙(사전배려의 원칙, 원인자책임의 원칙, 협동의 원칙)을 수용하고 있다. 이 원칙들은 그 동안 독일 통일의 길목에서 이미 현행법이 되었다(국가조약 제16조 제1항 2문, 통일조약 제34조 제1항). 여기서 제4조는 "다기능적인 명령적 규범(Gebot)" [환경사전배려의 동등한 구성요소로서 위험조정(위험통제, Risikosteuerung)과 자원관리(Ressourcenbewirtschaftung)]로서 사전배려원칙의 이해로부터 나오며, 특히 환경사전배려의 수단에 관한 표현 때문에 역시 (국가적 영역을 넘어선) 행위개념을 내용으로 한다. 게다가 특히 제5조는 기본적 환경정책의 원칙으로서 원인자책임의 원칙의 규범적 의미를 분명히 하는 데 기여한다(특히 질서법과 세법에서 현행의 귀책기준이라는 척도에 의한 실질적 책임원칙으로서 원인자책임의 원칙). 나아가 (독자적으로 정당화된 원칙으로서 성착한) 공동부담원칙의 기본적 문제가 규정되어 있다. 제6조는 협동의 원칙에 대한 광의(廣義)의 이해로부터 나온다. 그것에 따라서 협동하에서 환경적으로 중요한 결정에 대한

국가가 아닌 소유자 개개인의 협력이 이해된다. 그밖에도 시민에게 자기책임적 결정의 가능성을 위임하는 조치가 그 조치를 통하여 환경의 보호가 보장되며 당사자에게 무거운 부담을 주지 않는 한(限) 금지나 명령에 비해 확실하게 우위에 있다. 이것은 동등한 효과의 경우 그러한 금지나 명령과 같은 명령적 행위조정(행위통제, Verhaltenssteuerung)에 비하여 탄력성있는 수단이 더 우월하다는 것을 의미한다.

### 제2장 환경의무와 환경권

제2장은 환경(제7조-제14조)과 관련하여 개개인의 의무와 개개인의 환경과 관련된 법적 지위를 규정하고 있다.

제1절(환경의무)은 책임규정(제9조)과 함께 일반적 법사상에 근거를 두고 있는 환경침해나 훼손의 부작위와 제거를 위한 이전의 법에 규정되었던 일반적인 의무규정들을 강화하는 의무규정들을 포함한다. 이러한 규정으로서 특히 위험방지를 위한 일반적인 의무(제7조)와 사전배려의 의무(제8조)가 있다. 부작위의무와 방해배제의무로서 주로 전개되는 이러한 실질적 의무와 함께 작위의무가 기본의무를 특정화하고 보충하고 있다(제10조 절차와 제조물로부터 초래된 환경위험에 관한 조사, 고려, 고지, 제11조 자체감시, 제12조 새로운 상태의 통지의무, 제13조 학문과 기술 상태에 관한 보고 의무, 제14조 사업체의 환경회계보고의무). 이러한 의무들은 기본 원칙적 성격을 갖고 있으며 일반적으로 각론에서 구체화 될 필요가 있다.

"환경권"절은 (특히 실행가능성의 근거에서) 건강한 환경과 자연적 생존근거에 대한 일반적 권리를 포함하지 않으나, 일정한(bestimmt) 환경재(산림과 경지(耕地), 제17조)의 이용에 대한 기존법에 산재한 개개인의 권리와 조화를 이룬다. 계속해서 사소유에 속한 환경재의 이용을 위한 소유자의 권한이 규정된다(제16조). 기업의 업무상 비밀의 보호도 또한 통합되어 규정된다(제18조). 개개인으로부터 위협받는 환경위험의 예방을 위한, 특히 해당 환경위험의 저감을 위한 공공기관(Behörde)의 개입에 대한 개인의 권리가 특별히 강조된다(제15조).

### 제3장 계획(Planung)

제3장에서는 환경과 관련된 계획 규정(제19조-제30조)을 포함하고 있다. 예견하는 목표와 처분에 합치되고 행위형태로서의 계획은 국가의 환경보호의 필요한 수단이다. 따라서 법진화는 환경특유의 계획유형을 위한 규정이어야 하는 것과 마찬가지로 다른 국가의 계획에 있어서의 환경적 이해관계에 대한 계획상의 방비책도 또한 고려해야 한다.

제1절에서 다루고 있는 환경중심계획은 환경보호를 주장하는 전문계획이 가능한 한 테두리 안에서 공동으로 이행되는 매체지배적이고 환경특유의 중심계획의 모델의 경향을 띠고 있다. 그 계획의 세 단계[주 전지역에 걸친(landesweite), 지방적(regionale), 지역적(örtliche) 환경중심계획]는 전체공간계획(räumlichen Gesamtplanung)의 단계를 조절한다(제19조-제25조). 환경중심계획의 유형, 과제, 기본원칙 그리고 작동방식 등이 법에 가능한 한 자세히 규정된다. 그와는 반대로 절차에 있어서는 주법상의 규정에 위임한다. 환경중심계획은 환경계획법의 핵심을 구성해야 한다.

위와 함께 제2절[폐기물처리계획(Entsorgungsplanung), 환경프로그램(Umweltprogramme)]에서는 환경법의 몇몇 필수적인 특별과제의 환경수단을 규제한다. 계속해서 제27조에서는 연방정부의 환경관련 계획 및 처분과 환경정책의 개별분야를 위한 전문프로그램의 중기적 관점의 표현으로서 연방환경프로그램의 수단이 제안되고 있다. 반대로 대형 공공기관 시설물의 일반적인 소재지는 환경법전에 규정되지 않는다. 왜냐하면 그것은 계획체계적으로 공간계획의 불가력한 요소에 속하기 때문이다.

끝으로 환경법전은 생태적 계획체계에 관한 독자적 규정을 가지고 있을 뿐만 아니라 환경에 특유한 관점들을 전체공간계획과 기타 환경에 특유하지는 않지만 환경과 관련되는 법에 적용시키는 추가보완 규정들도 가지고 있다.

제3절(다른 공공계획의 환경법적 구속)은 공공기관의 계획시 결정행위를 확정하는 몇몇 규정을 가지고 있다. 여기서도 또한 목표충돌이 중대한 환경손해와 자연적 생활기반의 장기적인 파괴로 이르게 된다면 환경보호의 절대적 우위가 확고히 된다(제28조-제30조).

제4장 환경결과평가(Umweltfolgenprüfung)

지금까지의 법에서 환경영향평가(Umweltverträglichkeitsprüfung)라고 표현되곤 하였으나 초안의 제4장(제31조-제49조)에서는 언어의 정확성의 이유에서 환경결과평가라고 불리는 것을 규정하고 있다.

제1절(제31조-제34조)에서는 환경결과평가를 위한 통칙을 확정하고 있다. 이 절에서는 환경결과평가의 목적(제31조)과 개념정의(제32조)와 함께 환경법과 계획법의 특별규정과의 관계를 규정하고 있는 조항(제33조), 그리고 행정규칙의 제정을 위한 위임(제34조) 등을 포함한다.

제2절(계획시의 환경결과평가, 제35조-제45조)은 척도로서 환경영향평가를 위한 이전까지의 관념을 포함하는 사전의 계획에 의한 환경결과평가를 규정하고 있다. 개별적 경우에 있어서 환경결과평가의 규정은

하나의 새로운 환경영향평가법의 조심스러운 발전이라 할 수 있다. 중요한 개혁안들은 대안의 심사의무, 환경결과평가를 종결한 보고서(환경결과설명)의 작성의무와 조사 범위의 확정시 공중참여 등이다. 이러한 규정들은 다른 결정의 경우 환경결과평가의 기초가 된다.

제3절(다른 결정을 할 경우에 있어서의 환경결과평가, 제46-제49조)에서 사전계획의 허가에 관한 결정으로서 다른 결정을 할 경우에 환경결과평가에 대한 내용이 규정된다. 여기서 선행절차, 국토계획절차, 건축관리계획절차, 그리고 기존 법의 지속적 발전으로서 사전계획의 입장과 재정의 확보를 위한 계획과 프로그램의 정립을 위한 절차도 역시 다루어진다. 이와 함께 절차는 항상 사전 계획과 관련되고, 또한 그 사후 허가가 심사의무인 것이 전제 조건이다.

제5장 직접적 조정(통제, Direkte Steuerung)

이 장은 직접적 조정의 수단을 포함하고 있다. 그러한 것으로는 수범자(Adressat)에게 일정한 행위(Verhalten)를 강제적(금지나 명령을 통하여)으로 부과하는 전형적으로 명령적인 규정이 고려된다. 이것은 기본적으로 명령의 유형에 상응한다. 간접적 조정과 반대로 직접적 조정을 통하여 결정된 행위는 국가적으로 강제될 수 있다.

제1절은 소위 개시통제(Eröffnungskontrollen)를 다루고 있다. 인가, 허가, 승인, 고지, 그리고 계획확정 등의 유보에 있어서 부분적으로는 중심적인, 부분적으로는 부수적인 환경보호에 중요한 개시통제를 포함하는 보는 법적 구성요소의 통일성은 초안작성자의 견해에 의하면 물론, 건축허가의 예에서 보여주듯이, 종종 환경법의 영역을 넘어서 그리고 그 영역에서 전혀 통일적 유형을 인식하지 못하기 때문에 환경법전 총칙에서 법전화를 불허한다. 공간(Raum), 시설, 물질, 또는

행위 등과 관련된 감독개시(Kontrollansätze)는 그 자신의 실제구조에서 모든 것을 포괄하는 통일모형이 의미가 없게 보일 정도로 상호간 상이하다. 개시통제에 관한 특별규정은 환경법 각론에서 다루어 져야 하고 단지 통일성의 몇몇 기초는 총칙부분에서 추구될 수 있다(제50조-제56조 참조). : 제1관(Unterabschnitt)[통칙 제50조-제51조]에서 환경보호의 개선을 위한 개시통제의 모든 구성요소를 위하여 각 전문적 특별규정의 적용시 주시해야만 하는 실체적 · 절차법적 요구가 상응해서 규범화된다. 제2관[환경승인(Umweltbewilligung), 제52조-제56조]에서는 두드러지고 공간적으로 의미 있는 개시통제를 위하여 각 전문법(專門法)이 이용할 수 있는 통제절차의 특별하면서도 새로운 유형이 만들어진다. 이 관(款)의 규정들은 추가적인 법제정행위를 통하여 그 규정들이 사용될 수 있다고 밝혀지는 행정계획법상 계획확정규정과 유사하게 효력이 있다. 환경승인은 허가(Zulassung)규정들의 조화의 본보기가 되는 영역이라고 할 수 있다. 이 규정은 복합적 환경인가를 위한 존속 규정을 모범으로 삼고 있다. 제54조에 규정된 승인절차는 본질적인 점에서 연방임미시온방지법(BImSchG) 제10조를 답습하고 있다. 가능성 때문에 절차중개자제도를 형식적으로 도입하는 것을 연방으로부터 주에게 부여하는 이 규정의 제4항은 지속적 법발전을 측정하는 제안들에 속한다. 그와 동시에 여기에 참여하지 않은 제3자에게 해명기간의 준비와 실행을 위임하는 것을 권한 있는 공공기관으로 하여금 가능하게 한다.

제2절[감시(Überwachung), 제57조-제71조]은 환경법에 있어서 감시에 관한 것을 규정하고 있다. (이 점에 있어서 특히 개관할 수 없는) 현행법의 존속조사(Bestandsaufnahme)에 근거를 두고, 전문법적(專門法的)인 변경에 비하면 개방적인 또는 각론에서 구체화를 필요로 하는 감시규정의

조화가 최고 높은 수준에서 추구되었다. 규정흠결이 인식될 수 있는 한(限) 지금까지의 법이 보완되었다. 또한 통상의 감시와 특별한 동기(특히 위험방지; 감시조치의 이행을 위한 환경위험의무(Umweltgefahren Verpflichtung)의 우려가 있는 경우에, 제62조)의 감시 사이에 가능한 한(限) 분명한 구별을 통하여 집행효과의 강화가 추구되어 졌다. 세부적인 절차규정(예컨대 제65조)을 통하여 감시의무자의 이해관계가 고려되어 졌다.

제3절에서 규정된, 예를 들면 환경영향(Umweltverträglichkeit)에 대한 요구를 추후에 제고하는 것(제73조), 환경에 중요한 행위의 금지 또는 시설의 중지(제74조), 시설의 제거와 인가의 취소(제75조, 제76조) 등과 같은 침해적 처분은 헌법상 보장되는 존속보장의 관점에서 보아야 한다. 환경법전의 규정은 조심스럽게 환경의 중요성을 부각시키고 있다—이것이 예를 들면 당위규정(Soll-Vorschriften)을 통해서나 결정프로그램(Entscheidungsprogramm)에서 미리 규정된 것(Vorgabe)을 통하여 가능한 한(限). 환경침해에 대한 처분의 다양한 목록을 작성하는 제72조의 내용은 무엇보다도 명백히 하고 개관해주는 기능을 갖는다. 이 규범 자체는 침해의 근거가 아니라 전문법적(專門法的) 전환을 필요로 한다. 제73조는 추가적 부관과 허가(Zulassung)결정과 연결이 없는 추가적 명령을 규정한다. 제74조는 환경위험에 근거하는 환경에 중요한 행위에 대하여 독자적 금지권한(Untersagungsermächtigung)을 규정하고 있다. 제75조에서의 철거처분 또는 원상회복처분명령은 제74조와 직접적으로 연결되고 환경친화 상태의 원상회복을 보충한다.

## 제6장 간접적 조정(간접적 통제, indirekte Steuerung)

간접적 조정의 수단들은 (제5장에 규정된 직접적 행위조정의 수단과는 달리) 수범자(Adressat)의 동기부여(Motivation)에 영향을 끼치고 수범자에게 상응하는 다소간 넓은 결정여지를 주고 있다. 여기서 국가는 시민에 대하여 다만 자극 또는 위협적인 부담이 빈번히 있는 행위기대을 공식화하는데, 그러나 거기에는 기대에 어긋나는 행위가 합법적인 상태로 있는 그런 행위기대를 공식화한다.

제1절(환경공과금, Umweltabgaben, 제77조-제81조)은 특별공과금에 관한 통칙을 포함하고 있다. 여기서는 환경법 총칙의 일반적 특성 때문에 공과금의 개별적인 내용, 즉 공과금의 구성요건, 공과금책정, 징수절차 내지 방법 등을 상세히 규정하지 않는다. 그러한 규정은 그러한 것의 관리목적에 의존하기 때문에 환경법 각론에서 강구되어야 한다. 따라서 "환경공과금"절은 환경에 분명히 중요한 영향을 미치는 행위에 대하여 환경공과금이 징수된다는 원칙과 함께 환경공과금에 대한 기본적 특징(공과금 대상자, 공과금 증감, 청구와 이용)만을 규정한다.

제2절(환경보조금, Umweltsubventionen)은 제1조의 목적을 추구하는 그러한 보조금을 규정한다(제82조-제86조). 그것은 행정법상의 보조금 개념에서 나오는 환경보조금을 규정한다. 그러므로 (보조금관계가 존재하지 않는 한) 실질재화(Realgütern)의 제공, 용역의 제공 그리고—세법상에 규정된—세제상의 혜택은 고려되지 않는다. 특히 보조금수혜자와 경쟁관계에 있는 제3자의 청문권이 규정된다. 공익이 능가하거나 능가하는 한 저축되는 공익과 사익 사이의 형량이 행해진다. 보장된 수단의 합법적 적용의 관점에서 통제가능성과 추가보조금의 대부, 보증, 보장의 우선권 규정, 부관과 조건이 있는 보조금 보증의 가능성 등도 또한 환경법전에 수용되었다. 잘못 지급된 보조금에 대한 결정의 취소도 역시 규정된다. 1976년 7월 29일의 보조금법 규정[연방법령관보 제1권(BGBl. I) 2037쪽]의 환경보조금에의 상응하는 적용도 체계

적으로 규정되었다. 그런데 환경보조금은 형법전(StGB) 제264조 제6항의 보조금개념에 해당되지 않는다.

제3절(탄력적 수단, Flexible Instrumente, 제87조-제90조)에서는 환경보호에 있어서 새로운 소위 탄력적인 수단 즉 이용이익(제88조)과 보상(Kompensationen, 제89조, 제90조)이 규정된다. 새로운 소위 탄력적인 수단들의 적용은 제87조의 원칙에 의하여 조절되고 따라서 소위 탄력적인 수단들은 환경법의 목적과 일치해야 한다. 특히 이 수단의 지속적인 적용으로[11] 환경침해와 환경위험이 증가되어서는 안 되거나 또는 법률적 요구를 고려할 때와 등가의 내지 그 이상의 환경의 부담경감(Entlastung)이 도달되어야 한다.

제4절은 공공시설 이용(제91조-제93조)의 관점에서 전형적으로 해당하는 수단을 촉진하는 것뿐만 아니라 그 법영역에서 원초적으로 다른 이해관계가 규정되나 환경에 의미 있는 영향력을 가지는 것을 가져와야 한다는 것을 분명하게 규정한다. 환경법전의 총칙에서는 관련 규정이 오직 기본적 특징과 중심분야에만 제한될 수 있다. 이러한 이용관계의 구체적 형태는 현행 연방법(교통법, 에너지경제법)에 의하여 감독공공기관의 통제하에 있다. 그 이용관계를 위하여 실체적 의무구속과 형태결정(Ausgestaltungsentscheidung)경우에 환경에 중요한 기준의 고려라는 절차법상의 안전장치가 규정되어 있다.

제5절[환경보호관리자(Umweltschutzdirektor), 환경수임자(Umweltbeauftragter)]은 자기통제를 통하여 환경법의 질서법적 수단을 더 많이 이용할 수 있게 해준다(제94조-제102조). 환경법전의 규정을 통하여 사업자의 전략적 결정의 관점에서 특히 환경친화적 절차와 제조물의 도입을 강화

11) 협상기구 및 시장기구에 입각한 수단이 명령적 수단보다는 효과가 더 더디게 나타나지만 공식화가 선택되었다.

하고 있다. 여기서 합자회사(Kapitalgesellschaften)를 위한 대표기관과 동등한 권리의 회원으로서 환경보호관리자의 선출이 규정되어 있다(제94조). 주식합자회사(KGaA, Kommanditgesellschaft auf Aktien)의 법형태로 있는 기업과 합명회사(Personenhandelsgesellschaften) 등은 정관에 의하여 기업의 경영진내에 환경보호조직을 보장할 의무를 지고 있다. 이러한 규정들은 법적 의무준수를 제한하는 새로 삽입된 연방임미시온(Immission)방지법(BImSchG) 제52조a를 능가한다. 환경보호를 위한 경영수임자규정(제95조-제102조)은 연방임미시온방지법의 세련되게 표현된 규정을 광범위하게 모범으로 삼고 있다. 그러나 방사선보호법규정의 개별적 요소도 또한 수용하고 있다.

제7장 환경정보(Umweltinformation)

환경연구, 환경관찰, 환경통계, 환경보고, 환경교육 등의 영역을 위한 법규정이 제7장에 들어 있다(제103조-제109조). 그와 동시에 공공기관(Behörde)의 이에 관한 업무는 총괄규정의 대상이 되고 그것에 관해서 법치국가적으로 명령되는 법적 근거에 의지한다. 동시에 이것을 통하여 강력한 사전배려적 환경보호의 방향에서 지금까지의 수단들이 지속적으로 발전된다. 이 규정들은 단지 과제의 배당과 목표설정의 전환과 활동의 대상을 포함하는 대강규정에만 한(限)하게 된다. 국가의 환경연구(제103조), 국가적 입장을 통한 환경관찰(제104조), 대중에 대한 국가적 환경계몽(제109조) 등은 국가적 과제로서 연방과 주의 관할 범위 내에서 할당된다. 제105조는 연방에 관한 과제할당과 환경통계 대상의 한정(Umschreibung)을 환경통계법으로부터 넘겨받아 규정한다. 제106조는 연방과 주의 환경보고를 규정하고 있다. 여기에서 사업자에게 있어서 환경보호의 가치를 위하여 의미가 있는 사업관련자료를 공개할 수 있다. 제107조는 환경적합적 행동을 위한 국가적 경고와 권고를 위한 법적 근거가 된다. 제108조는 환경마크에 의해서 비교할 수 있는 선전을 명문으로 허용하는 오늘날 환경봉인(Umweltsiegel)이라고 불리는 지금까지의 환경마크(Blauer Engel)의 수여를 위한 법적 근거를 주고 있다.

### 제8장 환경책임(Umwelthaftung)과 보상(배상, Entschädigung)

제8장(제110조-제130조)은 환경책임법규정을 모범으로 삼고, 부분적으로는 그 법이외의 것을 모범으로 삼는 환경책임규정을 포함한다. 수자원관리법(Wasserhaushaltsgesetz, WHG) 제22조에 의한 위험책임이 포함되며 반대로 상린관계법상의 보상책임(Ausgleichshaftung)은 건드리지 않고 그대로 둔다. 환경손해기금의 창설은 규정되어 있지 않고 그 대신에 일반 공법상 보상(배상)규정이 규정되어 있다.

제1절(환경책임, 제110조-제129조)의 규정은 제110조의 환경위해시설을 운영하거나 환경위험물질 생산이나 (그와 함께) 우회생산하는 그러한 것은 제8장의 규정척도에 의하여 피해자에게 보상의무를 진다는 기본원칙으로 부터 유래한다. 초안은 따라서 1990년 12월 10일의 환경책임법의 열거원칙(Listenprinzip)을 따르지 않는다[연방법령관보 제1권(BGBl. I) 2634쪽]. 책임은 환경위해시설(제112조), 수자원 및 지표환경에 위해한 행위(제114조, 제115조)와 환경위험물질의 운송(제116조)이 원인이 되는 환경침해에 대해 규정되어 있다. 또한 제조물책임법(Produkthaftungsgesetz)규정을 능가하여 이 법의 의미에서 과실을 증명하는 환경위해물질에 의하여 야기되는 환경침해책임이 규정되어 있다(제117조). 사연(자연관리, Naturhaushalt)의 침해 시 원상회복하는 공법상의 지방자치단체(öffentlich-rechtlichen Gebietskörpers-chaft)에 대하여

원상회복의무 또는 그 비용에 대한 의무가 성립된다(제118조). 계속해서 이 절에서는 정규영업을 통한 물적 손실의 경우에 예상할 수 없는 침해에 대한 책임의 한계에 관한 규정을 두고 있다(제119조). 원인자가 다수인 경우 부분적으로 단지 보충적 총채무자적 책임(제120조), 원인의 추정(제121조), 정보제공의무(Auskunftspflicht, 제122조-제124조), 공동채무(제125조), 보상의무의 범위(제126조-제127조), 전보의 사전배려(Deckungsvorsorge, 제128조), 그리고 민법규정의 적용 등이 포함된다(제129조).

제130조[환경손해의 배상(보상, Entschädigung)]는 일반배상규정이라는 의미에서 예상할 수 없는 환경손해에 대하여, 제112조, 제114-제117조에서 규정되어 있지 않은[예컨대 산림손해(Waldschäden)] 배상의무에 대하여 주를 통하여 정당한 배상이 보장되어야 한다는 것을 규정한다. 이미 언급한 것처럼, 세련된 법정책적 발전을 저지하지 않기 위하여 환경손해기금을 설치하는 것이 포기되었다. 초안에서 규정된 해결책은 주에게로 환경공과금이 흘러 들어가도록 하는 사실적 계산을 고려하고 있다.

### 제9장 단체(Verbände), 절차공개(Verfahrensöffentlichkeit)

제1절(단체의 참가)에서는 환경보호를 위하여 특히 의미 있는 행정절차, 법제정절차와 계획(Planung)절차에서 인정된 환경보호단체의 지금까지의 현행법의 범위를 넘는 공동참여에 관한 권리가 규정된다(제131조-제132조). 그 외에 환경결과평가의 토대가 되는 그러한 계획(Vorhaben)을 위한 단체소송이 규정되어 있다. 이와 연결하여 제1절은 단체소송규정(제133조)을 위한 주의 유보도 또한 규정되어 있다.

제2절(절차의 공개, 제134조-제144조)에서는 환경에 관한 정보의 자유

로운 접근[유럽공동체관보(Amtsblatt der Europäische Gemeinschaften, ABIEG), Nr. L 158, 1990년 6월 23일, 56쪽]에 관한 1990년 6월 7일의 유럽공동체평의회(Rat)의 기본노선과 연결하여 환경관련정보의 자유로운 접근원칙이 정착되고 그 원칙이 구체화되고 있다. 이 규정의 목적은 공공기관이 가지고 있는 환경정보의 자유로운 접근과 개개인과 대중을 위한 환경위험(Umweltgefahren und Umweltrisiken)에 관한 충분한 정보가능성을 확보하기 위하여 이 정보의 보급을 보장하는 것이다(제134조). 초안은 개개인에게 속하는 환경문서의 자유로운 열람의 권리로부터 유래하고 정보의 자유로운 확산을 허락한다(제137조). 제138조-제141조는 개인 신상자료의 보호(제138조), 또는 업무상 비밀의 보호(제139조), 법집행과 형사소추의 보호(제140조), 그리고 공공복지의 보호(제141조)를 규정하고 있다. 이 경우에서는 단지 제한된 문서열람권과 정보제공권이 있다(제142조). 특히 공공기관의 결정절차의 보호도 또한 규정되었다(제143조). 문서열람에 관한 세부규정은 시행령을 통해서 강구되어져야 한다.

### 제10장 법제정(Rechtsetzung)과 규칙제정(Regelsetzung)

이 장에서는 법규명령과 행정규칙 그리고 법규제정 시 학문적 전문가의 참여와 대중참여에 관한 규정, 초안의 근거와 환경기준의 정기적 재심사에 관한 규정의 제정을 위한 위임을 포함한다. 근거되고 있는 모델은 기존의 법과 비교할 때 무엇보다도 법제정시 비공식적 공중참여의 더 강력한 법적 형태를 포함하고 있다.

제1절의 법규명령(Rechtsverordnungen)은 특히 환경의 질의 한계가치를 위하여(제145조), 시설과 경영방식에 대한 청구(Anforderung)의 확정을 위하여(제146조), 또는 물질과 준비물(Zubereitungen), 제조물에 대

한 청구의 확정을 위하여(제147조), 제146조-제147조에 확정되어 있는 청구에 대한 예외(제148조), 명령과 행정규칙의 동화(Angleichung)를 위하여(제149조) 제정될 수 있다. 계속해서 초안은 환경법전에서 다른 어떠한 것도 규정하지 않는 한(限) 연방정부가 앞에서 언급한 수권(Ermächtigung)의 수령자(Empfänger)라는 것을 규정하고 있다(제150조), 연방상원(Bundesrat)의 참여(제151조), 참가자 구성방식의 기본규정과 함께 참가자 범위의 청문과 전문가위원회(제152조), 법규명령의 초안을 위한 이유서작성의무(제153조)와 법규명령의 정기적 심사를 위한 의무(제154조) 등도 규정하고 있다.

제2절은 행정규칙(Verwaltungsvorschriften)을 내용으로 한다. 학문적 인식과 기술적 발전의 상태가 아직도 충분히 안전하지 않다고 보이는 경우에 제2절의 규정에 따라서 제145조-제146조에서 설명된 확정과 행정규칙에서 제155조에 의한 예외를 규정한다. 제156조는 행정규칙은 기술(技術)이 일반적으로 인정된 규정, 기술의 상태 또는 학문과 기술의 상태 등을 정확하게 표현한다는 법률상 추정(Vermutung)을 포함한다. 연방정부는 환경법에서 달리 규정하지 않는 한(限) 앞에 언급된 수권의 권리자이다(제157조). 연방정부의 참여(제158조), 공표 의무와 절차(제159조)와 행정규칙의 정기적 심사 의무 규정이 부수된다(제160조).

제3절은 사적 의사(擬似) 법제정(privaten Quasi-Rechtsetzung)으로서 기술적 규칙을 포함한다. 제161조는 기술적 규칙을 위하여 그 규칙들이 분명한 청구를 충족시킬 때 제156조에 상응하는 추정을 포함한다. 이러한 규칙은 그것이 공공의 이익을 위해 요구되는 것처럼 보일 때 특별 절차에서 공공기관을 통하여 공적으로 도입될 수 있다. 공적으로 도입된 기술적 규칙은 정기적으로 심사되어야 한다(제162조).

제11장 조직과 권한

제11장(제163조-제169조)은 기본적으로 법집행의 주우위의 권한으로부터 나온다. 이 장에서는 환경보호에 종사하는 연방상급공공기관(연방환경청, 연방방사선관리청, 그리고 설립중인 연방자연관리청), 연방상급공공기관에의 과제배당과(하급공공기관에 대한 국가의) 행정 감독(Fachaufsicht)에 관한 규정들을 포함한다(제164조-제167조). 게다가 이 장에서는 연방환경장관의 제청으로 연방대통령이 임명하는 4년 임기(한 번의 연임 가능)의 위원으로 구성되는 환경전문위원회(제168조)에 대한 규정도 포함하고 있다. 끝으로 원칙적으로 모든 공공기관이 환경법전에 구속되고 다만 주의 설득력이 있는 변명에 대한 예외를 둔 소위 공공재산의 관리자로서의 국가(öffentlichen Hand)의 환경 의무가 규정되어 있다(제169조).

부칙과 제재

법률의 효력발생, 경과규정(Übergangsvorschriften)과 도입규정(Eingansvorschriften)에 관한 규정(Bestimmung)의 공식화 등은 도외시된다. 왜냐하면 경험적으로 이 문제는 입법(Gesetzgebung)이라는 나중의 단계에 이르러서야 비로소 구체적으로 고려되어 규정될 수 있기 때문이다. 제재규정에 대하여 다만 권고(Empfehlungen)만이 제시된다. 환경 특유의 형벌 규정은 환경법전에 들어 있어서는 안 되고 형법전에 규정되어 있어야 한다.

## 라. 전망

### ㄱ. 총칙에 대한 추가작업

앞에 제시된 초안은 환경법의 법전화에 대한 지속적 입법 작업을 위한 기초가 되어야 한다. 앞으로의 절차를 위하여 전문가안의 전형으로서 광범위하게 기여할 수도 있는 진보된 법률안의 획득을 위하여 실무가와 학자들로 구성된 전문가위원회(Sachverständigenkommission)의 설치가 권고된다. 이 위원회에는 해당하는 연방부처, 주와 지방자치단체(Kommunal 단계의)가 참여해야 하며, 역시 학계, 경제계와 환경단체 등의 대표도 참여해야 한다.

### ㄴ. 환경법전의 각론의 법전화

그밖에 제시된 초안은 환경법의 포괄적인 법전화의 일환으로 이해된다. 아직 다루어지지 않은 환경법의 광범위한 문제들이 환경법 각론에서 다루어져야 한다는 생각으로부터 이 초안이 나온다. 포괄적인인 환경법의 번전화과정은 이렇게 함으로써야 비로소 목표에 도달하게 될 것이다.

여기서 대략 다음과 같은 환경법 각론의 목차를 생각해 볼 수 있다.

① 임미시온방지
② 원자력(핵에너지)과 방사선보호
③ 자연보호와 풍경보호
④ 하천보호와 수자원관리
⑤ 폐기물의 관리와 처리
⑥ 위험물질
⑦ 지표환경보전(Bodenschutz)

개략적으로 본 각론은 총칙의 규정에 근거하여 총칙의 전제를 주의하면서 분야별 특수성을 규정해야 한다. 여기서 종국적으로 제시된 각론 규정이 개개의 사례에서 제안된 초안의 변경이나 보완이 필수적으로 이루어져야 하는지 여부가 검토되어야 한다.

그 동안에 환경개별법을 개정하는 모든 경우에 총칙에 대해 제시된 안이 고려되어야 하며 환경법전(UGB)을 위하여 구법(Altgesetzen)과 환경법 총칙(UGB-AT) 사이에 있을 수 있는 충돌이 해소되어야 한다.

환경법전의 각론의 학문적 초안을 위한 사전작업이 그 사이에 교수위원회의[12] 선임에 의하여 시작되었다. 이 위원회는 1993년 중반까지 학문적 초안을 제시하여야 한다. 1990년대 말 에 환경법 각론이 효력을 발생할 수 있다면, 독일은 환경법의 포괄적인 법전화를 가지고 즉 "환경보호의 기본법"을 가지고 새로운 21세기로 갈 수 있을 것이다.

### ㄷ. 유럽공동체(EG)와 구 동독에서의 발전

계속적 발전의 경우 유럽공동체에서 환경법의 지속적인 발전을 고려하는 일이 아직 남아 있다. 지속적으로 발전하고 있는 유럽통합과 관련하여 유럽공동체의 환경법의 지속적 발전과 정치성은 두드러지게 나타난다. 본 초안은 한편에서는 존속하거나 또는 두드러지게 나타난 규정들을 끄집어내서 변경하고, 그러나 다른 한편에서는 광범위한 규정과 모형들(Modelle)을 발전시킬 정도로 유럽의 경우를 고려한다. 그래서 이 초안은 유럽환경법의 지속적인 발전을 위해 기여해야

12) 교수위원회의 구성: Jarass(임미시온방지), Kloepfer(의장), Kunig(폐기물관리와 폐기물의 처리), Papier(원자력과 방사선보호), Peine[지표환경보전(토지보전)], Rehbinder(위험물질), Salzwedel(하천보호 및 수자원관리), Schmidt-Aßmann(자연보호 및 풍경보호). 이 위원회의 연구작업은 1991년 1월에 시작되었다.

한다. 물론 후에 유럽공동체 법의 예측할 수 없는 개정(Änderung)에 대한 이 초안의 불가피한 적응(Anpassung)을 제외할 수는 없다.

또한 독일통일의 완성의 길목에서의 발전도 고려되어져야 한다. 통일조약 제34조 제1항은 1990년 6월 29일의 독일 민주공화국(DDR, 구동독) (통일조약을 통하여 실효된) 환경대강법과 관련된 국가조약 제16조에 의하여 구성된 독일환경연합에 근거를 두고 있는, 사전배려의 원칙, 원인자책임의 원칙과 협동의 원칙하에서 인간의 자연적 생존기반을 보호하고 생태적 생존관계의 통일성을 높은 수준에서 촉진해야 하는 입법자(Gesetzgeber)의 과제가 규정되어 있다. 이와 함께 국가조약 제16조 제4항은 공동의 환경법의 지속적 발전을 규정하고 있다. 이러한 관점하에서 환경법전 총칙에 제안된 규정은 통일독일에 있어서 실질적(materiellen) 통일의 완성과 환경법의 지속적 발전을 위한 토론의 기초로서도 역시 기여할 수 있다.

### 2) 환경법전의 각론[13)]

#### 가. 법전화의 중심사상 및 제 원칙

1993년 말에 일단의 교수연구반[14)]이 연방환경부를 위해 환경법전 각론(UGB-BT)의 초안을 완성했다. 이 학문적인 초안과 함께 연방독

---

13) Michael Kloepfer, “Zur Kodifikation des Besonderen Teils eines Umweltgesetzbuches(UGB-BT)”, *DVBl.*, 1994, 고문현역, “독일환경법전의 각론”, 「환경법연구」, 제20권, 1998, 453-487쪽.

14) 구성원은 다음과 같다. Jarass(임미시온방지), Kloepfer(의장, 총편집), Kunig(폐기물관리와 폐기물의 처리), Papier(원자력과 방사선보호), Peine(지표환경보전), Rehbinder(위험물질), Salzwedel(하천보호 및 수자원관리), Schmidt-Aßmann(자연보호 및 풍경보호).

일의 환경법의 포괄적인 법전화의 계획은 인식가능한 형태물을 갖게 되었다. 이 각론[15)]은 이미 1990년에 교수들에 의하여 만들어진 환경법전 총칙(UGB-AT)[16)]과 더불어 통일체를 이룬다. 통일적인 관점을 지향하는 연방독일 환경법의 전체 초안으로 이끌 수 있는 이 학문적 선행작업은 이로써 그 목적에 도달하게 되었다.

다른 법익과의 형량에서도 또한 환경보호가 갖는 특별한 의미를 근거로 하여, 다양한 역사적 시대에서 발생하여 존속하는 현행 환경법의 규범요소들을 통일적인 가치에 입각하여 성문화하고 계속 발전시키는 것이 환경법 제정으로 가능하게 될 것이다. 하나로 주조된 환경법이 가능할 것인데, 물론 여기에서 개개 영역들의 불가피한 개별적 특수성들은 조정되지 않을 것이다. 조화를 이룬 환경법 법전화의 틀 안에서, 개개 규성들 자체의 다양한 개선을 통하여서 뿐만 아니라 상대적으로 오래된 환경관련적 규정(예를 들어 원자력법에서의 규정)을 보다 최근의 환경법(예를 들면 연방임미시온방지법, Bundes-Immissionsschutzgesetz)에 조화시키는 것을 통하여서도 환경보호에 중요한 기여를 할 수 있다. 그러한 점에서 환경법의 통일화는 필자의 관점에서 단순화와 체계화의 목적을 넘어 보다 나은 환경보호를 위한 중요한 내용적인 방향(Richtung)을 가지는 것이었고, 위 교수연구반에 있어 환경정책적 후퇴는 더군다나 금지된 것이었다.

포괄적인 환경법의 법전화는 환경보호의 매체지배적 징후의 추구를 다른 어느 규범 형성형태보다도 더 가능하게 한다. 환경법전의 편

15) 이 초안은 1990년 연방환경청보고서(UBA-Berichte)시리즈에 나온다.
16) Kunig의 협력하의 Kloepfer/Rehbinder/Schmidt-Aßmann, Umweltgesetzbuch-Allgemeiner Teil, 연방환경청 보고서(UBA-Berichte) 7/90, 2판, Erich Schmidt 출판사, Berlin 1991.

찬으로 법률상의 조정(통제, Steuerung)과 (시간적으로 빈번히 바뀌는) 복잡한 생태적 작용구조 때문에 그 결과가 상이한 환경매체에서 나타날 수 있는 환경재에 대한 인간에 의해 야기된 영향의 극복(Bewältigung)을 계획하는 것이 특별한 방식으로 가능하게 될 것이다. 환경법전은 전체 환경을 고려하는 것의 강화를 통하여서 환경법의 생태적으로 현저한 개선을 가능하게 한다. 여기에서 지금까지의 환경법에 남아있는 흠결도 보충될 수 있다(예컨대 지표환경보전(Bodenschutz)에서).

조화를 통한 환경법의 통일화는 실질적으로 정당화되는 개별 영역들의 특별 규정들을 제외하지 않고, 지배적인 환경법상의 수단과 법형상을 일반적으로 보다 더 강하게 형성한다. 그것은 무엇보다도 환경법의 단순화를 가능케 한다. 예를 들어 환경법전은 그 효력이 미치는 범위에서 단지 세 유형의 허용만을 규정하고 있다 : 공간과 관련된 계획의 복합적인 허가(Zulassung)로서의 Umweltbewilligung(환경승인), 공식적인 절차에서 승낙하는 Genehmigung(인가), 공식적인 절차에서 승낙하는 것이 아닌 Zulassung(허가) 조화를 통한 환경법의 단순화는 무엇보다도 환경법의 집행에 있어 개선도 가능하게 한다. 요구 수준의 명확화라는 의미에서 한정할 수 있는 질적 목표를 강하게 규정함으로써 역시 이러한 목표에 이바지할 수 있다.

이를 통하여서, 뿐만 아니라 조화된 그리고 분명한 환경법 규정들을 보다 잘 꿰뚫어 볼 수 있게 됨으로써 환경법에 있어 법적 안정성을 높이고 그 구속력을 개선시키게 될 것이다. 비록 현실문제의 복잡성과 그 법률적 취급과 관련하여 국민(Volk)이 읽는 일종의 환경법 서적이라는 의미에서의 환경법전이라는 관념이 환상으로 남아 있게 되더라도 말이다. 어쨌든 각 장의 목표들과 원칙들의 규범화가 주민(Bevölkerung)에게 환경법전에서 무엇이 본질적으로 중요한지 명확히 명시해야 한다. 현대 민주주의에 있어 법전화는 규범이식된 동의 창출 및 수락 가능성의 그러한 수단들을 근절시킬 수 없다(마찬가지로 규정들의 형태(Ausgestaltung)에 있어 타협도 근절시킬 수 없다). 환경법전은 단지 시민(Bürger)들과 기업들을 환경보호에 구속시켜야 할뿐만 아니라 이들이 계속해서 환경보호에 임하도록 해야 한다.

바로 여기에 각론에서도 강조된 시장메커니즘의 이용에 있어 협동적이고 유연한 도구의 강화의 본질적인 기능이 놓여 있다. 그것은 개선된 환경보호(특히 환경의 사전배려라는 강화된 영역에 있어서)를 위하여 관련자들의 기꺼이 협력할 자세와 혁신능력을 이용할 수 있게 한다. 적은 강제(그리고 적은 대가)를 통한 더 나은 환경보호는 이로써 엄격한 규정이 필연적으로는 요구되지 않는 그러한 영역들에서 환경법전의 본질적인 중심원칙이다.

입법 계획을 학문적으로 준비하는 새로운 형식으로서 초안의 주요 과제는 특수한 환경법의 개별 핵심 영역들을 환경법전에 체계적으로 편입시키는 방법으로 내적으로 조화시킴으로써 환경법을 개선하는 데 있다. 현존하는 환경법의 어두운 미로에 더 많은 빛을 비추기 위해 수많은 불확정적인 것들의 극복 및 복잡한 환경법 규범의 개관과 실행의 개선 노력이 기울여졌다. 특수한 환경법 소재들의 통일화와 단순화라는 과제 외에 위 교수연구반은 동시에 현행 환경법의 개별 규정들과 제도들의 내용적인 수정 및 지속적인 발전과 현행 환경법을 새로운 요구에 부합시키는 목표를 추구했다. 여기서 개혁노력들이 곳곳에서 행해졌고, 위 교수연구반에 의하여 수정이 요구된 것으로 간주되었던 곳에서 현행법의 수정이 행해졌다. 특히 현행법에 남아 있는 흠결의 보완이 ―그것은 지표환경보전을 다루는 제3장과 관련하여 그렇다― 두드러진다.

환경법전 각론의 초안은 특히 이미 그 전에 이루어진 환경법전 총칙의 구조를 통하여 각인된다. 환경법전 각론은 이미 존재하는 환경법전 총칙이라는 규정복합체의 토대 위에 세워진다. 그 때문에 환경법전 각론은 개별 환경법의 핵심 영역들에 특유한 특수성의 형성에 집중한다. 물론 총칙이 다른 것을 규정하고 있어서 구태여 더 자세한 규정을 둘 부담을 경감(Entlastung)해 주는 기능의 이용하에서. 이로써 총칙이 각론과 면밀하게 맞물리는 방식으로 체계적으로 만들어진 법전화의 목표가 달성되어야 한다. 총칙이라는 전제는 각론의 모든 부분에서 특별한 수정과 보충으로 비견할만한 규정들이 재발견되도록 핵심 영역들에서 받아들여졌다. 그 결과 일정한 구조적 동질성이 환경법전의 각 장을 특징짓는다. 각 전문영역들의 전래된 특질은 다음에 비추어, 즉 환경법전 총칙의 일반적이고, 단일화되고 조화된 규정으로부터의 특수한 회피가 정당화되는지, 그것이 역사적인 조건하의 특별한 발전에 근거하는 것인지 아니면 우연에 근거하는 것인지에 비추어 심사되었다. 그러나 예외적인 경우에 각론의 작업 과정에서 불가피한 것으로 드러난(herauskristallisierten) 총칙의 수정과 보충 역시 제안되었다. 그것들은 법률조문에의 추가와 각론의 근거로서 받아들여졌다.

이러한 중심사상에 근거하여 필자는 각론 작업 도중에 다음과 같은 작업지침적 원칙들을 끌어내었다.

- 환경법의 생태적 발전
- 단순화(Vereinfachung)와 조화를 통한 환경법의 개선
- 무엇보다도 현행 환경법의 분류적(registrierenden)이고 체계적인 파악에 근거한 법의 통일화

- 환경법상에 규정된 수단(특히 협력적이고 탄력성이 있는 수단)들의 주의깊은 지속적 발전
- 역행금지, 최소한 환경법의 현재 보호 수준의 유지
- 법전편찬의 법정책적 발전에의 조화
- 제안들의 장래 공개
- 총칙에서 이미 규정되어 있는 것의 원칙적인 고려
- 유럽 환경법에의 적응
- 협의의 환경법 즉 환경과 관련된 법이 아닌 환경에 특유한 법에의 제한

### 나. 초안의 대상

학문적 초안의 대상은 주법이 아닌 연방의 환경법이다. 기본법상 현존하는 권한과 규정된 그 권한의 사실상의 이용에서 출발한다. 위 교수연구반의 소견에 따른 연방권한의 확대는 원칙적으로 금지되는데, 그것이 연방법과 주법 사이의 개개의 배분을 제외하는 것은 아니다. 유럽환경법을 통하여 주어진 국내법의 확장된 형성공간의 경우에는 이것이 조화로운 편입의 방법으로 각론에 익숙해지도록 하였다.

각론의 체계적 조직의 형성은 많은 부분이 연방환경부와의 계약적 틀에 의하여 위 교수연구반에 주어져 있었다. 더불어 일정한 균열(龜裂) 속에서 통합적인 성과물을 추구해야 하는 목표도 있었다. 가령 문제가 없지 않은 유전공학의 한계와 관련하여 각론의 규정영역 범위도 역시 계약적으로 주어져 있었다. 그럼에도 불구하고 초안은 환경법의 핵심영역만을, 따라서 환경관련적 규정들(예를 들면 교통법이나 건축법)이 아닌 단지 환경에 고유한 법만을 파악했다.

이 초안은 현대적 환경법을 창조하게 될 것이다. 이 초안은 그 심

의를 종결하기 위해 존재하는 1993년의 법정책적 상태를 거의 기록하는 식으로만 법적으로 구조화하는 목표를 추구하지 않는다. 현행 환경법의 조화라는 틀에서 물론 법정책적 발전이 무시되지는 않았다. 여기에서 위 교수연구반의 목표는 이 개혁노력을 가치모순이나 균열 없이 각론의 체계에로 편입시키는 것이었다. 그럼에도 불구하고 작업 대상의 범위와 복잡성과 관련하여, 이 초안의 작업에 있어서 환경법의 개혁을 받아들이는 데 시대적 한계가 있는 것은 불가피했다. 현행 법률의 수정, 새로운 법률 혹은 유명한 법률안, 특히 새로이 효력을 갖게 된 유럽공동체의 규정들과 지침들을 고려하는 것과 관련하여, 모든 장(章)에 유효한 시행일자 규정(Stichtagsregelung)이 위 교수연구반에 의하여 결정되었다. 이에 따라 1993년 2월 1일 이후에 효력을 갖는 법은 이 초안에서는 더 이상 고려되지 않았다. 물론 자료가 제공된 경우에는 —예를 들어 식물보호법에서처럼— 초안은 그 시행일자 규정을 무시했다.

### 다. 초안의 작성시의 작업방법과 문제

학자연구그룹(교수연구반)의 연구는 동료에게 솔직하게 터놓고 객관적으로 토론하는 분위기 속에서 개최되었다. 연구그룹의 개별적인 구성원을 통해 얻어진 법조문이 총회에서 조별로 항별로 토론되었다. 여러 번에 걸친 초안에 대한 연구회의 중에 개별 규정의 심의가 대부분 계속되었다. 법조문은 공동으로 작업하여 만든 데 대하여 개개의 연구작업이 논거제시를 담당했다. 연구그룹의 각 구성원에게 논거제시의 부담이 놓여 있는 것이 보통이지만, 그 논거제시는 대충대충만으로 토의되지 않았다. 여기서는 각 장의 근거가 각 연구자의 전문책임으로 귀착한다[17]는 사실이 밝혀진다.

초안의 작성 시 문제는 환경, 자연보호 및 원자로 안전을 위한 연방장관(연방환경장관, BMU)의 환경연구계획에 의하여 내세워진 (먼저 가결된) 환경법전의 총칙과 (그 후에 이루어진) 환경법전의 각론 작업의 시간적 구분의 결과로서 생기고 아울러 양쪽 연구 그룹 사이의 일치 결여로부터 문제가 생긴다. 환경법전 각론의 연구그룹은 이미 만들어져 있는 환경법전 총칙에 의지할 수 있는 유리한 상황에 있었다. 그렇지만 각론의 심의가 진행되는 도중 특수한 경우에 총칙의 문제 있는 규정이 사정에 따라서는 보충되어야 하거나 수정되어야 한다는 점이 명백해졌다.

현행 연방환경법의 작성(Verarbeitung)은 부분별 전문법의 전통적으로 제한된 특징에 특히 의존하는 문제를 초래한다. 존속규정(bestehenden Regelungen)의 조화시의 모순은 개별환경법의 각 부분 영역에서의 여러 가지 규범화 정도를 통하여, 다시 말하면 규범 계층

17) 공적인 의회 의사록에 들어 있는 입법이유제시에 비하여 환경법전 각론의 이유제시는 진일보된 것이다. 그 이유 제시는 환경법전의 총칙을 모범으로 하여 전형적으로 다음과 같이 분류된다.
- Ⅰ. 시작할 때의 상황
  1. 규정범위의 대상
  2. 이제까지의 법상황
     a) 법상황
     b) 이제까지 법에 있어서의 경험
     c) 개혁논의
  3. 대강적 조건
     a) 유럽공동체법
     b) 헌법
- Ⅱ. 제안
  1. 중심사상
  2. 상세하게 규정하기 위하여

즉 현행 환경법의 각 부분에 있는 법률, 명령 그리고 행정규칙 영역의 통일성 결여에서 특히 나타났다. 이러한 현상은 영역별로 매우 다른 유럽 법에 미리 규정된 것(vorgabe)을 통하여 강화되었다. 그 때문에 초안은 모든 장에 있어서 통일적 규정 수준을 추구한다. 따라서 (예컨대 원자력법에 있어서 특별히 현저한 것처럼) 중요한 결정들은 이제까지의 명령수준으로부터 법률수준으로 향상시키고 반면에 덜 중요한 규정들은 명령수준으로 낮추었다.

### 라. 환경법전 각론의 내용

#### ㄱ. 법전편찬의 구조- 환경법 각론(UGB-BT)의 포괄적 규정과 내용

광범위하게 미치는 내부조화에도 불구하고 개별 환경법의 취급 범위의 본질적인 특성으로 초안의 각론의 각 장의 독자적인 구조가 부분적으로 설명된다. 특히 각 장의 첫번째 절과 마지막 절에서 특히 그런 경우이듯이, 각 장의 형식적으로 보이는 통일성을 가능한 한 확보하도록 노력했다.

각론의 모든 장의 첫번째 절은 목적 규정과 나란히 개념 규정과 원칙 규정을 두고 있다. 목적 규정은 적용자에게 각 장의 근본이 되는 실체적인 고려를 압축한 형태로 눈앞에 인도하는 기능을 가지고 있다. 또한 독자적이지 않기 때문에 독자적으로 집행능력이 없는 목적 규정은 각 장 바로 뒤의 규정의 해석에 도움을 준다. 총칙 제2조에 있는 개념규정에 보충하여 각론에서는 풍부한 법률상의 정의(定義)가 수용되어졌음에 틀림없다. 이 개념규정은 당해 장에 특수하게 사용되는 개념을 구속력있게 정의한다. 각 장에서 일반적으로 중요한 내용이 괄호 앞으로 끌어내어 졌다. 그 밖의 장의 각 절에서 어느 부분은 자세한 법정(法定)의 정의(定義)—보통 소위 괄호 정의로서—가 있다. 여기에 있어 소수의 규정의 범위에서만 이용되는 개념이 중요하다. 그래서 그 개념은 관계규정과 관련하여 어떤 장의 첫 번째 절의 정의부분이 개괄적임과 차감적임(Entlastung)이라는 이유에서 확인된다. 효력 범위(Geltungsbereich)에 관한 규정은 당해 장의 객관적인 효력 범위를 확정한다. 이 규정은 각론의 각 장의 적용범위의 필요한 내부조화를 분리하기 위하여 각론의 각 장의 부분적으로 내용적인 뒤엉킴(Übersichtlichkeit)에 직면하여 불가피하다는 것이 증명된다. 원칙은 당해 장의 목표규정을 구체화하는 것이어야 한다. 원칙은 목표규정과 똑같이 독자적인 규정이 아니다. 그렇기 때문에 원칙은 그러한 목표규정과 마찬가지로 집행능력이 없는 규정이다. 각 장의 개념적 기초를 명확히 하기 위하여 원칙은 의미를 가진 개별 장의 다른 규정과 관계가 있다. 특히 목표규정과 관계가 있다. 모든 장의 목적은 사적 행동이 환경의무를 지고 있다는 규정을 통하여 부분적으로 촉진된다. 특히 이 의무구성요건은 환경의무의 경고기능을 명확하게 해 주어야 한다. 일부는 이른바 지침(Leitlinien)이 제1절에 있다. 그 지침은 공권력의 주체에게 향한다. 그 지침은 의무규정을 정할 뿐만 아니라 구속력 있는 의무구성요건을 결정한다.

모든 장의 마지막 절은 각 질서위반규정을 포함한다. 포괄적이고 상황관련(Sachzusammenhang)적이라는 이유에서 질서위반에 관한 독립된 장의 확립이 도외시되었다. 그와 반대로 —환경법전 총칙(UGB-AT)에서 이미 규정되었듯이— 특히 형법전에서의 체계적 이유 때문에 환경 특유의 형벌규정이 연구되어져야 한다. 마지막 절에는 오래된 기초시설에 관한 원칙 규정 및 관계 규정, 위원회의 조직과 구성에 관한 원칙 규정 및 관계 규정, 우선 첫째로 절차 규정 및 조직 규정에 대하여 어느 장(章) 속에든 더 자세한 절(節)이 들어 있다. 환경보호를 위한 관계 연방장관의 업무범위에서 부가하는 환경법 규정에 그러한 연방상급공공기관(Bundesoberbehörden)을 수용하는 총칙에서 추구된 조항은 각론에서 환경특유의 과제에 관한 규정과 다른 부(部)의 권한에 속하는 다른 공공기관(Behörden)의 관할이 포함되어 있는 결과로 끝난다. 환경법전 편찬을 통한 환경법의 조화가 총칙에 대해서 이루어질 뿐만 아니라 각론에서도 구체화되어 전개된다. 이것은 환경법 각론에서 예를 들어 개시통제(Eröffnungskontrollen)규정에 관해서 나타난다. : 환경법 총칙 규정은 그 규정이 적용될 수 있는 것이라고 명확하지 않게 설명되는 각론의 장에서 일반적으로 유효하다. 각론의 각 부분에 있어서 명확한 전환을 필요로 하는 환경승인(Umweltbewilligung)은 그 점에 있어서는 하나의 예외를 형성한다. 환경특유의 개시통제의 이러한 새로운 유형은 제2장, 제4장, 제5장 그리고 제7장의 개시통제라는 규정에서 인용되어 졌고 고려되는 규정에 의하여 각론의 규정을 위한 총칙의 상응하는 규정으로 구태여 더 자세한 규정을 둘 부담을 경감해 주는 기능이 본보기로서 명백해졌다.

환경승인의 아래쪽의 개시통제를 위하여 초안에서는 다음의 전문용어가 사용된다.: 인가(Genehmigung)는 형식적인 절차를 밟아서 얻은 허가(Zulassung)로 이해되고, 허가(Erlaubnis)는 형식적인 절차를 밟지 아니한 허가(Zulassung)로 이해된다. 허가(Zulassung)라는 개념은 허가(Erlaubnis) 또는 인가(Genehmigung)로서의 분류가 확실하지 않을 때 이용되는 상위개념(Oberbegriff)이다. 이 용어는 각론의 모든 장에 원칙적으로 적용된다. 이 점에 있어서 예외는 언어상의 이유에서만 존재한다. 그래서 예컨대 식물보호를 위한 약제(Pflazenschutzmittel)는 전통적으로 인가받을(genehmigt) 수도 허가받을(erlaubt) 수도 없고 단지

허가받을(zugelassen) 수 있을 뿐이다.

### ㄴ. 각 장의 내용

환경법전의 각론은 환경특유의 법, 그뿐만 아니라 환경에 중요하지 않은 법까지 포함하여 연방환경법의 가장 중요한 전문법(專門法)의 규정범위를 포괄한다. 지표환경보전법이라는 지금까지 아직 연방법에 규정된 소재가 아닌 것을 법제화한 것이 특히 새롭다. 총 429조로 된 포괄적인 환경법의 각론은 다음과 같이 8개의 장으로 세분된다:

제1장 자연보호와 풍경보호(제170조-제221조)
제2장 하천보호와 수자원관리(제222조-제282조)
제3장 지표환경보전(제283조-제313조)
제4장 임미시온방지(제314조-제376조)
제5장 핵에너지(원자력)와 방사선보호(제377조-제483조)
제6장 위험물질(제439조-제558조)
제7장 폐기물관리와 폐기물처리(제559조-제597조)
제8장 부칙(제598조)

환경법 각론의 조문 연속은 그 계산 방법에 있어서 제170조부터 시작되고 제1조부터 제169조까지를 규정하고 있는 환경법 총칙에 연결되어 있다. 환경법 각론에 있어서 각 규정을 살펴보면 다음과 같다:

### 제1장 자연보호와 풍경보호(Landschaftspflege)(제170조-제221조)

자연보호와 풍경보호에 관한 각론의 제1장은 본질적으로 연방자연보호법에 터잡은 구조를 수용하고 있고 자연(자연관리, Naturhaushalt)의 전체적인 보호법으로 계속 발전된다. 특별한 상황에 한정된 이전의 보호개념에 의존하는 발전 지체는 보정된다. 제1절(제170조-제177조)은 통칙, 즉 환경법의 결정적 규정과 관련하여 자연보호와 풍경보호의 입장을 규정한다. 제170조에 있는 목적규정의 핵심은 전체적인 자연관리보호로서의 자연보호와 풍경보호의 강조이다. 농업에 관한 정의(定義)가 소개된다(제171조 제2항). 자연보호는 —현행법에서 지배적인 형량규정(Abwägungsdirektive)에 비하여— 수량을 정할 수 있는 미리 규정된 것에서 더욱 더 명확히 확정된다. 이 목적을 위해서 전체적인 자연관리보호의 원칙내에서 환경질 목표에 대한 달성이 명확히 제시되고(제172조), 동·식물의 생활공간체제(Biotopsystem)에 있어서 자연보호를 위한 상위평지(Vorrangflächen)로서 주평지의 최소 10% 확정이 의무로 되었다(제173조). 모든 사람을 위한, 예를 들면 농업 그리고 임업 등과 같은 각 이용권자그룹을 위하여 구체화되는(제175조) 일반적인 자연보호의무는 지금까지 보다 더 명확하게 강조된다(제174조). 농업과 임업의 지위는 새로이 정해진다. 지금까지의 농업유보조건(Landwirtschaftsklauseln)은 더 이상 고려되지 않는다. 자연보호와 풍경보호의 불가결한 부분으로서의 풍경의 휴양기능은 더 이상 정의(定義)되지 않는다(제176조). 제177조는 공공재산의 관리자로서의 국가(öffentlichen Hand)의 토지평지(Grundflächen)를 위한 특별한 자연보호의무를 규정한다.

제2절(제178조-제186조)의 대상은 일반적인 자연보호법과 풍경보호법의 수단이다. 이 절은 계획, 자연과 풍경에서의 침해 그리고 보호라는 3개의 관(Unterabschnitt)으로 구성되어 있다. 풍경계획은 환경법 총칙(제19조-제25조)의 3단계의 환경중심계획(Umweltleitplanung)에서 나타난다. 초안은 환경보호를 위한 계획자적인 수단의 중요성의 강조에로의 경향에 관심을 가진다. 그런 까닭에 제178조의 규정은 자연보

호에 특수한 보충(건축계획에 있어서 녹지정리계획 연구소와 그 연구소의 통합에 대한 비난)에 국한될 수 있다. 자연보호법상의 침해규정은 엄밀하게 규정되고 강화되었다. 대강법(Rahmenrecht)의 성격에 대해 연방법상 미리 규정된 것(Vorgaben)의 제한은 유지되었다. 초안은 연방자연보호법(BNatSchG) 제8조에서 집결되어 뒤엉켜진 규정대상을 법체계에 맞게 다음과 같이 분류한다: 침해개념(제179조), 적용범위(제180조), 의무체계(제181조) 및 절차(제182조). 제183조에서 직접 구속력이 있는 연방법을 통하여 건축법(Baurecht)에 대한 침해규정의 관계가 규정되어 있다. 제3관(款) 보호(Pflege)에서는 보존의무와 보호의무(Unterhaltungs- und Pflegepflichten)가 유지되고 조심스럽게 확대된다. 제184조는 연방자연보호법 제10조와 일치하고, 제185조는 연방자연보호법 제11조에서 유래한다. 그리고 자연보호의 중요성이 보호조치와 발전조치가 완전히 일반적으로 규정될 수 있는 것을 요구하는 한, 그 보호조치와 발전조치가 완전히 일반적으로 규정될 수 있을 정도로 지금까지의 연방법상의 의무구성요건을 제186조는 확대한다.

제3절(제187조-제196조)의 대상은 특별자연보호법과 풍경보호법(특별 동·식물의 생활공간 보호 및 평지 보호)의 영역에 관련된 수단이다. 제1관(제187조, 제188조)은 자연보호법 제20조c와 법률개정안에 터잡아 법률 직적접인 동·식물의 생활공간보호를 다루고 있다. 동·식물의 생활공간 보호규정은 종보호와 관련하여 해결되고 영역 보호의 독자적인 대상으로 입증된다. 제187조는 특별히 보호가치가 있는 동·식물의 생활공간의 목록작성과 그 보호 기준에 대한 기본판단을 규정하고 있다. 제188조는 동·식물의 생활공간을 위한 확대된 행동프로그램(Handlungsprogramm)과 동·식물의 생활공간 보호에 대해 예외적으로 허용되는 제한 가능성을 규정한다. 제2관은 영역별로 구획하는 것

(Gebietsausweisungen)을 통하여 특별 평지보호를 다룬다. 지금까지의 규정은 개별적 보충[보호측면(Schutzprofile)의 명료화, 보호를 위하여 꼭 필요한 주위환경에서 영역별 구획 가능성의 확장, "생물생활권공원(Biosphärenpark)"이라는 영역범주의 수용]을 하게 되었다.

제4절(제197조-제210조)은 야생동물과 야생식물이 자연적이고 역사적으로 자란 다양함속에서 그들의 보호를 다룬다. 제5절(제211조-제213조)은 먼저 자연보호를 위한 적극적인 지표환경(Boden)정책의 중요성을 강조하고 다음에 손해배상규정과 보상규정을 두고 있다. 통칙(Gemeinsamen Vorschriften)의 범위 내에서 제6절은 여러 종류의 규정대상을 통합한다(제214조-제221조). 공공기관관할권(제214조)과 제재규정(제219조) 등과 나란히 이른바 계약상의 자연보호가 법률에 규정되게 된다(제215조). 단체 참가를 위해 이미 환경법 총칙 제131조 이하에 상응하는 규정이 강화된다(제216조). 부가하여 주에게 자연보호법적 단체소송의 도입이 연방법상의 의무로 되었다(제217조).

### 제2장 하천보호와 수자원관리(제222조-제282조)

수자원 관리권을 포함하는 제2장은 원칙적으로 건축과 수자원관리법(Wasserhaushaltsgesetz, WHG)규정에서 유래하고 일련의 법률개정이라는 체계적인 정리에 의해서 보충된다. 폐수방출수단이 규정범위에 포함되었다. 초안에서 연방과 주 사이에 존재하는 권한 상태가 원칙적으로 충실히 유지되었다. 포괄적인 자연보호법의 범위 내에서의 수리법(수자원법, Wasserrecht)이 개념적으로 정리되었다. 그리고 수리법은 출발부터 새로 추가된 지표환경보전법(Bodenschutzrecht)과 마찬가지로 이 자연보호법과 특별한 방법으로 연결되었다.

제2장은 총10절로 나뉜다. 제1절(제222조-제228조)은 수자원관리정

책의 기초와 하천(호소, Gewässer)이용의 통제수단 및 개념규정 등에 관한 통칙을 두고 있다. 현행법에 생소한 하천보호에 해당하는 장의 목적규정이 첨가되었다(제222조). 수자원관리법(WHG)에 근거한 하천관리의 체계는 앞으로 더 명백히 되고 보충될 것이다. 관리위임(Bewirtschaftungsauftrag)을 실행하는 형식으로서 비공식적인 관리 개념이 공식적인 관리 계획과 더불어 정당한 것으로 나타난다(제225조). 주의 수자원공공기관(Wasserbehörde)에 대한 관리 위임은 원칙에 의하여 그 의미가 밝혀지게 된다(제224조). 농업과 임업의 하천보호의무가 규정되었다(제227조). 그 외에도, 수자원관리의 보호를 위하여 필요한 수량경제적 및 품질경제적 최저상태(mengen-und gütewirtschaftliche Mindestzustand)가 침해될 때, 주 수리시설이 설치된 곳에서 주는 강압적인 대응조치를 취해야 할 의무를 지고 있다(제228조). 개시통제를 제2절에서 다룬다(제229-제241조). 제229조 제1항의 허가유보(Zulassungsvorbehalt)는 수자원관리법(WHG)에 도입된 법적 상황을 이어 받고 있다.

존속보호를 가져다주는(bestandsschutzgewährende) 수자원 이용권을 위하여 환경법 총칙 제52조 이하에 따른 환경승인(Umweltbewilligung)에 대한 규정을 구속적인 통제허가(Kontrollerlaubnis)로 관련시키고 그러나 동시에 일련의 예외를 통하여 수자원법 규정들의 특수성들, 가령 수자원공공기관이 가지고 있는 관리재량(Bewirtschaftungsermessen)과 같은 것을 고려할 것이 제안되었다. 관리재량을 통하여 개시된 포괄적인 정치적 형성(Gestaltung)의 가능성과 투자위험을 가진 바로 그 사람의 투자위험에 상응할 정도로 비교적 큰 보호필요성은 환경법 총칙 제56조와 제76조에 있는 척도에 반대하여 환경승인의 존속보호와 존속효력을 원상태로 회복하는 쪽으로 이르게 한다(제236조). 제239조는 허가(Erlaubnis)를 규정한다. 제3절(제242조-제254조)의 대상은 지상하천에 대한 규정이다. 현존 규정들을 이해하기에 더 용이하도록 하는 방법으로 다양한 하천 종류에 대한 관리목표들이 어떻게 상호간에 구별되는가 하는 것이 더욱 더 명백히 제시되었다. 관리위임의 체계적인 통일성이 전체적으로 구상되었다. 제4절(제255조-제256조)은 영해를 위한 규정을 두고 있다. 이에 관한 통제 목적은 지금까지보다 더 분명히 해석된다. 본토와 공해(公海) 사이에 있는 영해의 과도기능(Übergangsfunktion) 및 그 들(본토와 공해) 상호간의 의존을 고려하는 일련의 규정들이 마련되어 있다. 지하수를 위한 규정이 제5절에 들어있다(제257조-제261조). 다양한 종류의 지하수를 위해 표준적인 관리목표가 명확하게 설정되었다. 수해의 위험을 초래하는 물질(wassergefährdender Stoffe)을 운송하기 위하여 수송관 시설의 건설 및 판매에 대한 규정이 일반적인 수리법의 허가(Zulassung)체제에 편입되었다. 제6절(제262조-제263조)은 수해의 위험을 초래하는 시설법을 다룬다. 하천의 보호를 위하여 필요한 안전기준과 안전요구는 각론 제262조 제1항에 규정되어 있다. 주가 명령으로 규정해야 하는 상세규정의 포기에 의하여 현행 연방법은 구태여 더 자세한 규정을 둘 부담이 경감되었다. 제7절은 지역과 관련된 하천보호를 위한 규정을 포함한다. 수자원보호지역에 관한 규정(제264조)은 수자원관리법(WHG) 제19조와 대체로 일치한다. 제8절(제265조-제270조)은 집행(Vollzug)과 환경대리인(Umweltbeauftragte)에 관한 규정과 관련된다. 그 밖에 협동의 원칙(Kooperationsprinzip)의 중요성을 개선시키기 위하여 계약상의 협정의 가능성을 예정한 규정이 마련되어 있다(제268조).

제9절(제271조-제281조)은 환경공과금(Umweltabgaben)에 관한 통칙이 들어 있는 환경법 총칙 제77조 이하에 터잡아 폐수부과금(Abwasserabgabe)

의 징수와 사용에 관한 규정을 두고 있다. 그것은 현행법 상태에서 원칙적으로 확인된다. 물론 초안은 현행법과 달리 현저하게 구태여 더 자세한 규정을 둘 부담이 경감되고 명령수준에서 예컨대 공과금 매개변수(Abgabeparameter)와 같은 상세규정이 요구된다.

제10절은 수자원관리법(WHG) 제41조와 대체적으로 일치하는 법령위반구성요건(제282조)을 규정하고 있다.

제3장 지표환경보전(Bodenschutz, 제283조-제313조)

제3장은 종합적인 지표환경보전법의 연방법 차원에서의 통일적인 규정을 제시하고 있는데, 이것은 한편으로는 연방차원의 단일의 지표환경보전법의 부재를, 또 한편으로는 환경매체에 관한 법분산에 대해 시 효과적인 혁신을 의미하는 것이나. 제3의 환경매체인 지표환경을 단지 개별적인 측면에서 보호하던 종래의 입법자의 태도는 중지된다. 지표환경은 직접적으로 법률상의 보호를 받게 되며 그리고 그런 의미에서 여타의 환경매체인 물과 공기와 같은 등급을 부여받게 되는 것이다. 제1절(제283조-제286조)은 제3장의 목적을 규정하고 있고, 개념규정을 포함하고 있으며, 적용범위를 밝히고 있고 그리고 제286조에서는 지표환경의 이용에 있어서 중요한 기본원칙들을 규정하고 있다. 제283조는 제3장의 목적규정을 담고 있는데 "목적달성을 위한 수단: 지표환경보존(Bodenerhaltung)조치, 지표환경정비조치, 사전조치 등"이라고 부른다.

지표환경의 조절기능(Regelungsfunktion), 생산기능 그리고 생활공간으로서의 기능이 분명히 보호된다. 가능한 한 포괄적인 지표환경보전에 관한 측면에서 지표환경에 대한 광의의 개념이 기초로 되어 있다(제284조). 적용범위(제286조)에 있어서는, 특수한 입법관념에 속하는(예컨대, 자연보호법, 하천보호법, 폐기물처리법상의) 지표환경보전적인 중대성을 지닌 기준들이 입법구조 내에 남아 있다는 점이 강조되어야 하고, 그런 점에서 또한 이것이 의미가 있는 것이다. 제2절(제287조-제302조)은 지표환경보존법(Bodenerhaltungsrecht)을 다루고 있다. 이 절의 세분화는 지표환경보존에 기여하는 다양한 조치들에 따라 이루어진다. 제2절은 양적 및 질적 지표환경보전, 지표환경감시, 지표환경침해영역, 지표환경상태의 파악 및 감시 그리고 기타 법률의 허가절차상에서 지표환경보전을 위한 관계 공공기관의 협조 등을 다루고 있다. 지표환경보존의무(건축법 제202조 참조)는 제287조 제1항에서 규정되어 있다. 이와는 달리 원래의 목적을 위한 지표환경이 더 이상 필요하지 않은 때, 지표환경의 개봉(Entsiegeln)을 위한 원칙적인 의무를 규정하고 있는 원상회복의무(Wiederherstellungspflicht, 제2항)는 새로운 것이다. 제288조는 피할 수 있는 지표환경오염의 금지를 포함하고 있는데, 이것은 농업과 임업상의 지표환경이용을 위해 제289조에서 상술되고 있다. 더 나아가서 특수한 물질의 조달(제290조)과 화학비료(제291조) 및 식물보호약제(Pflanzenschutzmittel, 제292조) 등의 사용이 규정되어 있다. 지표환경감시에 관한 규정들(제293조 이하)은 환경법 총칙 제57조 이하의 규정들을 통해서 광범위하게 준용되기 때문에 구태여 더 자세한 규정을 둘 부담이 경감된다.

영역확정의 새로운 유형으로서의 지표환경침해의 확정은 제297조에서 규정되어 있다. 목적은, 예를 들면 자연보호영역 혹은 수자원보호영역과는 대조적으로, 예방적 환경보호가 아닌 현존하는 환경의 "복구(Reparatur)"에 있다. 환경위험이 존재하는 경우에 ―법규명령으로― 영역별로 구획하는 것(parzellenscharfe Ausweisung des Gebiets)이 허락되어야 한다. 제297조는 손해배상규정을 담고 있는데, 이것은 주법(州法)으로 넘어와서 확고히 된다. 보다 광범위한 규정은 지표환경대장(제298조), 지속적인 관찰을 받는 평지(Dauerbeobachtungsflächen, 제299조), 지표환경시험은행(제300조) 등의 제도에 관한 것이다. 오염된 지표환경과의 관계는 지표환경정비와 지표환경안전에 관한 제3절(제302조-제311조)의 대상이다. 지표환경오염(Bodenbelastungen, Bodenverunreinigungen)과 지표환경의 오염 기타 정비가 필요한 유해화(유해토질화, Altlasten)는 서로 다른 개념이다. 제3절은 지표환경오염과 오염 기타 정비가 필요한 유해화에 대한 완전한 복구법을 그 내용으로 담고 있다. 이 점에 있어서 초안은 Hessen지방의 오염 기타 정비가 필요한 유해지구복구법(hessischen Altlaste nsanierungsrecht)을 근거로 하고 있다. 지표환경오염에 대한 복구법은 포괄적으로 규정되어 있고(제302조-제307조), 오염 기타 정비가 필요한 유해지구복구법과 관련하여 포괄적으로 이 규정들이 원용되고 있다(제310조). 이와 같은 원용은 오염 기타 정비가 필요한 유해지구법이 원칙적으로 시간적인 경과법이라는 점에서 적절한 것으로 보인다. 복구의무의 범위(제302조), 복구책임에 관한 자세한 규정(제303조), 비용부담, 방해자(Störern)가 다수인 경우에 있어서의 선택권(제304조), 공공기관의 독자적 처리권(Recht der Eigenvornahme) 및 이와 관련된 비용부담의무(제305조) 등이 규정되어 있다. 초안은 복구되는 지표환경의 가치증대(Wertzuwachs)를 대상으로 하는 규정은 포기하고 있는데, 그러나 이것 때문에 상응하는 주법상의 규정이 제외되어서는 안 된다. 오염 기타 정비가 필요한 유해지구복구회사(Altlastensanierungsgesellschaft)의 창설에 관한 규정이 제311조에 규정되어 있다. 오염 기타 정비가 필요한 유해지구복구회사의 주체에 관한 규정에 있어서 주에게 비교적 넓은 재량의 여지(Spielraum)가 인정되어 있다. 공과금의 일부분이 오염 기타 정비가 필요한 유해지구복구를 위해 사용되는(제595조 제1항 4호) 초안상의 폐기물공과금(Abfallabgabe)은 제7장(폐기물처리)과의 관련성을 이유로 규정되어 있다(제590조-제595조). 제4절(제312조-제313조)은 적용대상에 대한 통칙을 담고 있다. 제312조는 지표환경보호에 관한 기술적 행정규칙[Technische Anleitung(TA)-Boden] 즉 위험(Risiko)과 위험가치(Gefahrenwerten)의 확정에 대한 수권근거를 담고 있고, 제313조는 법령위반구성요건을 담고 있다.

### 제4장 임미시온방지(제314조-제376조)

제4장은, 지금까지 주의 권한으로 남겨져 있던 순수한 행위 관련 임미시온방지는 제외한 채, 제1차적으로 임미시온방지에 기여하는 모든 공법상 규정들을 포함하고 있다. 지금까지 연방임미시온방지법(BImSchG) 제35조 이하에 포함되어 있던 임미시온방지법상의 물질관련규정들은 체계상의 이유로 위험물질법(Gefahrstoffrecht, 제6장)에 귀속된다. 현행의 법상태에 상응해서, 마찬가지로 산업재해방지(Arbeitsschutz)와 민법의 일반규범인 민법 제906조와의 밀접한 관련성 때문에 산업재해방지 영역은 제외되었다. 초안은 보호대상으로서 대중과 이웃사람(Nachbarschaft)을 완전히 포기하고, 그 대신 단지 인간중심적인 지향의 회피하에 인간, 사물(Sachen), 환경 모두를 보호대상으로 한다는 것을 명확히 하고 있다(제314조). 기후보호(상황보호, Klimaschutz)에 대해서는 상당한 가치가 부여되도록 힘쓰고 있다. 제4장에서는 기후보호를 우선적으로 하는 조항은 없지만, 임미시온방지법은 기후보호를 제2차적으로 보호하고 있다. 이런 측면을 강조한다고 할 때 기본원칙들 중의 하나가 기후보호와 관련되어 있다(제317조 제1항 3문). 제1절(제314조-제317조)은 임미시온방지법의 모든 세부영역들에 의미가 있는

통칙을 포함하고 있다: 제4장의 목적규정, 개념규정, 적용범위 및 제4장의 기본원칙들. 개념규정에 있어서는, 지금까지의 법의 중심개념이었던 "유해한 환경작용(schädlichen Umwelteinwirkungen)"이라는 개념이 오해의 소지를 불식시키기 위해서 "유해한 임미시온"으로 대체된다(제315조 제5항). 제2절(제318조-제356조)은 시설관련 임미시온방지와 관련되어 있다. 초안은, 요인가시설이라는 개념이 요허가시설이라는 개념으로 대체되는 한, 개념적 변화를 예정하고 있다. 이때 허가(Zulassung)라는 개념은 환경승인(Umweltbewilligung)에 대한 상위개념이다(제329조 제1항). 연방임미시온방지법에 산재(散在)해 있던 지금까지의 요허가시설에 관한 법들은 하나의 절로 통합되고 다시 네 항목(Titel)으로 분류되는데, 이를 통해서 지금까지의 법과는 전혀 다른 규정순서가 나타나게 된다. 첫 번째 항목(제318조-제320조)에서는 허가와는 관계없이 시설운영자가 주의해야 할 사물적 요구와 관련되어 있다. 두 번째 항목(제321조-제328조)은 허가가 필요할 때를 묘사하고 있다. 세 번째 항목(제329조-제333조)은 허가절차와 허가효력을 다루고 있는데, 지금까지의 법과는 달리 간소화된 절차규정이 예전의 절차규범에 관한 규정과 결부되어 있다. 네 번째 항목(제334조-제336조)은 종국적으로 사후조치에 관해서 규정하고 있다. 요허가시설에 관한 초안은 환경법 총칙의 차감기능에 의해 매우 강하게 각인되어 있다. 따라서 지금까지의 법률상의 일련의 규정들은 환경법 총칙상의 규정을 토대로 포기될 수 있었는데, 가령 아직 소재지예비결정(Standortvorbescheid)으로 형성되어 있는 예비결정(Vorbescheid)에 관한 연방임미시온방지법 제9조의 규정(환경법 총칙 제53조 제2항 참조), 환경법 총칙 제55조 제1항으로 대체된 연방임미시온방지법 제14조의 제권규정(除權規定, Präklusionsregelung), 환경법 총칙 제74조, 제75조에서 발견되는 연방임미시온방지법 제20조의 금지권한(Untersagungsmächitigungen) 또는 환경법 총칙 제76조 제2항과 제3항(연방임미시온방지법 제21조)의 적법한 허가의 취소규정 등이 그 예이다. 더 나아가서 초안은 환경결과평가로부터 발생하는 요구들을 보다 강력하게 고려하려고 한다. 제3절(제357조-제365조)은 교통과 관련된 임미시온방지에 관한 규정들을 포함하고 있고, 교통수단(차량)과 관련된 임미시온방지와 교통로와 관련된 임미시온방지로 세분된다. 그 실제적인 의미와 반대되는 빈약하고 단편적인 교통과 관련된 임미시온방지규정들이 삭제된다. 따라서 연방정부는 교통임미시온의 제한에 관한 광범위한 개념을 발전시키고 그리고 균형있게 시행할 의무를 지게 된다(제359조). 교통로의 건설 및 운영과 관련된 임미시온방지문제는 광범위하게 규정된다. 도로, 철도 그리고 공항 등이 포함되어 규정되었지만 항공기소음법의 규정들은 포함되지 않았다. 비행장건설시 임미시온방지의 필요성이 제기되는 항공법상의 규정들도 포함된다. 제4절(제366조-제379조, 여기서 표기된 제379조는 제370조의 오기인 듯?, 각론의 부록[18]에는 제370조로 표시되어 있음)은 영역과 관련된 임미시온방지를 규정하고 있다. 자료조사에 관한 현행법상 유력한 규정들은 조치(Maßnahmen)에 대하여 미리 규정된 것(Vorgaben)의 확장을 위해서 공간과 관련된 임미시온방지에 한정된다. 대기의 순수상태보존계획과 소음감소계획(Luftreinhalte-und Lärmminderungspläne)에 관한 규정들(제367조 이하), 교환이 잘 안 되는 기상상황(austauscharmer Wetterlage)의 경우와 대기오염(Ozonbelastung) 등의 경우에 있어서 조치에 관한 규정(제369조) 및 대기질 기준치의 결정에 관한 규정(제370조) 등이 있다. 제5절(제371조-제376조)은 통칙

18) 역자 주(註), 고문현, 『독일환경법』, 울산대학교출판부, 2005, 부록 독일환경법각론부분 제370조 참조.

을 담고 있다. 설비와 시설의 건설 및 운영과 가장 넓은 의미로 관련된 공공기관은 동시에 임미시온방지법의 집행에 관여해서는 안 된다(제371조). 제372조는 관계 공공기관에 비공식적인 협약 대신에 조사를 위한 공식적인 계약체결과 위탁을 할 권한을 부여하고 있다. 이와 더불어 원전사고(Störfall)위원회에 관한 규정(제373조), 시설안전에 대한 기술위원회에 관한 규정(제374조), 노후시설(Altanlagen) 및 법령위반구성요건에 관한 규정 등이 있다.

제5장 원자력과 방사선 보호(제377조-제438조)

제5장은 이른바 방사선 물질과 방사선(ionisierender Strahlen)의 평화로운 이용과 같은 원자력보호법과 방사선보호법을 그 대상으로 한다. 여기에서는 폐기물처리문제(Entsorgungsproblematik)를 포함하여 원자력발전소에서의 원자력획득이 중심을 이루고 있다. 환경보호의 다른 영역에서의 발전을 고려하여 볼 때 현행 원자력법은 진보적인 보호법 및 안전법(Schutz- und Sicherheitsgesetz)으로서의 선도자적 지위를 벌써 오래전에 상실했다. 원자력법은 항목별 개정을 제외하면 지난 15년 동안 대체적으로 변함없이 유지되어 왔다. 따라서 초안의 목표는 원자력의 평화적인 이용을 위한 진흥법의 마련이 아니라 원자력법과 방사선법을 기술적 안전법(technischen Sicherheitsrecht) 안에 있는 현대적인 보호법률(modernen Schutzgesetze)의 규범적·기술적인 발전에 적응시키는 것이다. 제5장은 원자력의 유용성에 관한 원칙적인 규정을 두면서 출구특권 내지 출구선택권(Ausstiegsprärogative oder-option)에 관한 규정을 두지 않고 있다. 제5장은 다섯 개의 절로 구성되어 있다. 방사선 보호법은 부분적으로 임미시온방지법의 중요한 구조에 조심스럽게 맞추어졌다. 그래서 원자력법의 지금까지의 특별한 역할

이 상대화되었다.

제1절(제377조-제379조)의 대상은 통칙, 특히 방사선보호의 목적규정(제377조), 개념규정(제378조) 및 제 원칙(제379조) 등이다. 이러한 도입부에 있는 절은 현행 원자력법 규정을 광범위하게 염두에 두고 있다. 그러나 후원원칙(Förderprinzip)을 특별히 확고하게 하는 것은 누락되어 있다. 원자력법에서 지금까지 결여되었었고 명령 수준에만 일률적으로 규정된(방사선보호령 제28조 제1항) 제379조의 방사선보호의무는 새로 도입된 것이다.

제2절(제380조-제408조)은 현행법에 있어 개시통제 구성요건 및 감시의 통일적이지 않고 일목요연하지 않은 체제를 다룬다. 구속적인 허가결정과 거절재량(Versagungsermessen)을 지닌 원자력법상의 결정에 대한 지금까지의 구별이 더 이상 견지되지 않는다. 허가 구성요건과 인가 구성요건은 핵원료와 그 밖의 방사능이 있는 물질에 따라서 원칙적으로, 물론 법률적인 수준(특히 제407조 이하를 비교하라)에서 통일성 있게 분리되어 규정된다. 기초 시설과 최종처리장, 시설의 폐쇄에 대한 허가를 위한 또는 시설의 본질적인 변경을 위해 (요구할 수 있는) 환경승인(Umweltbewilligung, 환경법총칙 제52조 이하)제도가 이 경우에 떠맡게 된다. 지금까지 방사선보호령으로 파악된 인가구성요건이 법률적인 수준으로 격상되었다(제409조 이하). 허가 부여 또는 인가 부여의 규범적 전제조건을 충족시키면 더욱 더 체계화되고 보다 더 분명하게 규정될 것이다. 제3자 보호에 대한 내용이 규정되어 있다. 원자력발전소 경영자의 정기적인 검사의무가 법적 근거를 지니게 되었다(제398조). 현행법과 반대로 국가의 손해배상의무가 추후부담에서 고려되지 않게 된다(제399조). 폐기물처리(Entsorgung) 분야에서 방사능 폐기물을 직접적으로 최종 처리할 수 있는 가능성이 확대되었고 국가

적 "행정독점"의 붕괴하에서 방사능 폐기물의 최종 처리의 민영화를 통한 원인자책임의 원칙(Verursacherprinzip)이 광범위하게 관철되었다. (방사능폐기물의) 재처리 작업(Wideraufarbeitung)과 방사선 폐기물의 직접적인 최종처리는 등급이 같은 지위를 갖고 있다(제386조). 원자력법과 방사선보호법의 집행에 있어서 위임행정(Auftragsverwaltung)은 연방직할 행정(독일 기본법 제87조 제3항)의 확립을 위하여 지지되지 않는다. 원자력법과 방사선보호법의 집행 중 연방에게 배분되지 아니한 나머지 분야에서 주 자신의 책무로서 주 집행이 개시되었다.

제3절(제409조-제412조)의 대상은 방사선보호 예방조치이다. 방사선보호예방조치규정은 정보획득과 정보가공이라는 단독 규정에 국한된다. 초안은 방사선보호예방조치법(StrlSchVG) 제6조 이하와 한계치결정(Grenzwertfestsetzung)에 대한 수권(Ermächtigung)을 요구하지 않는 것과 똑같이 잠재적인 보호조치와 독자적인 규범 통일을 요구하지도 않는다.

제4절(제413조-제432조)은 모든 안전보호조치에도 불구하고 방사능물질이나 원자력시설에 의한 손해가 발생할 수 있다는 점을 고려한다. 현행법, 특히 원자력법 제25조 이하, 의 근본구조는 그대로 유지되고 있다. 그러나 현행법에 비해서 더 체계적으로 규정되어 있다. 현행 원자력 책임법과 전보준비법(Deckungsvorsorgerecht) 개정에 대한 현재 논의에 따라서 본 초안은 책임에 대한 비용의 조달을 강조한다. 사적인 전보준비 및 국가위임(staatlichen Freistellung)의 최대한도는 손해의 범위 때문에 보험시장의 증대된 수용능력에 의해서 현재의 13억 마르크에서 50억 마르크로 인상되었다(제430조 제3항). 개별적 경우에서 확정된 전보준비가 사적인 수단으로 도달할 수 있는 총액을 넘어서는 한, 후원목적의 붕괴와 동시에 국가위임에 의거한 정당화 근거

가 원자력법 제34조에 포함되기(제430조 제4항) 때문에 보상의무가 있는 연방전보의 도입이 규정되어 있다. 어떤 시설의 중지와 폐지를 위한 재정적 수단이 언제나 존재하고 자유로이 처리할 수 있다는 것을 보증하는 중지준비 과정이 생기게 된다.

제5절은(제433조-제438조)은 통칙으로서 컴퓨터자료비밀보장법(Datenschutzrecht) 규정, 이를테면 원자로안전위원회(PSK), 방사선보호위원회(SSK) 그리고 핵기술위원회(KTA) 등과 같은 경과규정과 나란히 법령위반(불법) 구성요건(Ordnungswidrigkeitentatbestände) 등을 포함하고 있다.

### 제6장 위험물질(제439조-제558조)

제6장은 식물보호법, 해충박멸법, 세제법(洗劑法), 위험물질운송법을 포함한 전체 물질법의 아주 상세한 규정들을 포함하고 있다. 또한 이제까지는 물질법에 포함되지 않았던 폐기물법과 임미시온방지법의 물질관련적 측면과도 관련이 있다. 그러나 오히려 사용자 보호에 기여하는 의약품법, 식품법, 사료법의 영역은 포함되지 않았다. 초안은 화학약품법의 기본체계를 유지하고 있다. 제1절(제439조-제443조)에서는 화학약품법의 규정에 기대어 규정의 목적, 핵심적인 개념규정 그리고 이 장의 적용범위가 규정되고 있다(제439조-제441조). 제442조에는 위험물질법의 중요한 개혁으로서 화학약품에 대한 안전정책의 원칙들이 규정되어 있다. 이와 함께 그 법률의 위험정책도 (예를 들어 특히 예민한 성질, 물질에 의한 전체 오염의 지속적인 감축, 특별히 위험한 물질의 대체를 고려하여) 당연히 규정되어 있다. 여기에서 문제가 되는 것은 단지 집행자의 처분에 따르는 정책적 원칙들만이 아니라, 오히려 국가재량권의 행사에 대한 법적으로 격상된 지침들이

더 중요하다. 그러한 지침들의 필요성은 위험물질법이 매우 보충이 요구되는 법이고 중요한 결정들은 법률적 수준이 아닌 명령적 수준에서 내려진다는 사실로부터 나온다. 제2절(제444조-제452조)에서는 신물질의 신고절차와 평가의 개요를 포함한 제조(Zubereitungen)에 대하여 규정하고 있다. 초안은 현행법에 비하여 신고된 신물질에 대하여 신고관청(Anmeldestelle)의 긴급조치(Eilmaßnahmen) 권한을 확대하고 있다. 나아가서 인간과 환경에 대한 근거있는 위험이 있는 경우에는 그 유통과 사용의 엄격한 제한이 가능하도록 할 수도 있다(제451조). 제452조에서는 평가의 대상과 평가의 원칙들이 규정되어 있다. 이 넓은 평가의 개념은 평가의 규정(Regelung der Bewertung)에 대한 일반행정규정(Allgemeinen Verwaltungsvorschrift)에 근거한 이제까지의 실무와 부합하는 것이다. 제3절(제453조-제457조)은 위험물질의 분류, 포장, 특징, 제조 및 제조물에 관하여 규정하고 있다. 기존의 법에 철저하게 의존하여 대체적으로 (유럽) 공동체의 위험물질 지침 및 제조 지침 등을 통하여 결정된 규정들이, 이것과 관련된 내용적 요구들이 보다 강한 표현력(Aussagekraft)을 갖게 되는 포장과 표지의 종류 및 방식에 대한 실질적인 요구에 의하여 확대되었다. 인간 혹은 환경을 보호하는 데 필요한 모든 것을 요약하여 표시하도록 하는 안전조치 표시의 도입을 의무화하는 규정이 새롭게 포함되었다(제454조). 이로써 취득자(Erwerber)는 그 물질을 다룸에 있어 위험 방지를 위한 조처들을 계획하고 실현할 가능성을 얻게 된다. 제4절(제458조-제464조)의 대상은 위험제품에까지 확대된 전달, 통지, 보고의무이다. 포괄적인 환경오염 분석의 실행을 가능케 하는 초안은 새로운 것이다(제464조). 이 생산품 지침 분석은 전달, 통지, 보고의무에 대한 보완적 기능으로 물질, 제조, 제조물의 획득 그리고 원물질의 획득과 폐기물로서 처리하기까지의 에너지 투입을 포함한 생산의 환경에 대한 잠재적인 전체 영향을 파악하는 것이어야 한다. 제5절(제465조-제471조)은 체계적으로 치밀하게 위험물질의 재생, 유통, 사용을 금지하거나 제한할 수 있는 법규명령을 발할 수 있는 권한 및 특히 산업재해방지법상의 권한(arbeitsschutzrechtliche Regelungsbefugnisse) 규정을 포함하고 있다. 동시에 물질 전체와 일반적 기준에 의한 개별적 제조 혹은 제조물과 관련하여 보호명령을 발할 수 있는 수권(授權)의 근거도 허락되고 있다. 물질법상의 규정들은 법규명령을 통한 폐기물의 예방과 환경적합적 처리라는 목적을 위한 것이기도 하다(제468조). 제6절은 실험실지침(Gute Laborpraxis, GLP)에 관한 규정들을 대상으로 하고 있는데, 현행법의 세밀한 규정들과는 대조적으로 너무 법규명령 수준으로 격하되어 있다(제472조). 제7절(제473조-제479조)의 대상은 절차와 공공기관 조직이다. 여기에서 중요한 개혁은 위원회의 참여를 평가와 위원들의 선임을 위한 최소한의 규정들에까지 확장한 것이다. 제8절(제480조-제514조)은 식물보호를 위한 약제에 대한 상세한 규정을 포함하고 있는데, 특히 허가절차, 유통, 식물보호약제의 이용 및 식물보호조치 등을 규정하고 있다. 본질적으로 초안은 현행법에 비하여 체계적인 관점에서 (가맹국들에게 변경의 여지를 비교적으로 협소하게 위임한) 지침 91/414/EWG(Europäische Wirtschaftsgemeinschaft, 유럽경제공동체) 구조 변경에 제한되고 있다. 여기에서 이제까지의 규정들의 엄격함은 법률 차원에서 명령 차원으로 격하됨을 통하여 달성된다. 제9절은 농업 및 임업 외의 생태계환경파괴물질(Biozid)의 사용에 대한 특별규정을 다룬다(제515조-제522조). 초안은 생태환경파괴물질과 결부된 위험과 관련하여 생태환경파괴물질의 허가절차를 도입하고 있는데, 그것은 물론 개개 생태환경파괴물질분류의 특수성과 관련하여 유연한 형태를 경험한다. 초안은 적응의 허가(Indikationszulassung)로부터 출발한다. 제10절(제523조-제531조)은 세제(洗劑)에 관한 규정들을 다루고, 본질적으로는 세제법(Wasch-und Reinigungsmittelgesetz, WRMG)의 입증된 규정들을, 물론 체계화되고 치밀화된 형식으로 넘겨받고 있다. 제11장(제532조-제541조)은 화학비료 등에 대한 특별규정을 포함한다. 초안은 화학비료 등의 유통에 관한 규정에 제한된다. 현행법의 전형적인 허가절차와 포장 및 표지 규정은 유지되고 있다. 제12장(제542조-제557조)은 위험한 화물들의 운송에 대한 특별규정을 다루고 있다. 현행법은 운송법의 명령들로부터 나오는 의무들을 법률적 차원에서 받아들임으로써 중요한 실질적인 규정들을 많이 축적하고 있다. 제13절은 법령위반(불법) 구성요건이다(제558조).

제7장 폐기물관리(Abfallwirtschaft)와 폐기물처리(Abfallentsorgung)

제7장은 개별 환경법의 실제 영역을 대상으로 한다. 이 분야는 지금까지는 연방법의 수준에서 폐기물법과 이 법에 근거하여 발해진 법규명령(Rechtverordnungen)에 의하여 주로 규정되어 왔다. 재활용을 통하여 폐기물을 줄이고자 하는 강한 정책적 전략은 이미 이 초안의 핵심적인 부분이 심의되고 있을 때 비로소 정치적으로 강조되었다. 바로 그 때문에 그것은 바로 제7장에 편입되지 못하였다. 게다가 소위 물질 유출의 영역은 특히 회수의무가 물질법(Stoffrecht) 초안(제468조)으로 규정된다. 현행법과 비교할 때 무엇보다도 목적과 원칙의 규정들을 통한 내용의 풍부화, 예방 메카니즘의 강화, 운송법이 보다 상세한 규정 그리고 연방법 차원에서의 폐기물부담금의 도입이 규정되어 있다. 환경법전 총칙의 준용(Entlastung) 기능을 통하여 특히 처리계획, 시설허가, 감시에 관한 빈틈없는 규정들을 목적으로 하는 것이

가능하였다. 제1절(제559조-제563조)의 대상은 목적 규정, 제 정의(定義) 규정 그리고 제 원칙규범이다. 목적 규정에 의하여 폐기물의 제거보다는 예방에, 열 활용보다는 물질 활용의 우위가 폐기물법에 대하여 확고히 된다. 폐기물에 대한 객관적·주관적 개념의 병존이 유지된다. 폐기물 및 산업쓰레기(Reststoff) 개념은 임미시온방지법의 관점에서 조정된다. 폐기물의 개념은 특히 임미시온방지법과 관련해서 특별규정(Sonderregelungen)을 위한 실마리(Anknüpfung)를 제공해야 한다(제560조). 방사선보호법 및 물질법의 실질적인 처리규정들과 임미시온방지법의 예방 및 활용 규정들이 해당 폐기물법의 규정들보다 우선 적용된다. 오래된 기름의 처리에 대한 폐기물법의 확장 적용은 유지된다(제561조). 제 원칙규정(제562조)에 의하여 수량과 유해성에 관련되는 예방의 우선순위와 재사용명령(Weiterverwendungsgebot), 열의 사용보다는 물질 사용의 우선, 운송회피명령(Transportvermeidungsgebot)은 유지된다. 제2절(제564조-제568조)은 국가와 시민 사이의 처리의무를 규정하고 처리절차를 규정하고 있다. 현행법(특히 폐기물법 제3조와 제4조)의 기본구조는 여기에서 유지되고 있다. 폐기물처리의무(제564조), 양도의무(제565조), 폐기물처리의무자의 정보청구권(제566조), 이른바 시설강제(제568조) 등이 규정되고 있다. 제3절(제569조-제570조)은 폐기물 처리계획을 규정하고 있다. 이미 환경법전 총칙 제26조에 의하여 이제까지의 폐기물처리계획(폐기물법 제6조)이 환경법전 총칙에 수용되었다. 따라서 환경법전 각론에서는 단지 보충적인 규정들만이 존재한다. 제4절(제571조-제580조)은 폐기물처리시설의 허가와 폐쇄를 규정하고 있다. 폐기물제거시설과 폐기물처리시설들이 규정되어 있다. 반면에 폐기물법상의 허가당국을 폐기물집하장으로 단순화하는 것은 규정되지 않았다. 폐기물처리시설의 설립과 운영은 환경결과평가를 받아야 한다는 점에서 환경승인을 필요로 한다(제572조). 제5절(제581조-제582조)은 총칙의 해당 규정들(제57조 이하)에 의하여 상당히 차감(상쇄)되고 있는데, 감시와 위탁운영(경영대리인)에 관한 규정들을 다루고 있다. 제582조는 폐기물에 대한 환경대리인의 선임의무를 규정하고 있다. 제6절(제583조-제589조)은 폐기물의 국내에서의 운송 및 반입, 통과, 반출에 관한 규정들을 두고 있다. 위험물법은 그대로 남아 있다. 체계적인 관점에서 폐기물법 제12조의 일련의 잠정적인 결과들과는 다르게 된다. 개별적인 수거 과정 사이에 차이가 있다. 제안된 허가요건들에 대하여 운송을 위하여 제3자보호 규정을 없앴다. (부분적으로 강화된) 현재의 법률적 전제들에서 모든 운송법적 승인을 요구할 수 있다. 제7절(제590조-제595조)은 상세한 법정책학적 논의에도 불구하고 지금까지는 현행 연방법이 알지 못했던 폐기물공과금의 인상과 사용에 관한 규정들을 포함하고 있다. 초안은 "발생자공과금"(Erzeuger-Abgabe)를 규정하고 있다(제590조). 따라서 자신들의 행동으로 폐기물을 발생시킨 모든 사람들이 의무를 부담한다. 공과금요금은 초안 자체에서는 규정되어 있지 않다(제593조). 그 점은 순전히 정책적 결단과 관련되기 때문이다. 제8절(제596조-제597조)은 경과규정과 법령위반규정을 포함한다.

제8장 부칙(제598조)

제8장은 ―아직 채워지지 않은 날짜와 관련하여― 시행규정을 포함하고 있다. 산성서으로 필요한 경과규정과 적응규정의 명문화는 도외시되었는데, 당시로서는 법전화계획의 성공적인 종결시점이 확정되지 않아 규범적이고 정치적인 종합적 상황을 아직 충분히 예측할 수 없었기 때문이었다.

## 마. 전망

### ㄱ. 각론을 통한 총칙의 필수적인 조화와 수정

언급한 바와 같이 각론은 총칙의 토대 위에서 작업되어야 했다. 하지만 각론의 필자들은 이미 그 작업 초기에 각론의 법전화로 인해 몇몇 경우에는 다시 총칙의 수정과 보완이 불가피하리라는 것을 알고 있었다. 그래서 그들은 총칙과 관련하여 일련의 제안과 심사위임을 정식화하였는데, 그것들은 아직 총칙과 각론의 최종적인 조정의 틀 안에서 다루어져야 한다.

### ㄴ. 독립적인 전문위원회

여기에서 제시된 환경법전의 학문적 초안 외에 독일에서의 환경법의 법전화를 위한 더 많은 방법들이 경쟁하고 있다. 전체적인 초안 작업 초기에 이미 Kloepfer, Storm 등에 의하여 본격적인 정치적 입법작업이 시작되기 전에 교수위원회를 실무가와 학자들로 구성된 전문위원회로 변경하는 안이 제안되었다. 그에 상응하여 환경과 자연보호, 원자로 안전을 담당하는 연방장관(연방환경장관)은 1992년 7월 2일 전(前) 연방행정재판소장 Sendler 교수를 의장으로 하는 독립적인 전문위원회(SK-UGB)를 발족시켰다. 위 위원회는 다양한 영역의 실무가들과 학자들을 불러들였다[19]. 그 구성으로 이미 위 전문위원회는 한편으로는 순전히 학문적 인식에 의존하는 교수연구반과 다른 한편으로는 다수 ―즉 합의와 타협에 의존하는 정치적 과정― 사이의 가교

19) 위원회에는 의장 외에 다음과 같은 위원이 있다. 변호사 겸 교수인 Manfred Bulling박사; Günter Gaentzsch박사; Hubert Peter Johann박사; Humboldt대학교 교수인 Michael Kloepfer박사; 참사회의 구성원인 Rüdiger Schweikl박사; 변호사인 Dieter Sellner박사; Bremen대학교 교수인 Gerd Winter박사.

적 기능을 떠맡을 수 있게 되었다. 위 전문위원회는 아마도 1997년까지는 교수들 초안의 관점에서 통일적인 환경법전의 초안을 그 근거 지움과 함께 만들어내야 한다. 그것은 다시 전문담당자들에 의한 초안의 토대가 될 것이다. 전문위원회는 1992년 9월에 활동을 시작했고, 이미 1994년에는 그 중간조치로서 공간적으로 중요한 계획에 대한 허가절차의 단축과 단순화를 제안했다.

ㄷ. 조망

전체적으로 각론이 만들어지고 그와 결부되어 환경법전의 학문적인 초안이 완비됨에 따라 환경법의 법전화를 향한 중요한 발걸음을 내디딘 셈이 되었다. 환경법전의 학문적 초안은 환경법 법전편찬의 기본적인 실현가능성을 보여주는 것이다. 이 법전편찬은 전체적으로 보아 잘 진행되고 있는 것처럼 보이나, 물론 시간과 노력과 인내 그리고 신뢰를 더 필요로 한다. 그것은 항상 그럴 만한 가치가 있다.

## 3. 2008년 통합환경법안[20]

### 1) 법안의 틀

법안의 틀은 동 법률안 이전의 여러 안들과 차이가 없는, 총5권으로 총칙(제1권)과 각론(제2권~제5권), 두 부분으로 대별된다. 제1권은 총칙, 제2권 수자원관리, 제3권 자연보호와 경관보호, 제4권 비이온화 방사선, 제5권 온실가스 배출거래권으로 구성된다.[21]

20) https://www.bmu.de/fileadmin/Daten_BMU/Download_PDF/Gesetze/ugb_09_hintergrund.pdf(2020년 10월 8일 검색)

#### 2) 권별 목차

① 제1권 총칙

제1장에는 통칙인 일반규정을 두고 그 속에 제1절 통합환경법 전권에 대한 공동규정, 제2절 전략적인 환경심사, 제3절 기업경영상의 환경보호[검사를 필한 공장조성지에 대한 완화(조처)], 제4절 환경피해의 예방과 조처, 제5절 환경사무에 있어 권리구제, 제6절 입법과 규정의 제정 등을 규정하고 있다.

제2장에서 통합된 계획의 허가를 규정하고, 그 속에 제1절 일반규정, 제2절 허가, 제3절 (공간)계획상의 허가, 제4절 환경영향평가, 제5절 절차, 제6절 개입조치(Eingreifende Maßnahmen), 제7절 감독, 제8절 현존하는 계획 등을 규정하고 있다.

제3장은 제1권에 대한 결론규정에 해당한다.

② 제2권 수자원관리

제1장에는 일반규정을 두고 있는데, 목적(제1조), 유효 및 적용범위(제2조), 개념규정(제3조), 제4조 물의 소유, 제5조 일반적 주의의무 등을 규정하고 있다.

제2장에는 물의 관리에 대하여 규정하고 있는데, 공동규정(제1절), 지표수(地表水)의 관리(제2절), 연안수의 관리(제3절), 지하수의 관리(제4절) 등을 담고 있다.

제3장에는 특별수자원관리규정을 두고 있는바, 공적인 물공급, 물보호지역, 수자원의 보호(제1절), 폐수의 제거(제2절), 수자원오염물질

---

21) http://www.bmu.de/umweltgesetzbuch/downloads/doc/40448.php(2011년 10월 25일 검색).

의 취급(제3절), 홍수의 보호(제4절), 수자원관리상의 계획(제5절), 수자원관리변경에 대한 책임(제6절), 수인의무(受忍義務)와 승낙의무(제7절) 규정을 두고 있다.

제4장에는 손해배상규정, 제5장에는 수자원의 감독, 제6장에는 벌금규정과 전환규정을 두고 있다.

③ 제3권 자연보호와 경관보호

제1장에는 일반규정, 제2장에는 경관계획, 제3장에는 자연과 경관의 일반보호, 제4장에는 자연과 경관의 일정한 부분보호, 제5장에는 야생동·식물종, 그 삶의 지속성, 비오톱(Biotope)의 보호, 제6장에는 바다(meer)자연보호, 제7장 자연과 경관 속에서 휴양, 제8장 승인된 자연보호단체의 참여, 제9장 재산권의 구속, 면제(Befreiungen), 제10장 벌금 및 형벌규정, 제11장 경과규정, 효력발생 등에 대하여 규정하고 있다.

④ 제4권 비(非)이온화 방사선

제1장에는 일반규정, 제2장에는 비(非)이온화 방사선에 의한 유해한 환경변화의 보호, 제3장에는 인간에게 적용할 경우에 비(非)이온화 방사선에 의한 유해한 영향의 보호, 제4장에는 의학에 적용할 경우에 비(非)이온화 방사선에 의한 유해한 영향의 보호, 제5장에는 공통규정, 제6장에는 최종(결론)규정을 두고 있다.

⑤ 제5권 온실가스 배출권거래

제1장 일반규정, 제2장 배출권거래의 허가 및 감독, 제3장 권한(자격) 및 할당, 제4장 권한을 가진 자와의 거래, 제5장 제재, 제6장 공

통규정 등을 규정하고 있다.

### 3) 통합환경법의 도입법률안

① 개설

통합환경법의 도입을 위하여 법이 필요한데, 이 법률의 정식명칭은 통합환경법 도입을 위한 법률안(Entwurf eines Einführungsgesetzes zum Umweltgesetzbuch: EG UGB)이다. 통합환경법 도입을 위한 법률안은 2009년에 도입될 것이라고 예상되는 통합환경법을 도입하기 위한 입법방식으로, 통합환경법과 관련이 있는 기존의 개별 환경법령들을 폐지 및 개정하기 위한 법률안이다. 이 법률안은 총93개 조문으로 구성되어 있다. 즉, 92개 법률 및 법규명령과 동 법률의 효력발생을 규정한 1개 규정으로 구성된다.

위 법률 제93조와 관련하여 통합환경법의 효력발생은 기본적으로 2009년부터라고 규정하고 있으나, 각 규정의 특성을 고려하여 공표와 더불어, 공표 후 6월 뒤, 그 외 좀 더 긴 시간을 두고 효력이 발생하는 규정 등 다양하다.

② 내용목차

제1조 연방이미시온법의 개정, 제2조 환경영향평가의 법률에 관한 개정, 제3조 순환관리와 폐기물법의 개정, 제4조 신재생에너지법의 개정, 제5조 환경정보법의 개정, 제6조 연방토지보호법의 개정, 제7조 원자력법의 개정, 제8조 형법의 개정, 제9조 건축법의 개정, 제10조 연방수로법의 개정, 제11조 연방고속도로법의 개정, 제93조 통합환경법의 효력발생 등으로 이루어져 있다.

## 제4절 네덜란드 통합환경법

### 1. 개관: 통합환경법 제정의 배경

네덜란드는 환경을 효율적으로 관리하기 위하여 총22장으로 구성된 통합환경법[Environmental Management Act(EMA)]을 2003년에 제정하여 시행하고 있다.

### 2. 통합환경법[Environmental Management Act(EMA)]의 내용

통합환경법은 총22장으로 구성되어 있다.[22] 이를 간단히 소개하면 다음과 같다.

제1장 총설
제2장 자문기관
제3장 국제문제
제4장 계획
제5장 환경질 요구사항
제6장 환경지역설정(environmental zoning)
제7장 환경영향평가
제8장 허가 및 설립을 위한 일반규칙
제9장 물질과 제품

22) http://english.verkeerenwaterstaat.nl/english/Images/1d297_tcm249-302590.pdf (2012.2.26. 검색).

제10장 폐기물

제11장 기타 활동(Other Activities)

제12장 보고·기록유지 및 모니터링 의무

제13장 허가절차 및 허가면제

제14장 조정

제15장 재정(財政)규정

제16장 재정(財政)보증

제17장 특별상황에서의 조치

제18장 집행

제19장 공중의 접근이용과 관련된 규정

제20장 행정법원에 대한 항소

제21장 상세(Further)규정

제22장 최종규정

## 제5절 스웨덴의 환경법전

### 1. 개관: 환경법전 제정 연혁[23)]

스웨덴의 환경법전(The Swedish Environmental Code)은 1998년에 채택되었고 1999년 1월 1일 발효되었다. 15개 법에 흩어져서 규정되던 법들이 단일의 법인 환경법전에 통합된 것이다. 환경법전은 제7편

23) http://www.sweden.gov.se/sb/d/2023/a/22847(2012.2.25. 검색).

제33장으로 구성되어 있다.

## 2. 환경법전의 주요 내용

스웨덴의 환경법전(The Swedish Environmental Code)의 주요 내용은 다음과 같다.

제1편 총강

제1장 환경법전의 목적 및 적용대상

제2장 고려할 일반규정

제3장 육지 및 수상지역의 관리에 관한 기본규정

제4장 스웨덴 특징지역에서의 육지 및 수상 관리에 관한 특별규정

제5장 환경의 질 기준

제6장 환경영향평가 및 기타 결정지도자료

제2편 자연의 보호

제7장 지역(Area)의 보호

제8장 동물과 식물 종의 보호에 관한 특별규정

제3편 특정활동(certain activities)에 관한 특별규정

제9장 환경적으로 유해한 활동 및 건강보호

제10장 오염된 지역

제11장 물관리

제12장 채석, 농업 및 기타 활동

제13장 유전공학

제14장 화학제품 및 생물공학적 유기체

제15장 폐기물 및 제조자 책임

제4편 사례와 문제의 고려사항

제16장 사례와 문제의 고려사항의 일반규정

제17장 정부의 허가시 고려사항

제18장 항소사건의 결정에 대한 정부의 검토

제19장 정부와 지방자치단체가 문제에 대한 고려사항

제20장 법원

제21장 환경법원에서의 사례

제22장 환경법원에서의 사례를 위한 절차

제23장 상급 환경법원 및 대법원에서의 절차

제24장 허가의 타당성 및 심사 등

제25장 소송비용과 유사비용

제5편 감독 등

제26장 감독

제27장 비용 및 수수료

제28장 접근이용 등

제6편 벌칙

제29장 벌칙규정 및 몰수

제30장 환경제재부담금

제7편 보상 등

제31조 공공개입과 관련한 보상 및 물관리와 관련한 허가절차

제32조 일정한 종류의 환경손해 및 기타 사적 청구에 대한 보상
제33조 환경손해보험 및 환경정화보험

## 제6절 소결

앞에서 살펴본 프랑스 환경법전, 독일환경법초안, 네덜란드 통합환경법, 스웨덴 환경법전 등을 통하여 통합 환경법전이 마련되면 장점이 있지만 독일에서처럼 통합환경법의 제정이 결코 쉽지 않다는 것을 알 수가 있다. 그렇다면 무리하게 통합환경법전을 제정하는 방향으로 가지 말고, 복수환경법을 기초로 하되 우리나라 「한강수계상수원수질개선및주민지원등에관한법률」, 「낙동강수계물관리및주민지원등에관한법률」, 「금강수계물관리및주민지원등에관한법률」, 「영산강·심진강수계물관리및주민지원등에관한법률」 등 유사한 법률들을 이른바 가칭 「5대강수계물관리및주민지원등에관한법률」로 통폐합하는 방향으로 가는 차선책을 고려하는 것이 필요하다고 하겠다.

제5장

# 우리나라 통합환경법 제정의 방향

# 제5장 우리나라 통합환경법 제정의 방향

## 제1절 개관

2021년 11월 현재 환경부 소관 법률은 70개가 넘어 바야흐로 국민은 물론 환경부 담당 공무원조차도 환경법을 파악하기 어려울 정도이다. 이렇게 방대한 여러 법들이 일반법, 특별법의 관계를 이루는 복잡한 환경법체계에 대한 법률 정비·통합을 통해 불필요하고 중복적인 규제를 과감히 개선함으로써 환경관련법을 간소화하여 이해하기 쉬우면서도 효율적인 통합환경법을 마련할 필요가 있다.

## 제2절 우리나라 통합환경법 제정의 방향

### 1. 유사한 개별법률 통·폐합

**① 과도하게 분화된 법률을 공통요소와 특례요소로 구분하여 하나의 법률로 통합**

유사한 환경관리 수단이 대상·지역 등에 따라 과도하게 분화된 법률은 공통요소와 특례요소를 구분하여 하나의 법률로 통합한다.

**② '5대강 특별법'을 단일법(가칭 「5대강수계 물관리 및 주민지원에 관한 법률」)으로 통합**

5대강별로 분화된 '5대강 특별법'은 단일법으로 통합하되, 주민합의를 통한 제도 통합이 어려운 경우 유역별 특례조항을 규정한다. 즉, 현행 「한강수계상수원수질개선및주민지원등에관한법률」, 「낙동강수계물관리및주민지원등에관한법률」, 「금강수계물관리및주민지원등에관한법률」, 「영산강·심진강수계물관리및주민지원등에관한법률」등 유사한 법률들을 이른바 가칭 「5대강수계물관리및주민지원등에관한법률」로 통합한다.

**③ 입법목적이 유사한 환경정책기본법상의 '사전환경성검토제도'와 환경영향평가법상의 '환경영향평가제도'는 「환경영향평가법」으로 변경하여 하나의 법률로 통합**

입법목적이 유사한 환경정책기본법상의 '사전환경성검토제도'와 환경영향평가법상의 '환경영향평가제도'는 「환경영향평가법」으로 변경하여 하나의 법률로 통합한다. 특히, 양 제도의 형식적 통합보다는 중복절차의 축소 등 절차 합리화 방안을 통합법에 반영할 필요가 있다.

## 2. 기본법·일반법으로 흡수·통합

① 「환경정책기본법」 재정비 및 '환경산업분야' 관련법 통합

통합환경관리, 환경비용편익분석 제도 등의 도입근거를 마련하는 등 새로운 환경정책방향을 「환경정책기본법」에 반영하고, '환경정책일반' 사항인 「환경개선특별회계법」을 「환경정책기본법」의 별도의 장으로 편입하는 것을 검토한다. 「환경기술개발 및 지원에 관한 법률」은 '환경산업육성제도'가 포함된 「환경산업진흥 및 기술개발지원에 관한 법률」로 전면개정한다. 「친환경상품 구매촉진에 관한 법률」은 개정법률에서 별도의 장으로 규정한다.

② 특별법 성격을 갖는 개별법들을 부문별 일반법에 흡수·통합하여 통합적인 환경관리방식을 구현하도록 개선

수질·대기 등 매체별로 규정된 배출시설 인·허가절차를 통합·관리하도록 가칭 「배출시설통합관리에 관한 법률」을 제정한다. 2004. 2. 9. 분리입법된 「악취방지법」은 관리대상 및 방식을 통일시키는 방향으로 「대기환경보전법」에 편입한다.

③ 조직개편 후속정비 대상법률

2021년 10월 현재 정부조직법에 따라 관할이 다르지만 밀접한 관련을 가진 「독도등도서지역의생태계보전에관한특별법」(환경부), 「독도

의지속가능한이용에관한법률」(해양수산부), 「무인도서의보전및관리에관한법률」(해양수산부)을 해양수산부와 협의하여 정비할 필요가 있다.

④ 환경법체계의 단순화

법령정비·통합 과정에서 기본법, 부문별 일반법 및 특별법의 체계를 효과적으로 정립하되, 통합시 단일법률에서 규율하는 대상이 지나치게 확대될 우려가 있으므로 법령에 불필요하게 규정된 내용은 고시, 지침으로 하향할 필요가 있다.

## 3. 바람직한 통합환경법 모델

### 1) 개관

앞에서 살펴본 바와 같은 방향으로 기본적으로 점진적으로 환경법의 부분적 통합 및 정비를 하여 가다보면 언젠가는 통합환경법전의 필요성이 대두될 것이다. 통합환경법의 바람직한 방향은 크게 총칙과 각론으로 나누어 규정하는 것이다.

### 2) 통합환경법의 총칙

① 통칙: 종래 환경정책기본법에서 규정하고 있는 내용들을 통합환경법의 통칙에 규정한다. 법의 목적, 개념정의, 환경법의 기본원칙 등을 규정한다.

② 환경의무와 환경권, 공공신탁이론에 관하여 규정한다. 특히 프랑스 환경법전에는 남극에 관한 규정을 두고 있는데, 우리는 프랑스

처럼 규정할 것이 아니라 공공신탁이론을 규정하면 이 문제를 자연스럽게 해결할 수 있다.

③ 환경계획에 관련된 규정을 둔다.

④ 환경영향평가에 대하여 규정한다.

⑤ 각종 통합배출인 · 허가제를 비롯한 직접규제방식을 규정한다.

⑥ 경제적 유인제도와 같은 간접규제를 규정한다.

⑦ 환경정보공개를 둔다.

⑧ 환경책임과 손해에 대한 배상규정을 둔다.

⑨ 단체의 참여와 절차의 공개에 대하여 규정한다.

⑩ 법규명령과 행정규칙, 기술적 규칙에 대한 규정을 둔다.

⑪ 조직과 권한에 대하여 규정한다.

### 3) 통합환경법의 각론

통합환경법 각론에는 ① 자연보호와 경관보호, ② 하천보호와 수자원관리, ③ 지표환경보전, ④ 임미시온방지, ⑤ 핵에너지와 방사선보호, ⑥ 위험물질, ⑦ 폐기물관리와 폐기물처리 등의 내용이 담기도록 규정한다.

제6장

# 통합환경법의 일환으로서 가칭 「이산화탄소 저장 등에 관한 법률」안

# 제6장 통합환경법의 일환으로서 가칭 「이산화탄소 저장 등에 관한 법률」안

## 제1절 개관

산업화로 인한 이산화탄소 배출 증가는 지구 지표 온도 증가, 해수면 상승, 이상기후 발생 등과 같은 기상이변을 초래하고 있다. '기후변화에 관한 정부 간 패널'(Inter-governmental Panel on Climate Change, 이하 IPCC) 보고서에 따르면 1880~2012년까지의 기간 동안 0.85℃의 지구 표면 온난화가 나타났고, 해양 상층부의 75m에서는 1971~2010년에 10년 당 0.11℃가 상승했다.[1] 북극의 연평균 해양빙(sea-ice) 면적은 1979~2012년 동안 10년당 3.5-4.1% 범위의 속도로 감소해왔다. 전 지구적 이상기후로 막대한 경제적 피해가 초래될 가능성 또한 예고되는데, 기상이변에 따른 경제적 피해는 2100년까지 세계 GDP의 5~20%에 달할 것으로 보고되었다.[2] 이산화탄소

1) Intergovernmental Panel on Climate Change, 『CLIMATE CHANCE 2014: SYNTHESIS REPORT』, 2015.2., 2쪽.

2) Intergovernmental Panel on Climate Change, 위의 보고서, 4쪽.

배출량의 2/3 이상은 화석연료를 사용하는 에너지 부분에서 발생하고 있으며, 2012년 기준 약 31억 5천만 톤으로 추정되는 막대한 양의 이산화탄소가 배출되고 있다. 특히 국제CCS연구소(Global CCS Institute: 호주, 이하 GCCSI)는 다가오는 수십 년 동안의 에너지 수요 증가는 주로 중국과 인도와 같은 비OECD 국가로부터 나올 것이라고 전망하였다.[3] 이에 따라 국제사회는 에너지 산업에서 발생하는 이산화탄소를 어떻게 감축할 것인지를 핵심 과제로 의제하고 있다.

기후변화를 해결하기 위한 방안으로 유럽에서는 주로 온실가스 배출권 규제 및 거래제도, 조세조정 등 정책적으로 접근하고 있으며 미국, 캐나다, 호주 등을 주축으로 CCS라는 개념이 도입되어 기술적인 측면으로 접근하는 방법도 활발하게 논의되고 있다. CCS는 기후변화를 유발하는 기체인 이산화탄소를 포집하여 지하에 주입함으로써 지구온난화를 방지하기 위한 기술인데 사실상 이 기술이 전혀 새로운 것은 아니다. 최초의 대규모 CCS프로젝트는 노르웨이에서 1996년 시행된 Sleipner project이며, 석유회수증진을 위해 대량의 CO2를 지하로 주입하는 기술은 이미 수십 년 전부터 오늘날까지 활용되고 있다.[4]

그럼에도 불구하고 최근 기후변화의 대응수단으로 CCS기술을 집중하여 연구하기 시작한 국제적인 배경을 살펴볼 필요가 있다. 온실가스 배출을 줄여서 지구온난화를 예방하자는 최초의 아이디어는 1992년 6월 브라질 리우환경회의에서 '기후변화에 관한 국제연합 기본협약(United Nations Framework Convention on Climate Change:

3) GCCSI, 『Global status of CCS Report 2014』, 15쪽.

4) Barton, Barry/Jordan, Kimberley/Severinsen, Greg, 『Carbon Capture and Storage: Designing the Legal and Regulatory Framework for New Zealand』, CENTRE FOR ENVIRONMENTAL, RESOURCES AND ENERGY LAW, The University of WAIKATO, 2013.9., 15쪽.

UNFCCC, 이하 기후변화협약)을 통해 공식화되었고, 이를 구체화하기 위해 교토의정서로써 온실가스를 거래하는 시장개념이 도입되었다. 이후 대부분의 유럽국가들은 이산화탄소 발생량 자체가 많지 않아서 기후변화협약과 교토의정서에 의거한 배출권 거래를 통해 CO2 시장을 운용하고 있다. 그러나 선진국임에도 불구하고 국가 인프라 구축이 필요한 미국, 호주 등은 인구증가, 국토개발 등으로 에너지소비가 많고 온실가스 배출량이 지속적으로 증가하고 있기 때문에 이 협약에 탈퇴하거나 가입하지 않았다.[5] 더욱이 중국, 인도 같은 신흥 개발도상국들은 온실가스 감축 의무국가에서 제외되어있기 때문에 협약이나 배출권거래제 같은 제도적 장치로 온실가스 발생을 규제할 방법도 없었다. 이처럼 국제적으로 선진국이나 개발도상국이나 화석연료의 사용이 불가피한 상황에서 제도만으로 규제하기에는 한계가 드러났고 이를 해결하기 위해 기술개발연구에 다시금 초점이 맞춰지는 것이다. 기후변화협약과 온실가스 배출권거래제라는 새로운 경제체제의 등장은 선진국에게 특히 기술개발 및 수출을 통한 수익창출의 기회를, 개발도상국은 기술의 수혜를 최대한 활용하는 기회를 제공하고 양자 모두 온실가스 감축에도 기여할 수 있다는 인식이 공유되었다.

---

5) 김재창 외, 『이산화탄소 포집, 저장 및 전환기술(Carbon Dioxide Capture, Storage and Conversion Technology)』, 청문각 2013.8., 27쪽. 미국이 2002년 3월 당시 교토의정서를 탈퇴한 것은 당시 전 세계 이산화탄소 배출량의 약 22%를 차지하고 있었고 이를 해결할 기술적인 대안이 없었던 때문이다.; International Energy Agency(이하 IEA: Paris, France), 『2014 Key world Energy STATISTICS』, 2014, 49-57쪽 IEA의 통계보고서인 이 자료에서는 2012년 Selected Indicators를 발표했는데, 1인당 이산화탄소 배출량인 CO2/pop(t CO2/capita)의 수치를 보면 세계평균 4.15, OECD평균 9.68, 비OECD유럽(non-OECD Europe and Eurasia) 8.01, 중국 6.08, 한국 11.86 등임에 반해, 미국은 16.15, 호주는 16.70 등으로 이산화탄소 배출량이 세계평균보다 약 4배, 비OECD유럽국가보다 약 2배 많은 수치이다.

이러한 흐름에 따라 선진국 상호 간 온실가스 감축기술개발을 위한 공동연구들[6]이 활발히 진행되고 있다.

특히 지난 2015년 12월에 이루어진 파리협정(Paris Agreement)[7]에서 기후변화에 대응하는 국제사회의 새로운 패러다임이 제시되어 파리협정은 성공적으로 마무리 된 협정으로 평가받고 있다.[8] 이전까지 교토체제의 핵심은 비용을 부담시키는 의무를 부여함으로서 국제적인 온실가스 배출량을 규제하려 했던 것인데 사실상 국제사회를 통제하는 상위 국가나 기관은 없었기 때문에 그 기능이 제대로 작동되지 않았던 점이 교토체제의 한계라는 평가가 지배적이었다. 그러나 파리협정의 핵심은 비용부담 의무만 부여하는 것이 아니라 '스스로 온실가스 감축에 기여'하고 국제적 신뢰성 확보를 통해 협력을 이끌어내

---

6) 김재창 외, 위의 책, 30쪽;
   ① Carbon Sequestration Leadership Forum(CSLF):
   www.sclforum.org기술적 측면으로 기후변화를 해결하고자 하는 국제기구, 미국 주도, 25개 회원
   ② Global Carbon Capture and Storage Institute(GCCSI):
   www.globalccsinstitute.com
   호주정부의 지원을 받아 운영되는 비영리 기관으로 CCS관련 정보를 공유하고, CCS 프로젝트를 지원함
   ③ IEA Greenhouse Gas R&D Programme: www.ieagreen.uk
   국제에너지기구 산하 GHG 프로그램으로 화학흡수, 물리흡수, 순산소 연소, 막분리, 고체흡수, 일반 등의 기술분야에 대한 프로젝트 수행
   ④ CO2 Capture Project: www.co2captureproject/index.htm
   이산화탄소 포집 및 저장 관련 연구프로젝트, EU주도
   ⑤ G8 Action Plan on Technology
   이산화탄소 포집 및 저장에 대한 IPCC 특별보고서(2005, 9), 온실가스 목록 기준(2006)

7) 2015년 11월 30일부터 12월 11일까지 프랑스 파리에서 열린 제21차 유엔기후변화협약 당사국총회에서 12월 12일 채택한 협정이다.

8) 이에 대하여 자세한 것은, 박덕영 · 최승필 · 고문현, 『기후변화에 대한 법적 대응-유엔기후체제, 국내법 및 통상법의 관점에서-』, 박영사, 2019, 50-57쪽 참조.

는 패러다임으로 변화되었다. 파리협정은 법적 구속력 있는 합의로 당사국들의 컨센서스로 채택되었다. 그 주요 내용으로 파리협정 제2조에서 협정의 장기목표를 명시적으로 제시하였는바, 기본적으로 기후변화의 위협에 대한 세계적 대응의 강화를 목표로 하면서 산업화 이전 수준 대비 지구의기온상승을 2℃보다 훨씬 아래로(well below) 제한하고, 상승폭을 1.5℃ 이하로 제한하기 위해 노력할 것을 장기목표로 설정하였다. 선진국이 주장한 2℃ 이내 제한과 도서국가 및 기후변화 대응에 취약한 개도국들이 제안한 1.5℃ 이내 제한을 타협하여 양측의 주장이 모두 녹아들어 있는 표현을 사용한 것이다. 이러한 장기목표를 제시하면서 형평성과 공동의 그러나 차이가 나는 책임의 원칙을 반영하여 목표를 이행할 것을 재차 확인한 점은 개도국들의 입장을 충분히 고려한 것으로 판단된다. 파리협정은 제2조에서뿐만 아니라 제4조 제1항에서도 목표를 제시하고 있는데, 여기서는 온도목표가 아닌 온실가스 배출의 정점과 관련된 기준을 제시하였다. 즉, 당사국들은 21세기 중반까지는 온실가스 배출의 최고 정점에 이르러야 하며, 21세기 후반부에는 생성되는 온실가스와 온실가스의 흡수가 균형을 이루어 지구상 온실가스가 일정하게 유지되는 상태에 이르도록 한다고 규정하고 있다. 각 당사국은 스스로 결정한 감축목표(NDC)를 5년마다 제출하는 의무를 지되, 각 당사국은 제14조에 언급된 전지구적 이행점검의 결과를 통지 받는다.

본 연구에서는 기후변화 대응수단으로서의 CCS기술의 개념과 국제현황을 간략히 살펴보고 중심주제로서 CCS에 관련된 법률적 측면에서 고찰한다. CCS기술은 이산화탄소를 대규모로 감축하는 기술이고 더 나아가 수소에너지 사용 시 이산화탄소가 배출되어 이의 처리를 위해서도 CCS 기술이 필요하여 문재인 정부의 그린 뉴딜정책의 핵심정책이다. 그런데 현행 우리나라 법률에 이에 대한 근거가 없고 기존의 「폐기물관리법시행규칙」 부칙에 규정되어 있는 '이산화탄소 스트림'만으로는 이를 체계적으로 규율할 수 없고, 더 나아가 이 규정은 이산화탄소를 폐기물로 전제하고 규정한 것인데 이산화탄소를 폐기물로 보는 것은 문제가 있어 이산화탄소 포집, 수송, 저장 및 사후관리라는 전과정(Life Cycle)을 통합하는 차원에서 가칭 「이산화탄소 저장 등에 대한 법률」안을 마련할 필요가 있다. CCS기술과 관련된 문제점은 환경 · 자연상태 · 종다양성 등과 관련하여 나타날 수 있으나 본 연구에서는 특히 법률적으로 어떤 문제가 발생할 수 있는지를 구체적으로 살펴보고 이에 관한 해외사례를 분석하였다. 특히 캐나다와 미국의 경우는 CCS기술을 실행하고 있는 현지 연구소를 방문하여 인터뷰를 함으로써 실무적 자료를 정리하였다. 또한 우리나라의 법제도 연구현황과 해외사례를 통한 시사점을 도출해 보았다.

## 제2절 CCUS의 이해

### 1. CCUS의 개념

지금 지구온난화의 주요 원인인 이산화탄소 감축문제가 전세계의 뜨거운 이슈인데 2015년 파리기후협약도 이것을 주된 내용으로 하고 있다. 이산화탄소를 대규모로 감축하는 대표적인 기술인 이산화탄소 포집, 활용 및 저장기술(Carbon Dioxide Capture, Utilization and Storage; CCUS)이 최근 문재인 정부의 그린 뉴딜정책 중에서도 주목을 받고 있다. CCS(Carbon dioxide Capture and Storage)기술은 화력발전소, 철강, 시멘트공장 등과 같은 화석연료를 사용하여 대량의 이산화탄소를 배출하는 배출원으로부터 이산화탄소가 대기 중에 배출되기 전에 포집한 후 수송하여 지하의 안전한 지층에 저장함으로써 대기로부터 격리시키는 기술로 정의되어 왔으며, 최근에는 더 나아가 포집한 이산화탄소를 석유나 천연가스의 회수증진에 활용하거나, 화학적 혹은 생물학적인 방법을 이용하여 이산화탄소를 고분자나 바이오디젤과 같은 유용한 물질로 전환하는 기술인 처리기술까지 포함하는 개념으로까지 확장(CCUS: Carbon Dioxide Capture, Utilization and Storage)되었다.[9)]

CCS기술은 크게 3단계로 분류된다. 화석연료를 태우는 과정에서 발생하는 이산화탄소를 포집하는 과정, 저장소까지 수송하는 과정 그리고 지하에 영구적으로 주입하는 과정이다. 포집이란 발전소, 산업용 공정, 천연가스 유정 등의 대규모 에너지 단지로부터 발생하는 온실가스 중에서 이산화탄소만을 기술적으로 걸러내어 액화상태로 압축하는 것을 의미한다. 수송이란 포집된 이산화탄소를 파이프라인 또는 선박을 이용해 땅속 깊이 저장할 지역까지 운반하는 것을 말한다. 저장이란 포집되고 수송된 이산화탄소를 지하 깊은 곳(약 800m 이상)까지 굴착한 후 염수(鹽水)층, 개발이 완료된 석유・가스전, 석탄층 등에 높은 압력으로 주입하여 넣는 것을 말한다.[10)]

---

9) 김재창 외, 앞의 책, 38쪽.

10) Barry Barton, Kimberley Jordan and Greg Severinsen, 『Carbon Capture and Storage. Designing the Legal and Regulatory Framework for New Zealand』, CENTRE FOR ENVIRONMENTAL, RESOURCES AND ENERGY LAW, The University of WAIKATO, 2013.9., 14쪽; CCS의 기술의 대상이 되는 많은 국가의 이산화탄소의 주요발생원은 가스, 석탄, 지열, 바이오매스 등을 이용할 '발전'분야이다. 포집과정은 연소전(pre-combustion)포집과 연소후(post-combustion)포집으로 나눌 수 있으며 CCS기술에서 가장 비용이 많이 드는 단계로서 비용감

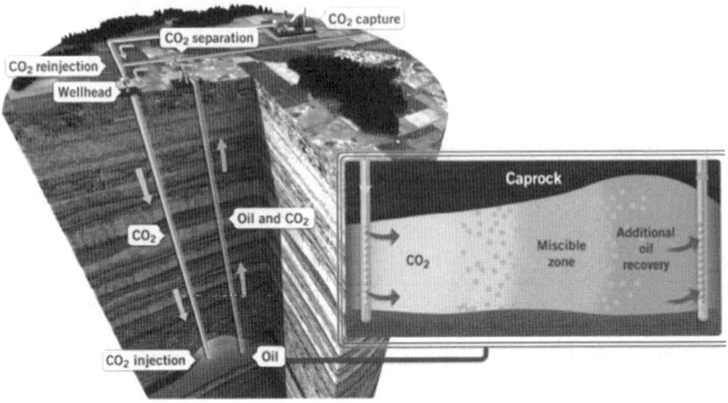


〈그림 1〉 CCS기술의 개념도[11)]

CO2 지중 저장의 성패는 대규모의 CO2를 장기간 안정적으로 저장할 수 있는 지질 구조를 찾는데 달려있으며 지중 저장에 이상적인 지질구조는 지질학적 기간 동안 화석연료를 보유해 온 유전 또는 가스전으로 연구되고 있다.[12)] 그러나 이러한 지질 구조는 지역적으로 편재되어 있어 우리나라와 같이 이를 보유하고 있지 못한 지역에서는

---

소를 위한 R&D가 필요하다. 포집단계는 일반적으로 산업플랜트의 건설과 운영과 관련된 범위를 넘는 법률문제는 크게 발생하지 않는다. 수송단계는 포집한 이산화탄소를 운반하기 위해 임계점(supercritical phase)까지 정제(purifying)하고 압축(compressing)하는 단계를 포함한다. 일반적으로 수송과정은 철로나 선박 등의 운송수단을 이용하는 것보다 경제적인 방법으로써 파이프라인을 통해 이루어진다. 저장단계는 지질구조적으로 저장이 가능한 지층에 주입을 하는 것인데, 이 지층은 모자암(caprock)구조로서 충분한 깊이에 있어야 하고, 물리적으로 불투수성(impermeability)을 띠어야 하며 영구적으로 CO2를 가둘 수 있을 만한 공간을 가지고 있어야 한다.

11) https://www.globalccsinstitute.com/resources/ccs-image-library/(최종방문일: 2021. 10.20.)

12) 조인성, "이산화탄소 포집 및 저장(CCS)의 사업화에 관한 사회적 수용성 제고를 위한 법제방안-일본, 미국 및 독일에서의 논의를 중심으로", 「유럽헌법연구」, 제17호, 2015.4., 726쪽.

그 활용이 제한될 수밖에 없다. 이에 대한 대안으로 연구되고 있는 것이 해양 지중저장, 즉 심부 대염수층이다. 그 외 석탄층, 암염층, 지하 공동 등의 지질 구조가 지중 저장의 후보지로 연구되고 있으나 아직은 제안 단계라 할 수 있다.[13)]

## 2. 국제 CCS프로젝트 현황 및 전망

CCS기술은 온실가스를 대규모로 감축하는 기술로서 기후변화문제를 해결하는 매우 중요한 기술이어서[14)] 그 중요성을 아무리 강조하여도 지나치지 않다고 하겠다. 2019년을 기준으로 대규모 CCS 시설이 51개로 증가했다. 이 중 19개가 운영 중이고, 4개는 공사 중이며, 10개는 Front-End Engineering Design(FEED)[15)] 접근법으로 계획하고 있고, 18개는 초기 개발 단계에 있다.[16)]

2019년에는 전력 및 산업 부문에서 발생하는 2,500만 톤 이상의 CO2가 CCS를 사용하여 영구적으로 저장되었다. 2개의 새로운 시설이 가동을 시작했고 다른 시설들은 상당한 누적 CO2 저장 이정표를 달성하였다. 서호주(Western Australia) 해안의 배로우 섬(Barrow Island)에 있는 고르곤(Gorgon) 천연 가스 공정에서 2019년 8월에 CO2 주

13) 조인성, 위의 글, 726쪽.

14) Global CCS Institute, The Global Status of CCS: 2019, Australia, 2019, 5쪽.

15) Front-End Engineering Design (FEED) 또는 Front-End Engineering (FEE)라고 부르는데, 확정된 입찰 견적을 제출하기 전에 철저하게 프로젝트를 계획하고 프로젝트 비용을 조정하기 위한 엔지니어링 디자인 접근법이다. 프로젝트를 위한 개략적인 투자비용뿐만 아니라 기술적인 요구사항에도 초점을 맞춘다. 좋은 FEE는 고객의 특정한 요구사항을 반영하고 시행 기간 동안 중대한 변화를 피할 수 있다.

16) Global CCS Institute, The Global Status of CCS: 2019, Australia, 2019, 17쪽.

입을 개시했다. 이 시설은 연간 최대 4.0Mtpa[17] CO2를 저장하는 전체 용량으로 증가할 때 세계 최대의 지질학적 CO2 저장 시설이 될 것이다. 2020년에 가동될 것으로 예상되는 240km CO2 파이프라인인 알버타 탄소 트렁크 라인[The Alberta Carbon Trunk Line(ACTL)]이 캐나다 앨버타(Alberta)에 있는 산업체에 CO2 수송 서비스를 제공할 것이다. North West Redwater Partnership의 Sturgeon 정유 공장과 Agrium 비료 공장은 파이프라인을 통해 약 1.6Mtpa의 CO2를 앨버타 중부의 EOR 운영에 공동으로 공급할 것이다.[18]

한편 2011년 기준으로 CO2배출의 약 40%에 대한 책임이 발전분야에 있다고 하면서, 발전분야에 대해 CCS를 적용하지 않으면 2050년까지 온실가스 완화비용은 2조 달러 정도로 늘어나게 될 것으로 전망되었다.[19] 이는 CCS에 의해 달성할 배출 수준 감축 비용의 약 두 배의 비용이 들어가는 것이다. CCS를 사용하지 않고 세계 기온 상승을 2°C 이하로 제한하는데 필요한 금액으로 전력 분야에서 배출을 감축하는 것이 가능하긴 하지만 이는 더 비싼 기술의 사용을 반드시 필요로 한다. 한편 산업분야는 2011년도 CO2배출의 약 1/4의 책임이 있다고 언급하면서 철강, 시멘트, 화학, 정유 등의 온실가스 고배출 산업분야에 CCS가 CO2 배출량을 감축하는 데 사용할 수 있는 유일한 대규모 기술이라고 설정하였다. 따라서 예정된 기후변화 대응 목표치(2050년 까지 약 2도 상승으로 제한)에 맞추어 CO2 배출 감축을 함께 동반하면서도 풍부한 에너지원을 지속적으로 공급하는 솔루션을 제시할 수 있는 가장 유력한 기술로 평가된다는 점에서 CCS의 중

17) Million Ton Per Annual
18) Global CCS Institute, The Global Status of CCS: 2019, 2019, 17쪽.
19) IEA, Energy Technology Perspectives 2012, 2012, 4쪽.

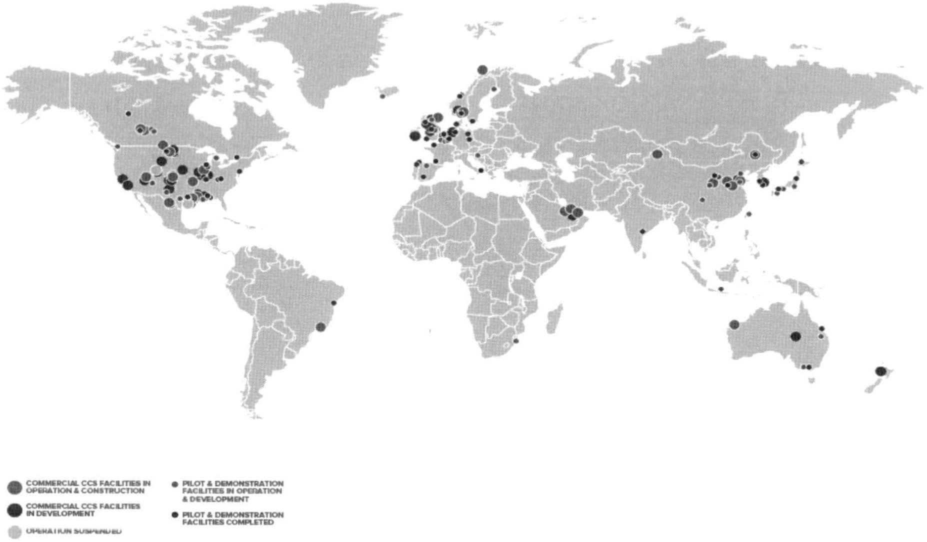


〈World Map Of CCS Facilities At Various Stages of Development〉[20]

요성이 있다고 할 수 있다. 특히 이것은 오늘날 전력을 공급받지 못하고 있는 여러 국민들에게 많은 양의 전력을 공급하기 위한 발전 능력을 빠르게 구축할 필요가 있는 비OECD 국가에서 더 중요하다.[21]

우리나라의 경우 주력산업인 자동차, 조선, 반도체 등의 업종은 중장비의 설치를 필요로 하며 이는 높은 비중의 화석에너지 의존도를 의미한다. 우리나라 전체 에너지 소비 가운데 석탄, 석유, 천연가스와 같은 화석에너지가 약 85%를 웃돌고 있다.[22] 또한 우리나라 전체전

20) Global CCS Institute, Global Status of CCS 2020, Figure 5 World Map Of CCS Facilities At Various Stages of Development, pp.18-19. https://www.globalccsinstitute.com/wp-content/uploads/2021/03/Global-Status-of-CCS-Report-English.pdf(최종방문일: 2021.10.7.)

21) GCCSI, The Global Status of CCS: 2019, 2019, 19쪽.

력소비 중 61.4%를 화력발전소가 담당하고 있다. 산업구조상 CCS 기술의 적용에 따른 긍정적인 효과가 타 국가에 비해 상대적으로 높다고 볼 수 있다.[23] 이러한 국제흐름에 따라 우리나라 역시 2011년 7월 녹색성장위원회를 통해 효율적인 CCS 기술개발을 통한 온실가스 감축 및 신(新)성장동력 창출을 위해 '국가 CCS 종합 추진계획'을 수립 및 발표하였다. 이는 국가 차원의 CCS 분야 최상위계획으로서 CCS 기술개발 및 사용화 촉진을 위한 실행계획의 성격을 가지며 '세계 CCS 기술강국도약'을 비전으로 [2020년까지 플랜트 상용화 및 국제 기술 경쟁력확보]를 목표로 한다.[24] 환경부는 2010년 7월에 작성했던 '국가 CCS 종합추진계획'과 2014년 1월에 작성한 '국가 온실가스 감축목표 달성 로드맵'에 따라 온실가스 감축의 핵심방법 중 하나인 CCS사업의 환경영향 및 위해성을 탐지·평가·관리하기 위한 기술 개발을 본격적으로 추진하도록 하였다.[25] 이산화탄소를 포집, 운반, 지중에 저장하는 분야의 기술 개발은 미래창조과학부(현 과학기술정보통신부), 산업통상자원부, 해양수산부 등의 부처가 맡는다. 또한 미래창조과학부(현 과학기술정보통신부) 등이 주관하는 이산화탄소 지중저장과 관련하여 환경부는 CCS의 환경안정성 확보를 위한 기술개발에 착수하여 이에 대한 성과를 관련법과 제도에 반영하려 하였다.

한편 정부는 2009년 국가 온실가스 감축목표(2020년, BAU 대비

---

22) 에너지경제연구원, 『2012에너지통계연보』, 2012, 69쪽.

23) 허철·강성길·주현희, "이산화탄소 포집 및 지중저장(CCS)기술의 청정개발체제(CDM)로의 수용 여부에 대한 정책적 고찰: 지중저장과 관련된 이슈 및 대응방안", 한국해양환경·에너지학회지, 제14권 제1호, 2011.2., 62쪽.

24) 환경부, 「이산화탄소 지중저장 환경관리기술 개발 추진」, 2014.4.25.,(http://www.me.go.kr/home/web/board/read.do?boardMasterId=1&boardId=347078&menuId=286)

25) 환경부, 위의 글, 1쪽.

30%)를 설정한 이후, 산업계, 일반시민 등과 함께 목표달성을 위한 다양한 정책을 전개해 왔으며, 특히 2015년 6월 신 기후체제 출범을 앞두고 우리나라의 온실가스 감축목표를 2030년 BAU 대비 37%로 결정하는 등 환경선진국으로서 온실가스 감축을 위한 정책을 시행하고 있다.[26] 그러나 우리나라는 아직 온실가스 감축목표를 도달하기 위하여 CC(U)S 도입을 위한 구체적인 법적·제도적 장치가 마련되어 있지 않은 상황이다. CC(U)S의 안정적인 정착을 위해 그동안 필자를 비롯한 연구진들이 각 부처단위로 진행되어 오던 제도적 기반구축에 관한 연구[27]가 2021년부터 2023년까지 산업통상자원부, 환경부, 해양수산부, 과학기술부 등이 추진하는 「다부처 대규모 CCS 통합실증 및 CCU 상용화 기반구축」 사업으로 통합되어 신행되고 있는데[28] 내실 있게 진행되어 한국이 CCUS 강국으로 되는 초석을 다지길 바란다.

---

26) 환경부, 21년 9월 배출권 거래정보, 마지막 방문일 2021.10.14., (http://www.gir.go.kr/home/board/read.do;jsessionid=KqtFnBQzhYNsM7I4WiJN4tF1P2d0XEvPlH6OSG5yzNuYa2YPpVGlvCrKPuMqAVAl.og_was2_servlet_engine1?menuId=10&boardId=1196&boardMasterId=3)

27) 필자는 2014.4-2020.12까지 이산화탄소 환경관리 연구단[환경부 산하 한국환경산업기술원(KEITI) 지원 사업]의 제4세부 과제인 '이산화탄소 지중저장 환경관리 법제도 및 대중수용성' 분과의 연구책임자로 연구를 수행하여 왔다.

28) 필자는 「다부처 대규모 CCS 통합실증 및 CCU 상용화 기반구축」 사업 중 'CCUS 법률안 정비 및 수용성을 포함한 제도적 기반구축' 과제(2021-2023)의 연구위원으로 2021년 11월 현재 활동하고 있다.

## 제3절 CCS 관련 법률적 논의

### 1. 개관

이산화탄소를 포집하여 저장한다는 개념이 등장한 이유는 이산화탄소가 지구온난화를 유발하는 환경오염물질로서 대기로부터 격리시켜야 할 대상, 즉 폐기물 또는 유해물질로 이해되기 때문이다. 따라서 이산화탄소를 법적으로 어떤 물질로 규정해야 하는지에 대한 쟁점이 가장 먼저 논의되어야 한다. 그러나 쉽지 않은 부분이 있는데, 이산화탄소를 정의하는 개념이 현재 우리나라 환경관련 법률 내에서도 조금씩 다르게 규정되어 있다는 점이다. 이를 하나의 개념으로 통일하게 되면 그동안 생성된 법률관계들이 매우 복잡해지며 사회・경제적 파급효과가 매우 커질 것이다. 이에 대하여 아래에서 간단히 살펴보고자 한다.

한편 이산화탄소는 원유 또는 천연가스를 함유할 수 있는 다공질 암석과 같은 종류에 저장할 수 있다.[29] 마찬가지로 석유 및 가스를 지하에 저장하고, 그것이 지표면으로 이동하는 것을 방지하는 불침투성 모자암(Cap Rock)과 같은 암석도 지질학적 규모로 장기간 동안 CO2를 가두어 놓을 수 있다.[30] 이와 관련하여 가장 핵심적으로 제기되는 문제는 바로 예측불가능성이라고 할 수 있다.[31] 즉 지하에 주입된 이산

29) GCCSI, 앞의 글, 15쪽.

30) GCCSI, 위의 글, 15쪽.

31) Ian Havercroft and Richard Macrory, 『Legal Liability and Carbon Capture and Storage』, GCCSI, 2014.10., 11쪽. "Various potential types of damage from CO2 Leakage have been identified, including risk to human health and harm to flora and fauna, but the current evaluation is that with proper site

화탄소가 지속적으로 지하에 봉인된 채로 존재할 것인지 아니면 수직 상승하여 지면으로 누출되거나 그 밖의 예측 불가능한 형태로 이동하여 자연계에 어떠한 해를 끼칠 것인지에 대한 우려를 완벽히 해결할 수 없다는 것이다[32]. 따라서 CCS와 관련된 법률적 지원의 핵심쟁점은 CCS기술의 안전성 확보를 위한 규제는 물론이고 대중들의 기후변화에 대한 환경의식 전환, 일반시민들의 협조와 소통, 토지소유권자 또는 이해관계자에 대한 법적인 보상, 공익과 사익의 균형 등이라고 할 수 있다.

CCS는 개념의 특성상 고도의 기술성이 요구되고 그에 따라 법률용어 하나에도 민감하게 적용을 고려해야 하는 융합적인 성질을 가진다. 예컨대 CCS관련 입법을 추진하는 과정에서는 어느 공정부터 어느 공정까지를 포집이나 저장단계로 설정할 것인지와 같은 요소를 결정해야 하는데 이것은 법리만 가지고는 결정할 수 없고 반드시 기술적으로 연구가 된 이후에 그 기술적 결과를 가지고 입법을 해야 한다. 왜냐하면 CO2누출과 같은 기술적 문제가 발생하더라도 각각의 공정을 운영하는 사업주체를 명확히 하여야 책임소재를 분명히 구분할 수 있기 때문이다. 또한 지하 깊은 곳까지 굴착을 하는 CCS기술의 특성상 토지소유자의 소유권이 지하 어디까지 미치는가, 이해관계인의 권리를 어디까지 보장해주는 제도를 마련해야 하는가와 같은 문제도 발생할 수 있다. 이러한 측면에서 보면 CCS의 실험과 검증을 위해 유연성과 적시성을 가진 제도 구축도 뒷받침되어야 하고 기존의 환경, 자원개발과 관련된 법제도의 개정도 필요한 것이다.[33]

---

selection such risks are likely to be minimal"

32) 고문현 · 류권홍, 『기후변화대응을 위한 에너지 · 자원법』, 숭실대학교출판부, 2015, 207쪽.

CCS를 기반으로 한 환경관리 법률은 전 세계적으로 연구되고 있다. 미국에서는 최근 청정대기법(Clean Air Act, 이하 CAA)을 개정하여 신규화력발전소 설치 시 CCS를 설치하여 온실가스 감축을 유도하는 것을 골자로 하는 청정발전계획(Clean Power Plan)을 발표하였다. 남아프리카 공화국는 정부 부처들 내에서 CCS 환경관리 지침 및 법률 제정을 위해 노력하고 있으며, 호주 정부도 2008년 제정된 해양지중저장(Offshore geological Storage)을 위한 첫 번째 법안을 보완하기 위한 2차 법안을 완성 중에 있고 육상지중저장(Onshore geological storage)에 관련된 법안도 제정하는 것에 합의하여 관련 사항들을 재정비하고 있다. 아래에서는 이산화탄소의 법적 개념을 간략히 살펴보고 CCS와 관련하여 법제도적 쟁점을 다루고 있는 대표적인 국가들의 입법동향과 관련 사례들을 살펴보고자 한다.

## 2. 이산화탄소의 법적 개념

### 1) 이산화탄소 스트림(CO2 Stream)의 개념

지중저장이나 해저저장을 목적으로 이산화탄소 배출시설에서 포집된 이산화탄소를 일정한 용기나 시설에 모은다. 이 때 가압을 하여 많은 양의 이산화탄소를 용기나 시설에 넣으면 기체상태의 이산화탄소를 기체와 액체의 특성을 고루 갖춘 유체(fluid)가 된다. 이러한 초임계 유체(super critical fluid)를 이산화탄소 스트림이라고 한다. 「해양환경관리법」 시행규칙 제12조는 동법 제23조 제1항 단서에 따라 육

33) 고문현 · 류권홍, 앞의 책, 211쪽.

상에서 발생한 폐기물 중 해양에 배출할 수 있는 폐기물의 종류를 별표 6에 표시하였다. 이에 따르면 해저지질구조 내 고립격리 방법에 의하여 배출해야 하는 폐기물 즉, 이산화탄소 포집공정으로부터 발생한 "이산화탄소 스트림(Stream)"으로서 해양수산부장관이 이산화탄소 스트림의 성질과 상태, 해저지질구조와 위치, 처리방법 등을 정하여 고시하는 폐기물은 해양수산부령이 정하는 해역에서 해양수산부령이 정하는 처리기준 및 방법에 따라 배출할 수 있다.[34]

이산화탄소 스트림의 개념과 관련하여 중요한 요소는 '기준농도'인데, 우리나라에는 아직 농도를 규정한 법률이 없다.[35] 그러나 해외의 경우 미국의 UIC프로그램, EU의 CCS directive 제12조, 일본의 「해양오염등 및 해상재해의 방지에 관한 법률」 제18조의 7 제2호 및 동법 시행령, OSPAR협약(북동대서양 협약)의 규정에서는 모두 이산화탄소의 농도에 관한 규정이 있다. 농도규정의 유무는 필연적으로 관련 사업자에게 영향을 준다. 농도기준을 준수하기 위한 추가비용을 고려해야 한다거나 기준 위반 시 받는 제재조치 등이 따라오기 때문이다. 따라서 세계적 추세에 따라 우리나라도 농도를 규정하되, 환경적·사회적·정책적 측면에서 다각도로 연구하여 적합한 농도를 기준으로 규정해야 할 것이다.

한편 농도기준은 한번 정해놓으면 쉽게 개정하기가 어려운데, 과학기술의 발달로 적합한 농도기준이 새롭게 제시될 때마다 법률이 개정된다면 법률의 적용을 받는 당사자의 예측가능성을 침해할 수 있기 때문이다.[36] 따라서 법률의 예측가능성을 보장하는 것과 과학기술이

34) 이순자, "이산화탄소 포집과 저장에 관한 법적 쟁점", 『환경법연구』, 제37권 1호, 한국환경법학회, 2015.4., 260-261쪽.

35) 이순자, 위의 글, 263쪽.

가변성 사이의 균형을 잘 판단해야 한다는 점도 CCS와 관련된 법적 쟁점 중 하나가 될 것이다.

### 2) 이산화탄소 스트림의 폐기물 여부

#### (1) 「대기환경보전법」

동법 제2조 제3호에 따르면 이산화탄소는 온실가스[37]로 정의되어 관리되며, 기후・생태계 변화유발물질[38]에 해당하지만 대기오염물질[39]도 아니고, 특정대기유해물질[40]도 아니다. 반면 「해양환경관리법」에서 이산화탄소는 대기오염물질에 해당한다.[41]

#### (2) 「해양환경관리법」

「해양환경관리법」 제2조 제4호에 따르면 "폐기물"이라 함은 해양에 배출되는 경우 그 상태로는 쓸 수 없게 되는 물질로서 해양환경에 해로운 결과를 미치거나 미칠 우려가 있는 물질(제5호-기름・제7호-유해

36) 이순자, 위의 글, 266쪽.

37) '온실가스'란 적외선 복사열을 흡수하거나 다시 방출하여 온실효과를 유발하는 대기 중의 가스상태 물질로서 이산화탄소, 메탈, 아산화질소, 수소불화탄소, 과불화탄소, 육불화황을 말한다.

38) 지구온난화 등으로 생태계의 변화를 가져올 수 있는 기체상물질로서 온실가스와 환경부령으로 정하는 것(염화불화탄소와 수소염화불화탄소)을 말한다.

39) 대기 중에 존재하는 물질 중 제7조에 따른 심사・평가 결과 대기오염의 원인으로 인정된 가스, 입자상물질로서 환경부령으로 정하는 것을 말한다.

40) 유해성대기감시물질 중 제7조에 따른 심사・평가 결과 저농도에서도 장기적인 섭취나 노출에 의하여 사람의 건강이나 동식물의 생육에 직접 또는 간접으로 위해를 끼칠 수 있어 대기 배출에 대한 관리가 필요하다고 인정된 물질로서 환경부령으로 정하는 것을 말한다.

41) 「해양환경관리법」 제2조 제13호.

액체물질 및 제8호-포장유해물질에 해당하는 물질을 제외한다)을 말한다.[42] 이 경우 이산화탄소 스트림(Stream)의 개념은 해양에 배출되는 경우에 '해중에 이산화탄소가 용해되어 회수가 불가능하고 그 상태로는 쓸 수 없게 되는 물질'에 해당한다. 높은 농도의 이산화탄소는 물에 약간 녹아 탄산이 되어 약한 산성용액을 만드는데 이러한 화학적 변화는 다양한 해양생물의 대사 작용에 큰 영향을 미칠 수도 있다. 또한 「해양환경관리법」 제23조는 육상에서 발생한 폐기물의 해양배출금지 등에 관한 규정으로서 누구든지 육상에서 발생한 폐기물을 해양에 배출할 수 없다고 규정하고 있다. 다만, 해양수산부장관은 해양환경의 보전·관리에 영향을 미치지 아니하는 범위 안에서 육상에서 처리가 곤란한 폐기물로서 해양수산부령이 정하는 폐기물에 한하여 해양수산부령이 정하는 해역에서 해양수산부령이 정하는 처리기준 및 방법에 따라 배출하게 할 수 있다. 「해양환경관리법」 제23조 제1항 단서에 따라 육상에서 발생한 폐기물 중 해양에 배출할 수 있는 폐기물 중 이산화탄소 스트림(Stream)이 있다. 따라서 「해양환경관리법」에 따르면 이산화탄소 스트림(Stream)은 폐기물로서 예외적으로 해양에 배출할 수 있는 것이다.

### (3) 「폐기물관리법」

이 법률에서 "폐기물"이란 쓰레기, 연소재(燃燒滓), 오니(汚泥), 폐유(廢油), 폐산(廢酸), 폐알칼리 및 동물의 사체(死體) 등으로서 사람의 생활이나 사업활동에 필요하지 아니하게 된 물질을 말한다. 폐기물의 정의 규정에 따르면 고체나 액체, 기체에 대한 구분이 없다. 단지 열

42) 이순자, 위의 글, 266쪽.

거한 예들이 고체나 액체에 해당하기 때문에 기체는 대상이 되지 않는다고 해석할 수도 있다. 하지만 제3조 적용범위는 「폐기물관리법」 적용을 배제하는 것을 열거해 놓고 있는데 제3조 제2호의 용기에 들어 있지 아니한 기체상태의 물질은 「폐기물관리법」의 적용대상이 아니다. 그렇다면 이산화탄소를 포집하여 용기에 넣어서 사람의 생활이나 사업 활동에 필요하지 아니하게 된 물질에 해당하면 「폐기물관리법」 상의 폐기물이 되고 「폐기물관리법」의 적용대상이 될 수 있는 것이다. 즉, 이산화탄소 스트림(Stream)을 지중에 저장하게 되면 사람의 생활이나 사업 활동에 필요하지 아니하게 된 물질에 해당한다. 그 중에서도 「대기환경보전법」에 따라 배출시설을 설치 · 운영하는 사업장이나 그밖에 대통령령으로 정하는 사업장에서 발생하는 폐기물로서 "사업장폐기물"에 해당한다.

**① 관련 판례**

판례[43]에 따르면 폐기물관리법 제2조 제1호는 폐기물을 "쓰레기 · 연소재 · 오니 · 폐유 · 폐산 · 폐알칼리 · 동물의 사체 등으로서 사람의 생활이나 사업활동에 필요하지 아니하게 된 물질"로 정의하고 있는바, 자연환경 및 생활환경에 중대한 영향을 미칠 우려가 있는 폐기물의 배출을 엄격히 규제하여 환경보전과 국민생활의 질적 향상을 도모하려는 폐기물관리법의 취지에 비추어, 사업장에서 배출되는 위와 같은 물질이 당해 사업장의 사업활동에 필요하지 아니하게 된 이상, 그 물질은 폐기물관리법에서 말하는 폐기물에 해당한다고 보아야 하고, 당해 사업장에서 폐기된 물질이 재활용 원료로 공급된다고 해서 폐기

43) 대법원 2010.9.30. 선고 2009두6681 판결; 대법원 2001.6.1. 선고 2001도70 판결; 대법원 2003.2.28. 선고 2002도6081 판결 등.

물로서의 성질을 상실하는 것은 아니라고 하여 폐기물의 개념을 넓게 해석하고 있다.

② 이산화탄소 스트림(Stream)을 사업장폐기물로 인정 시 문제점

사업장폐기물에 해당하면 「폐기물관리법」 제18조에 따라 처리하여야 한다. 사업장폐기물배출자는 그의 사업장에서 발생하는 폐기물을 스스로 처리하거나 제25조 제3항에 따른 폐기물처리업의 허가를 받은 자, 폐기물처리 신고자, 제4조나 제5조에 따른 폐기물처리시설을 설치・운영하는 자, 또는 「해양환경관리법」 제70조 제1항 제1호에 따라 폐기물 해양 배출업의 등록을 한 자에게 위탁하여 처리하도록 하고 있다(제18조제1항). 하지만 이산화탄소 스트림(Stream)은 수송하고 저장하는데 고가의 비용이 들기 때문에 일반적인 「폐기물관리법」의 폐기물처리업자, 폐기물처리 신고자, 폐기물 처리시설을 설치・운영하는 자, 폐기물 해양 배출업의 등록을 한 자에게 위탁하여 처리할 수 있는 상황이 아니다. 따라서 이산화탄소 스트림(Stream)은 폐기물에는 해당하지만 「폐기물관리법」의 적용을 받기에는 어려운 점이 존재한다. 따라서 폐기물인 이산화탄소 스트림(Stream)을 수송하고 저장하기 위해서는 다른 법령에서 규율할 필요성이 있다.

### 3) 소결

이산화탄소 스트림(Stream)에 부식성, 인화성 등이 포함된다면 유해폐기물로서 지정될 가능성이 높은데, 이러한 논의는 포집된 이산화탄소를 저장하는 용기의 재질을 규정하는 문제, 저장용기나 시설의 관리 책임 문제, 누출 시 사람과 생태계에 주는 안전피해 문제, 수송

시설의 안전관리 문제, 지중저장 허용여부, 주민 거주지역과 저장소의 간격에 관한 규정문제 등을 다루는데 주요한 변수가 될 것이다. 향후 CCS와 관련된 법적 쟁점을 깊이 논의하기 위해 이산화탄소 스트림(Stream)에 대한 심도 깊은 분석이 필요하다.

## 3. 주요 국가 CCS 법률 구축 동향

### 1) 미국

#### (1) CCS관련 주요 동향

환경보호청(EPA)에서 이산화탄소 주입과 저장을 관할하고 있으며, 이산화탄소 저장・운영에 관한 규제는 '지하주입통제프로그램[44] (Underground Injection Control(UIC) Program)'을 제정하여 이산화탄소 지중저장에 대한 별도의 규정으로 다루고 있다.[45] 미 에너지부(DOE)

44) UIC 프로그램은 허가시스템으로서 '관정을 통해 유체를 지하에 주입함으로써 음용수공급원(Underground Source of Drinking Water; USDW)인 지하수를 위태롭게 하는 행위'를 규제한다. 음용수를 위태롭게 하는 관정주입이란 아래의 두 조건이 충족될 때를 말한다.
   (1) 주입으로 인해 향후 음용수공급원(지하수)에 오염물질을 초래하거나, 음용수공공관정으로 쓰이고 있거나 쓰일 것으로 예측되는 지하수에 오염물질을 야기할 수 있는 경우
   (2) 주입에 의해 초래되는 오염물질이 공공관정의 국가 음용수 규칙을 지킬 수 없는 가능성을 높이거나 기타 주민건강에 해로운 영향을 미치는 경우
   여기에 대하여 자세한 것은 고문현, "미국 환경보호청(EPA)의 이산화탄소 지중저장 규칙과 그 시사점" 「법학연구」, 제24권 제4호(통권 46호), 경상국립대학교 법학연구소, 2016.10., 19-40쪽 참조.

45) 장은선・윤성택・최병영・정다위・강 헌, "이산화탄소 지중저장의 환경 관리를 위한 미국과 유럽연합의 법제도 현황과 시사점", 『지하수토양환경』, Vol. 17(6), 2012, 12쪽.

에서 CCS R&D 사업과 시범사업, 국제 협력 등을 담당하며, 미 교통부(DOT)와 주 정부에서 파이프라인을 통한 이산화탄소 수송을 규제하는 방식의 제도를 마련하고 있다. 또한, 이산화탄소 주입, 누출, 장기적 법적 책임 등은 '대기정화법(Clean Air Act)'에서 규제한다. 환경보호청은 지중저장이 어떠한 환경적 악영향, 특히 지하수에 대한 영향 없이 안전하고 효율적으로 수행되도록 하기 위하여 구체적인 가이드마련과 공공위생 및 환경의 환경 영향 평가를 유지하고 있다.[46)]

### (2) CCS관련 미국 주 정부 사례

**① 일리노이**(Illinois)

2011년 3월 31일 일리노이 주정부는 'Clean Coal FutureGen For Illinois Act of 2011'을 가결시켰는데, 이 법은 CCS 프로젝트가 끝난 후(이산화탄소 주입 후 10년 포함)에도 이산화탄소에 관련된 모든 법적 책임을 산정하고 있고, 주입 후 행동 조치에 관해서도 규정한다.

**② 텍사스**(Texas)

텍사스주는 2011년 3월 9일부터 CCS 프로젝트에 대해서 세금 감면 혜택(A tax break for CCS)을 포함하는 법령(Crude Oil Production Tax/Enhanced Oil Recovery Projects Regulation)을 발표하였다. 본 규정에 따르면 텍사스 주(州) 내 대기 중 이산화탄소를 포집하여 지중에 주입함으로써 석유를 생산할 경우 원유 세율의 50%를 인하해 주도록 하였다. 이 경우 이산화탄소는 반드시 산업 활동을 통해 배출된 것이어야 하며 지중저장을 통해 그 양이 측정 가능하여야 한다. 이산화탄소

46) 장은선 외 4명, 위의 글, 12쪽.

지중저장을 안전하게 활성화하기 위한 목적으로 이해할 수 있다.

### (3) 안전 음용수법(Safe Drinking Water Act; SDWA)

1974년 제정된 SDWA는 다음과 같은 두 가지 기본목적을 가지고 있는데, 첫째는 미국 내의 수도꼭지에서 나오는 물을 마시기에 적합하도록 보장하는 것이고, 두 번째는 전체 인구의 50%, 비도시인구의 95%에 해당되는 인구의 음용수공급원인 지하수 오염을 방지하는 것이다.[47] SDWA는 오염을 야기한 자가 아니라 물을 공급하는 자를 규제하는 점에서 기타 환경법과 다소 다르다. 가장 중요한 지하수 보호 프로그램은 지하주입통제(Underground Injection Control)프로그램으로서 지하오염 방지의무를 주정부에 부과하고 있다. CCS는 지하에 이산화탄소를 주입하는 기술이므로 저장된 CO2가 지하에서 불규칙적으로 이동하거나 누출되어 지하수 및 식생을 오염시키는 문제에 예민하다. 이와 관련하여 미국에서는 안전음용수법으로 특히 지하수의 수질을 보호하고 있으며 CCS산업과 밀접한 상호관계를 가진다고 할 수 있다.

### (4) CCS관련 최근의 법 개정사항

2015년 8월 3일 미국 Obama대통령은 미국 온실가스 배출량의 1/3을 차지하는 화력발전소 CO2 배출량을 2005년 대비 32% 감축하는 청정발전계획(Clean Power Plan)을 발표하였다.[48] 본 계획에 의하

47) 장은선 외 4명, 위의 글, 12쪽.

48) 미 환경보호청(EPA), 「EPA FACT SHEET」, http://www.epa.gov/cleanpowerplan, 2014.9.14., 1쪽. 원문은 다음과 같다. "On August 3, 2015, EPA set standards to limit carbon dioxide (CO2) emissions from new, modified, and

면 '신규' 화력발전소(New Power Plant)의 경우 CO2 배출 허용기준을 설정하여 탄소배출량을 획기적으로 감축하기로 제시하였다. 이 허용기준은 미국환경청(Environmental Protection Agency: EPA)에서 규제한 청정내기법(Clean Air Act) 제111조 (b)항에 의거하여 설정한 배출기준이다.[49)]

① 석탄화력발전의 배출기준: 1,400lbs(0.64tonne) CO2/MWh

② 천연가스화력발전의 CO2 배출기준: 1,000lbs(0.45tonne) CO2/MWh[50)]

위와 같이 미 환경보호청(EPA)은 범국가적 표준을 만들어 화력발전소의 탄소 배출을 규제할 수 있는 기준을 작성하였고, 각 주(州) 정

---

reconstructed power plants."; (재)국제기후환경센터, '오바마의 청정전력계획(Clean Power Plan)', 임낙평 국제기후환경센터 대표이사 작성기사, (출처-http://icecgj.or.kr/bbs/board.php?bo_table=board0505&wr_id=120)

49) 미 환경보호청(EPA), 「Federal Register」, Vol. 80, No. 205, Friday, October 23, 2015, 64510쪽; 이 자료는 2015년 10월 23일부로 효력을 발휘하는 최종 규정을 안내하는 미 환경보호청(EPA)의 공식문서로서 본문에서 설명한 내용의 원문은 다음과 같다.
"The Environmental Protection Agency (EPA) is finalizing new sourceperformance standards (NSPS) under Clean Air Act (CAA) section 111(b) that, for the first time, will establish standards for emissions of carbon dioxide (CO2) for newly constructed, modified, and reconstructed affected fossil fuel-fired electric utility generating units (EGUs)." ; 미 환경보호청(EPA), 「EPA FACT SHEET」, 2014.9.14., 1쪽에서는 "Section 111 of the Clean Air Act (CAA) provides authority to address emissions from new, modified, and reconstructed, and existing power plants, recognizing different approaches that are available at different stages of construction."라고 하여 CAA의 제111조가 배출규제를 가능하도록 권원을 부여하는 점을 알 수 있고, "The final Carbon Pollution Standards for new, modified and reconstructed power plants, set under the authority of Clean Air Act section 111(b); "라고 하여 제111조 (b)항에 의거하여 탄소오염기준이 설정된다고 규정한다.

50) 미 환경보호청(EPA), 위의 글, 64512쪽.

부는 탄소 배출 감축을 위한 계획을 작성하도록 된다. 특히 위 기준을 준수하기 위해서는 CCS기술이 최적이라는 점을 EPA규정에서 명시적으로 제시하였다.51)

이처럼 미국은 2015년 현재 청정대기법(Clean Air Act)에 의거한 적극적인 대기오염방지정책을 추진하고 있으며 청정발전계획(Clean Power Plan)과 같은 정책을 통해 탄소배출에 관한 기준을 설정하고 있다. 그리고 신규석탄발전소의 경우 특히 CCS기술을 활용하도록 하는데, 이미 검증된 탄소절감 기술로서 인정되는 만큼 우리나라에서도 CCS를 주목하고 다양한 연구가 진행될 필요가 있다.

| TABLE 1- Summary of BSER* and Final Standard for affected EGUs* | |
|---|---|
| Affected EGUs | Final standards of performance |
| Newly Constructed Fossil Fuel-Fired Steam Generating Units. | 1,400 lb CO2/MWh-g. |
| Newly Constructed and Reconstructed Fossil Fuel-Fired Stationary Combustion Turbines. | 1,000 lb CO2/MWh-g or 1,030 lb CO2/MWh-n for base load natural gas-fired units. |

*BSER : Best System of Emission Reduction *EGU : Electric Generating Unit

51) 미 환경보호청(EPA), 「EPA FACT SHEET」, 3쪽. 새로운 석탄발전소의 경우 CCS기술이 배출기준을 충족시킬 수 있도록 설계되었다는 점을 언급한다. 원문은 다음과 같다. “CCS has been demonstrated to be technically feasible and is in use or under construction in various industrial sectors, including the power sector. Partial CCS designed to meet the final emission standard will continue to promote implementation and the further development of CCS technologies.”

### (5) CCS 실증 답사(2015. 8. 26.) 사례[52)]

① 방문기관: Illinois State Geological Survey(ISGS), (Champaign, IL, USA)

- 발표주제: Communicating science and technology while engaging the public at the Illinois Basin—Decatur Project
- 발표자: Sallie E. Greenberg

#### ② 법안 및 대중소통 관련 요약

가. CCS프로젝트 현황

— IBDP(Illinois Basin-Decatur Project, 일리노이 퇴적분지 지역 Decatur 프로젝트)의 대중소통 전략은 프로젝트 초기에 개발되었음

— 미국에서 처음으로 1백만 톤 이상 규모의 CO2를 육상 대염수층에 저장하는 대규모 프로젝트로서, CO2 포집 · 수송 · 저장 모니터링 등 CCS 전 체인을 관리하는 통합 사업 방식으로 추진[53)]

— 대중소통 계획, 대중소통전문가 훈련, 대중소통 전담팀 구성 및 시행을 통해 적극적으로 관련위험부담을 줄이고 있음

나. 대중소통의 중요성

— 프로젝트 운영과 함께 공공복지와 대중소통을 통합시키는 것은 CCS프로젝트를 실행하는 핵심 포인트임.

---

52) Korean CCS Delegation(고려대 윤성택 교수를 단장으로 서울대 이강근 교수, 경희대 유가영 교수, 경북대 박은규 교수, 숭실대 고문현 교수 등이 참가)이 2015년 8월 23일부터 30일까지 미국과 캐나다의 주요 CCS 실증답사를 한 것을 요약 정리한 것이다.

53) 조인성, 앞의 글, 732쪽.

— 위험감소전략은 결국 다음과 같은 프로젝트 소통정책을 확실하게 설계할 필요가 있음.

• 프로젝트에서 발생할 수 있는 부정적인 돌발사건에 관한 소통
• 특정한 사회적 목표 내지는 산업에 대한 프로젝트의 연관성
• 정보공개와 모델링 결과에 대한 공개정책
• 보고서와 출판에 관한 정책

— 위와 같은 소통전략을 통하여 대중소통팀이 기술적인 결과들이 통합되도록 관리하는 동안 프로젝트 팀은 각자의 임무 및 책임에 몰입할 수 있음.

다. 대중수용성 확보활동54)

— IBDP는 개발된 기술의 성과와 노하우를 공유하고, 대중인식의 제고를 위하여 교육 및 훈련 프로그램(STEP: Sequestration Training and Education Program)을 진행하고 있음.

— 주요 활동

• 미국 연방 및 지역을 대상으로 공청회와 설명회 개최
• 국제에너지기구(IEA)와 공동으로 '온실가스 CCS 여름학교' 운영
• 실증 부지 견학
• CCS 단기교육 과정 운영
• 인터넷을 활용한 웹 강의 및 세미나 제공

라. 현장사진

— 일리노이 주 샴페인 지역에서 CCS를 시행하는 기관은 일리노이 주 지질연구소(Illinois State Geological Survey, ISGS)이며 이 지역의 옥

54) 조인성, 위의 글, 733쪽.

수수사료 공장에서 사료생산 시 발생하는 CO2를 포집하여 저장한다.

— 지질학적 구조로 인해 캐나다와 달리 포집장소와 저장장소가 멀리 떨어져 있지 않고 근접할 수 있다. 따라서 사료공장에 포집시설을 설치하고 바로 근접지역에 사진과 같이 포집한 CO2를 주입한다.

— 다음 사진은 1차 주입이 완료된 상태이며 당시 관계자의 설명으로는 2차 주입이 추후에 실시될 예정이라고 하였다.[55]

〈CO2 1차 주입 완료 후 폐쇄된 주입정〉

55) 고문현 · 안태용, "CCS 관련 법적 쟁점", 「법학논총」, 제35집, 숭실대학교 법학연구소, 2016.1., 19쪽.

### 2) 유럽연합(EU)

유럽연합은 EU 에너지 정책의 목표를 에너지원의 확보, 경쟁력 향상 그리고 그 지속성을 주요 골자로 리스본조약에서 제시하고 있는데, 현재 유럽연합의 전력 공급원들 중 석탄과 가스 등의 화석연료가 차지하는 비중은 50%에 이르고 있다.[56] 2011년 석유 35%, 가스 24%, 석탄을 포함한 고체 연료가 17%로 화석연료의 비중이 전체의 약 76%를 차지하고 있으나, EU는 2030년에는 그 비중이 약 67%로 감소시키는 것을 목표로 하고 있다.[57] 이에 따라 EU는 이산화탄소 지중저장의 안전성과 효율성을 평가하고 프로젝트의 효율적 수행을 도모하기 위해 2008년 1월 '기후 행동 및 재생에너지 종합 정책(Climate Action and Renewable Energy Package)'을 통하여 'CCS 지침(Directive on the Geological Storage of Carbon Dioxide)'을 제안하였다.[58]

#### (1) CCS 지침(Directive 2009/31/EC)

CCS 지침은 Directive85/337/EEC 및 2000/60/EC를 포함하면서 2009년 4월 최종적으로 Directive2009/31/EC로 제정되었다. CCS지침에 의하면 EU회원국은 2011년 6월 25일까지 자국 법 체제 내에

---

56) 정혁, "유럽연합 탄소포집저장(EU CCS) 정책현황과 그 발전에 관한 고찰", 「국제지역연구」, 제18권 제5호, 2015.1., 39쪽.

57) EU, Energy Challenges and Policy (2013), 16쪽.

58) 장은선 외 4명, 앞의 글, 16쪽; 참고로 EU의 공동 규범은 ① 1차 법원(法源)으로서의 조약(Treaty), ② 조약을 바탕으로 제정된 규정(Regulation), 지침(Directive), 결정(Decision), ③ EU가 대외적으로 체결한 협정과 조약, ④ 유럽 사법재판소 판결 및 판례법으로 나뉜다. CCS지침은 조약에 명시된 사항을 구체화하여 법적인 구속력이 발휘되도록 하면서 이사회가 결정한 전반적인 목표와 제정 시항만을 제시하고, 구체적인 실행 방안은 개별 회원국에 위임한다. 따라서 CCS지침은 각 회원국이 국내법을 제정해야 비로소 효력이 발생한다.

CCS 지침의 내용을 구체적으로 입법하여야 한다.[59] 이에 따라 유럽연합 회원국들 내부적으로 이산화탄소 지중저장을 환경적으로 안전하게 시행할 수 있도록 전반적인 법적 틀(Legal framework)이 미리 수립될 수 있게 되었다.

CCS 지침은 EU 내의 배타적 경제 수역과 대륙붕에서의 지질학적 이산화탄소 저장에 대해 적용되며, 연구와 관련된 프로젝트에는 적용되지 않는 것이 원칙이지만, 100kilotonnes(10만 톤) 이상의 저장에 대해서는 연구 목적이라 하더라도 본 지침을 적용받도록 규정하였다. 8개의 장(Chapter)과 40개의 조항(Article) 및 2개의 부칙(Annex)으로 구성되어 있으며 지중저장 활동의 전(全) 주기(Cycle)별 활동, 주요 핵심 활동, 규제 단계 등을 모두 포괄하고 있다.[60]

제1장은 CCS 지침의 목적, 적용범위, 정의규정을 두고 있다. CCS 지침의 목적은 기후변화 대응을 위한 이산화탄소 지중저장의 환경적인 안전성을 위한 법적 토대를 수립하는 것이며, 환경적으로 안전한 지중저장은 이산화탄소의 주입에 따른 환경 및 인류의 건강에 미치는 부정적 영향과 위험을 방지하거나 최소화하는 방법을 통해 영구적 저장을 하기 위함으로 규정되어 있다.[61] 적용범위에 대하여는 EU 회원

---

59) 장은선 외 4명, 위의 글, 16쪽.

60) 장은선 외 4명, 위의 글, 16쪽; CCS 지침에 제시된 주요 이슈는 ① 지중저장 관련 정의, ② 이산화탄소 스트림의 조성, ③ 모니터링 및 검증, ④ 폐쇄 및 폐쇄 후 의무, ⑤ 책임이전 등이다.

61) Directive 2009/31/EC of the European Parliament and of the Council of 23 April 2009 on the Geological Storage of Carbon Dioxide, Article 1. subject Matter and Purpose.
1. This Directive establishes a legal framework for the environmentally safe geological storage of carbon dioxide (CO2) to contribute to the fight against climate change.
2. The purpose of environmentally safe geological storage of CO2 is

국의 육상, 배타적 경제수역 및 대륙붕에 미치며, 10만 톤 이하의 소규모 저장시설에 대해서는 적용되지 않는다.[62] 제3조(Article 3)의 정의규정은 총 22호를 두고 있는데 주요 정의 규정은 다음과 같다. 저장시설(storage site)이란 '지중저장을 위해 사용되는 지하 지층, 그리고 저장과 관련된 지표 및 주입 시설'이며, 누출(leakage)이란 '저장 단지(storage complex)에서 이산화탄소가 흘러나오는 것'이고, 이산화탄소 스트림(CO2 stream)이란 '이산화탄소 포집과정에서 발생된 유체의 흐름'[63]을 의미한다.

제2장은 이산화탄소 지하저장시설의 선정과 탐사 허가를 규정한다. 지중저장을 계획하는 모든 EU 회원국은 제5조(Article 5)에 의거한 탐사허가를 포함하여 영토 전반에 걸쳐 저장 능력(storage capacity)을 평가해야 하고 이를 위해 EU위원회는 회원국들 간의 최적의 방법과 절차를 공유할 수 있도록 필요한 역할을 할 수 있다. 탐사 허가 및 탐사는 저장 지역의 선정과 저장의 용량을 평가하기 위해 시행되며, 시범 주입에 관한 모니터링에도 필요하다.[64]

제3장은 저장 허가규정을 두고 있다. EU 각 국은 저장 허가 없이는 저장소를 선정할 수 없고, 각 저장소에는 오직 하나의 운영권자만 두며, 저장소 사용 시 경합하는 것은 허용되지 않는다.[65] 제7조는 저

---

permanent containment of CO2 in such a way as to prevent and, where this is not possible, eliminate as far as possible negative effects and any risk to the environment and human health.

62) Ibid, Article 2 Scope and Prohibition.

63) Ibid, Article 3 Definitions; 13. 'CO2 stream' means a flow of substances that results from CO2 capture processes.

64) Ibid, Article 4 Selection of storage sites in Chapter 2 Selection of Storage Sites and Exploration Permits.

65) Ibid, Chapter 3 Storage Permits.

장 허가를 위한 신청에 필요한 조건으로 10가지를 규정하고 있으며 주요한 요건으로는 저장지와 저장단지의 특성, 저장할 이산화탄소의 총량, 저장 지층의 최대 압력, 이산화탄소 스트림의 구성성분, 주입 속도와 압력 등의 정보, 중대한 불규칙성을 예방하기 위한 방법, 승인된 모니터링 계획 등을 규정한다.[66]

제4장은 운영, 폐쇄 및 폐쇄 후 의무 규정을 담고 있다. 이산화탄소 스트림은 이산화탄소가 압도적으로(overwhelmingly) 많이 차지된 구성비를 가져야 하고, 처분이나 다른 목적으로 하는 다른 구성물이 그 안에 포함되어서는 안 된다고 규정한다.[67] 단, 포집 혹은 주입 단계에서 우연히 주입된 물질이나 이산화탄소의 움직임을 파악하기 위한 모니터링 중에 우연적으로 포함된 미량의 물질은 허용된다. 그러면서도 a) 저장지나 수송시설에 영향을 주거나, b) 환경이나 인간의 건강에 중대한 위험을 주거나, c) 지역 규제에서 요구하는 농도에 적절해야 한다고 규정한다.[68]

EU의 CCS 지침은 이산화탄소 지중저장에 관련한 법적 기반을 안정적으로 마련하기 위해 비교적 명확하고 구체적으로 규정한 것으로 보인다. 전술한 바와 같이 허가 및 허가 요건, 안전 규제, 저장소 탐사, 운영자의 설정과 책임, 관리 계획 등의 국제적 모델을 제시한 것으로 평가할 수 있다. 그러나 EU 회원국의 사정에 맞게 개별적으로 국내법을 제정하도록 위임한 것은 미국 EPA의 UIC-Class VI의 구체적인 모니터링 기준처럼 일괄적으로 적용되는 규정을 제시한 것은

66) Ibid, Article 7 Applications for storage permits in Chapter 3 Storage permits.

67) Ibid, Chapter 4 Operation, Closure and Post-Closure obligations.

68) Ibid, Article 12 CO2 Stream acceptance criteria and procedure in Chapter 4 Operation, Closure and Post-Closure obligations.

아니어서, 일반적이고 추상적인 규정에 머물렀다는 한계를 지적할 수 있다. 그럼에도 불구하고 환경보호를 위해 선제적으로 법적 틀을 안정적으로 구현하려는 EU의 노력은 환경법제도 분야에서 국제적인 리더십이 발휘된 것으로 해석할 수 있다.

### (2) 지하수 보호 관련법(Groundwater Regulations)

미국에서와 달리 EU의 CCS 법규는 이산화탄소 지중저장에 의한 지하 음용수와 대수층 보호를 직접 규제하지 않으나 지하수 보존을 위한 EU 관련 법규는 존재한다. 2009년 이전에는 'Water Framework Directive'에 따라 CCS를 목적으로 지하수에 이산화탄소를 주입하는 것이 금지되었으나 유럽연합 위원회가 CCS의 상용화와 기술 개발을 위하여 기존의 'Water Framework Directive'를 개정하는 방안을 제안하였다. 이에 따라 몇몇 구역에서는 이산화탄소 주입이 가능하게 되었다.

### (3) 유럽의 주요 CCS프로젝트 현황

① 영국: Don Valley[69)]

새로운 가스 복합 발전소(Integrated Gastification Combined Cycle Power Plant)에 연소 전 포집기술을 사용하는 이 프로젝트는 발전 부하 과정에서 가장 저렴한 수요 발전용량을 점차적으로 사용하도록 설계되었다. 영국 요크셔 지방에 위치할 계획이며 발전과 포집 그리고 연안과 내륙 지역을 통과하는 400km에 이르는 파이프라인을 갖추고

69) 정혁, 앞의 글, 46쪽.

있다. 연간 5Mt의 $CO_2$를 포집할 수 있고 북해 해저의 폐 유정 층에 영구 저장할 수 있는 시설을 갖춘 프로젝트이다. 포집된 $CO_2$는 이 유정 층에 주입되며 탄화수소 회수 증진(Enhanced Hydrocarbon Recovery)[70]을 주요 목적으로 설계되었다. 2009년 2월에 사업허가를 승인받았으며 동년 말에 유럽에너지 회수 프로그램(The European Energy Energy Program for Recovery)하의 1억 8천만 유로 상당의 기금을 받아 놓은 상태이다. 파이프라인과 저장지 개발업자인 National Grid Carbon Ltd.사는 2012년 말 영국정부로터 관련분야 처음으로 사업인가를 승인받았다.

② 네덜란드: ROAD

네덜란드의 루테르담 항구지역에서 이행될 이 프로젝트의 이행은 E.ON Benelux사와 GDF Suez사와의 파트너쉽하에 이루어지고 있다. 1GW용량의 석탄과 바이오매스 이용 복합 발전소에 연소 후 포집 기술을 적용하도록 설계되었다. 연간 5Mt의$CO_2$를 수송할 수 있는 24KM의 파이프라인이 연안 쪽의 폐 가스층으로 $CO_2$를 수송한다. 이 폐가스층은 네덜란드의 대륙붕 P18의 북해 해저 약 3500m 깊이에 있는 것으로 알려져 있다. 이 저장소는 총 35Mt의 $CO_2$를 저장할 수 있으며 프로젝트의 포집력은 연간 1.1Mt으로 평가되고 있다.[71]

③ 취소된 CCS프로젝트

스페인과 이탈리아의 CCS프로젝트 중에는 취소된 것이 있다. 스페

70) 저장층에 있는 가스나 오일 등의 회수성 증진을 위해 사용되는 일련의 기술들을 지칭한다.

71) 정혁, 앞의 글, 47쪽.

인의 COMPOSTILLA 프로젝트는 스페인의 EL Bierzo 지역에서 첫 탄소포집을 2012년에 시범 운용하였으나, 유럽에너지 회수 프로그램(European Energy Recovery Program)하의 지원금 부족으로 2016년까지의 완전한 규모로의 시범시설 완공에 대한 진행 결정이 취소되었다. 이탈리아 베네토 지역에서 시행될 PORTO TOLLE 프로젝트는 기존 연소발전소(Oil-Fired Power Plant)에 화력발전 시설이 추가되며 운영될 계획이었으나 재정확보 문제로 인한 운영 결정의 잦은 연기로 인해 이탈리아 국무회의에 서 그 사업 인가를 취소하면서 2013년 8월 공식적으로 이 프로젝트는 그 운영계획이 취소되었다.[72)]

### 3) 캐나다

캐나다는 CCS 기술에 상당한 진보를 이루고 있다. CCS 기술과 석유생산과의 상호작용으로 인한 경제적 효과로 본 이득이 큰 역할을 하였으며, 현존하는 주정부 규제체계를 받아들이고, 이를 핵심적인 실증 프로젝트에 쏟아 부은 결과로 볼 수 있다. 캐나다 내 CCS 관련 활동들은 주정부 혹은 캐나다 연방 정부의 관할권에 속한다. 이 중 주정부가 관할하는 항목들은 주로 천연자원(natural resources)과 부동산(property), 민간 권리(civil rights) 등이다. 따라서 지하에 이산화탄소를 주입하는 활동을 규정할 권리는 우선적으로 주정부에게 있다. CCS관련 법률의 주요 내용은 아래와 같다.

72) 정혁, 위의 글, 47쪽.

(1) 주요 내용

① CCS 관리: 기후변화 정책과 에너지 전략 연계 원칙으로 관리함

② 석유·가스 발전 등의 에너지 산업 관련기관: 이산화탄소 포집, 운송, 주입 및 저장 전 과정 CCS로 관리

③ 현재 이산화탄소 포집, 수송 안전 등에 연방 및 지방정부의 석유, 가스 관련법률 적용

④ 환경보호 기관에서 지하수 보호

⑤ 2012년 이후 운영될 화력&석유사업시설에 CCS기술 이용 권고

⑥ CCS 투자를 위해 다양한 옵션과 메커니즘 제공

(2) 알버타(Alberta) 주

① 현황

알버타주의 CCS 프로젝트의 관리 중 대부분은 주정부 수준에서 이루어지며, 이미 오일과 가스 관련 사업이 활발히 이루어지고 있기 때문에, CCS 프로젝트에 응용할 수 있는 규제 체계가 이미 잘 갖추어진 것으로 평가된다. 특히 알버타주는 공익사업위원회를 따로 설치하여 CCS 프로젝트의 이산화탄소 포집 부문에 관할권을 행사하고, 발전소 시설들에 대한 전문적인 정보를 구축하고 있다. 2050년까지 약 60~70%의 이산화탄소 배출 감소라는 목표를 달성하는 데 가장 중요한 기술로서 CCS를 바라보고 있으며, '2008기후변화전략'에는 2050년에 2005년 배출 대비 14% 감축이라는 목표를 제시하였고 이를 위해 CCS에 대한 재정적 지원, 법제도 정비 및 연구개발을 위한 전략을 시행하고 있다.

② CCS 수정법(Carbon Capture and Storage Statutes Amendment Act)

2010년 11월에 CCS 수정법을 개정(2010년 12월 2일부터 발효)하면서 CCS의 시행에 따르는 장벽들을 제거하였다. 이에 따라 주에서 자체적으로 이산화탄소의 주입 및 저장과 관련된 규제를 수립할 수 있게 되었고, 주입·저장과 관련된 권리의 처분이 가능하게 되었다.[73] 즉, 알버타 주 자체적으로 CCS시장을 제어할 수 있게 되었고, 주입·저장 기술을 시행하는 사업자 간에 사업권 거래가 가능하게 되었다는 것을 의미한다고 볼 수 있다.[74]

또한 이산화탄소 저장 목적의 지하공극은 토지소유자가 아닌 알버타 주정부만이 유일한 소유권자라고 규정하였으며, '지하공극의 주정부 귀속 입법은 국유화 조치가 아니며 이에 따른 손해배상 청구가 불가능하다.'는 규정을 명시적으로 두고 있다.[75]

---

73) 고문현·류권홍, 앞의 책, 213쪽.

74) 한편 CCS시행과 관련된 법으로서 미국의 경우에는 의회 양원에서 CCS 및 기타 청정에너지 프로젝트를 도입한 기업에 대해 세제 혜택을 주는 법안(Master Limited Partnerships Parity Act)을 2013년 4월 24일 통과시킴으로써 기후변화 대응에 민간 기업이 투자를 적극적으로 하도록 조치하였다. 도입 10년차의 기업세 부과 방식인 Master Limited Partnerships는 기업의 자금 조달과 파트너쉽의 세제 혜택을 결합한 형태로서 유류, 천연가스, 석탄 채굴과 파이프라인 프로젝트의 투자자들에 한해 세금 혜택을 부여한다. 이에 따라 기업은 자금 지원 혜택을, 협력업체들은 세제 혜택을 받을 수 있으며, 검증된 프로젝트의 경우 파트너쉽과 같은 방식으로 세금 혜택을 받게 된다. 저비용으로 자본을 조달하고 유동성을 확대함으로써 민간 투자를 더욱 효과적으로 유도할 수 있게 된 것이다. 해당 법안은 이산화탄소 배출량의 75% 이상을 저장하는 CCS 프로젝트와 석탄가스화 프로젝트만이 기업세 혜택을 받을 수 있음을 명시하였다. (에너지경제, 2013. 5. 3일자 기사, http://www.ekn.kr/news/ article.html?no=83387)

75) Mines and Mineral Acts, Section 15 이하.

③ CCS 관련 알버타 주법(Alberta law)

오일 및 가스 보존법(Oil and Gas Conservation Act: OGCA), 환경보호 및 향상법(Environmental Protection and Enhancement Act: EPEA), 광산광물법(Mines and Minerals Act: MMA), 수자원법(Water Act: WA), 표면권법(Surface Right Act: SRA)이 있다. 최근 'CCS Act'가 개정되면서 장기적인 법적 책임으로 공극 사용권(pore-space tenure)에 대한 규정이 추가되었다.76)

### (3) CCS 실증 답사(2015. 8. 24.) 사례

① 방문기관: SHELL SCOTFORD (Edmonton, Alberta, Canada)

- 발표주제: THE QUEST CCS PROJECT-Korean CCS delegation Tour (August 2015)
- 발표자: Kathryn Davies(Government Relation)

② 법안 및 대중소통 관련 요약77)

가. CCS프로젝트 현황

— Capture site에서 포집한 $CO_2$를 약 65km 떨어진 Storage site까지 파이프라인으로 수송하여 주입함.

— 포집, 수송, 저장에서 발생할 수 있는 문제를 법적으로 규제하는 것과 특히 파이프라인 수송과 저장에 관하여 토지소유자와 주민의

76) 고문현 · 류권홍, 앞의 책, 213쪽.

77) 본 자료는 2015년 8월 24일 캐나다 Shell社에서 진행된 바 있는 Korean CCS delegation(고려대 윤성택 교수를 단장으로 서울대 이강근 교수, 경희대 유가영 교수, 경북대 박은규 교수, 숭실대 고문현 교수 등이 참가) tour에 대한 「Shell Scotford and the Quest CCS Project」보고서(2013.9., 18쪽)를 참고하였다.

권리, 보상, 소통 등이 쟁점이 됨.

나. 협력적 법규 개발

— 지방/연방 정부, CCS발의자와 산업전문가, NGO의 참여로 이루어짐.

다. 지역별 온실가스 체계가 구성됨

— 2010년 11월: CCS법안 통과, 전반적인 구조가 구성됨.

— 2011년 5월: 공극(Pore space)규제 마련

— 2012년: 법체계 평가, 온실가스 정량화 프로토콜 개발 착수

— 2013년: 법체계 평가 보고서 요약

라. 순차적 허가 과정

— 2011년: Quest사가 필요한 공극지역을 획득함

— 2012년 3월: 지역별 조정자의 공청회 실시

— 2012년 7월: 조건적 승인과 함께 공청회 결정 보고서 발행

— 2012년 8월: Quest사 사업허가(D65 approval)가 장관의 승인으로 부여받음

— 2012년 9월: 정(井) 굴착허가 승인

— 2013년 8월: CO2주입지역의 설명을 추가하여 사업허가 갱신

마. 이해관계인에 대한 소통활동 개관

— 광범위적이고 지속적인 대중소통활동을 시행하고 있음. 최초의 대중프로젝트 공개는 2008년 10월임. (소책자, 뉴스, 공장 일반공개)

— 이해관계인 소통 프로그램은 2010년 1월 시작됨

바. 대중소통 대상

— 파이프라인 용지 양쪽으로 450m 이내의 모든 토지소유자

— AOI 저장소에 있는 모든 토지소유자

— Scotford사의 5km 이내에 있는 모든 토지소유자

— 시(市)의 구/지방 당국

— 산업 이해관계자

— 지방/연방 조정자

— 토착원주민 공동체에 대해

사. 구체적 활동

— 일반공개는 20회 실시되었으며, 2010년 3월/11월, 2011년 9월, 2012년 11월, 2013년 10월, 2014년 11월, 2015년 5월에 각각 시행됨.

— Quest사(社) 카페행사: 2011년 6월, 10월에 시행.

— 2014년 3개의 지역공동체에서 커피세션 시행

— 연2회 주민/마을 의회에 정보갱신

— 2012년 시작된 MMV프로그램에 따라 매월 지역공동체 고문패널 회의(Community Advisory Panel Meetings) 시행

아. 현장 사진쪽[78]

— Shell 본사 인근 CO2 Capture Site이다. 원유를 정제하는 공장이며, 이곳에서 발생한 CO2를 포집하여 약 65km 떨어진 곳의 Storage Site까지 수송한다.

---

78) 고문현 · 안대용, 앞의 글, 26-27쪽.

〈Capture Site〉

〈Storage Site〉

— Capture Site에서 포집한 $CO_2$를 압축, 수송하여 저장한 지역의 모습이다. 출입통제와 경비가 철저하며 관계자의 설명으로는 인근 주민들과 소통하고 협조를 이끌어내서 부지를 선정하고 저장소를 설치했다고 하였다.

자. 시사점

캐나다는 포집시설로부터 파이프라인을 설치하여 주민밀집지역 및 도시로부터 멀리 떨어져 주입정을 설치될 수 있다. 북아메리카는 한반도와 달리 지리적으로 도시에서 멀리 떨어진 넓은 토지를 활용할 수 있고, 지질학적으로 주입에 적합한 지층이 광대하게 펼쳐져 있으므로 도시 인근지역에 주입하는 경우 발생할 수 있는 주민과의 마찰이나 보상문제가 첨예하게 대립할 가능성이 낮다.

법규 마련 진행 단계도 공청회를 통하여 대중수용성을 점차 확보해 나가는 방식으로 이루어졌다. 또한 주민설득을 하는 현장 관리자에게 질문한 바에 따르면 시민들의 인식은 대체적으로 $CO_2$를 위해물질(harmful material)로 생각하지 않는 경향을 보인다고 하였고 기후변화에 대한 인식과 환경의식이 상대적으로 높아서 CCS사업에 동참하려는 경향을 보인다고 하였다. 주입정을 도시로부터 멀리 설치하는 이유를 질문한 것에 대하여 주민의 반대를 의식한 것은 아니고 지질학적인 이유(geological reason)로 인함이라고 하였다.

질문에 대한 해당 전문가의 답변이 모든 표본의 대표성을 가진다고 볼 수 없다는 한계는 있으나 본 연수를 통하여 시사점을 추정할 수 있는바, 지리적/지질학적/시민인식적 측면에서 볼 때 CCS프로젝트를 실행하기에 한국보다 상당히 유리한 조건을 확보한 것으로 볼 수 있다.

### 4) 호주

호주는 세계 최대 석탄 수출국으로 CCS 기술을 국가 전략 기술로 개발 중에 있다. 2009년 국제CCS연구소(Global CCS Institute: GCCSI)를 설립하여 연간 1천억 원 규모의 재정을 투입하고 있으며, CCS 기술의 상용화 촉진을 위해 2020년까지 20개의 대규모 통합시범 프로젝트를 추진할 계획이다.

#### (1) 주요 내용

호주는 2005년 'CCS 규제에 관한 가이드라인 원칙(Regulatory Guiding Principles for Carbon and Storage)'을 승인하면서 CCS 상용화를 위한 운영 및 관리체계에 대한 원칙을 마련하였다. '연안 석유 및 온실가스 저장에 관한 법률2006(The Offshore Petroleum and Greenhouse Gas Storage Act 2006)'과 '연안 석유법 개정안(온실가스 저장)2008(Offshore Petroleum Amendment(Greenhouse Gas Storage) Bill 2008)'을 기

반으로 하여 호주 근해지역 온실가스 지중저장에 관한 접근 및 소유권 시스템을 구축하고 있다. 이 법안에는 이산화탄소 지중 저장의 허가를 위한 요구 조건, 평가, 승인 과정, 접근권, 소유권, 운송문제, 감시와 검사, 법정책임, 폐쇄 후 책임, 재정문제, 보고 사항, 잠재적 위험 요소에 대한 평가 등이 포함된다.[79)]

### (2) CCS관련 법 · 제도

호주의 CCS 규제 프레임워크는 주로 현행 석유 및 가스 규정을 기반으로 개발되고 있다. 현재 연방, 빅토리아주, 퀸즈랜드주, 사우스 오스트레일리아주에서 법안이 진행 중이며 뉴 사우스 웨일스주와 웨스턴 오스트레일리아주에서는 개정안이 진행 중이다. 그러나 호주에서는 저장을 위한 이산화탄소를 오염물 법령에서의 '오염물'로 다룰지, 폐기물 법령에서의 '폐기물'로 다룰지에 관한 논의는 아직 진행 중이다.

호주는 2003년 CCS와 관련된 규제에 대한 가이드라인을 작성하기 위한 지하저장 규제 워킹그룹을 구성하여 가이드라인을 작성하도록 하였고, 그 결과 환경단체 · 산업계 · 연구기관들의 자문을 통해 2005년 CCS규제의 원칙(CCS Regulatory Guiding Principles)이 수립되었다. 원칙과 관련된 6가지 핵심 쟁점은 저장시설의 평가 및 승인 절차, 저장시설의 사용 및 재산권 문제, 수송, 감독과 검증, 의무와 저장 종료 책임문제, 재정적 문제 등이다.[80)] 이를 볼 때 우리나라도 CCS규제에 관한 법과 제도에 선행하여, 환경단체와 산업/연구기관

79) 장은선 외 4명, 앞의 글, 12쪽.
80) 고문현 · 류권홍, 앞의 책, 219쪽.

간의 자문과 소통을 통해 CCS에 관한 핵심 쟁점을 먼저 원칙화하여 접근하는 것도 필요하다고 생각한다.

한편, 주입된 이산화탄소의 유출이 발생하는 경우를 심각한 상태(Serious Situation)로 규정하여 이에 대한 책임 규정을 두고 있다. 다만, 호주는 시설폐쇄 승인을 받게 되면 관련자들이 책임을 면하게 되는지 여부에 대해 분명한 명시를 하지 않고 있다. 시설폐쇄 이후의 사고에 대해 CCS와 관련된 직접적인 특별법이 없기 때문에 호주의 보통법(Common Law)에 따라 판단될 수밖에 없다는 점이 캐나다와 유럽 등의 제도와는 다른 중요한 차이점이라 할 수 있다.[81]

### 5) 일본

일본은 2005년 '에너지기술비전 2100', 2006년 '신국가에너지전략', 2007년 '에너지 기본계획' 등 국가 주요계획에서 CCS를 중요 전략 기술로 지명하며 관련 기술을 개발하고 있다.[82] 특히 교토의정서 이후 기후변화에 대응하기 위해 CCS 기술을 환경 분야 R&D로 설정하고 지속적 연구를 시행하고 있다. CCS 환경 관리 지침 역시 기후변화 대응 정책을 바탕으로 런던 협약에 의거하여 이루어지고 있다. 일본 정부는 해저저장을 지향하여 "해양오염 및 해상재해의 방지에 관한 법률(Law for the prevention of marine pollution and maritime disaster)을 제정하였고, 런던 협약에 따라 2007년 9월 해저 지층에 이산화탄소 주입을 허용하도록 개정하였다

81) 고문현 · 류권홍, 위의 책, 222쪽.

82) 신경희, "CCS 관련 해외 환경관리 제도 및 연구 동향 분석", 한국환경정책평가연구원, 2010, 13쪽.

### (1) CCS관련 일본법 주요내용

특징으로는 대규모 CCS 실증사업을 실시할 때 안전 및 환경적 측면에서 준수하는 것이 바람직하다는 기준을 표시하고 있다. 환경안전관리 항목으로는 주입 CO2의 특성을 규정하고, 수송 및 시설관련 안전, 저장 지질구조 안전성, 굴착・주입・운영 및 폐쇄 관련 안전 문제, 저장사업 허가증 발행 및 준수 여부 감독, 주변 환경영향평가, 모니터링 및 평가 등도 규정하고 있다. 또한 주입되는 이산화탄소는 농도가 99% 이상인 것으로 설정하여 주입 시 일본의 "해양오염방지법"에 따라 환경부의 허가를 받도록 하고 있다. 환경부에 허가신청서를 제출 시 "해저폐기사전평가서"를 첨부하도록 하여 주변 환경영향평가를 실시하도록 하였다. 수송에 관하여는 고압가스보안법을 준수하고 파이프・차량・선박 각각의 기준을 따로 규정하고 있으며, 이산화탄소 주입 후 해양오염방지법에 의해 허가 기간 내 2회 정도 탄성파 탐사 등의 모니터링을 실시하도록 규정하고 있다.[83)]

### (2) 토마코마이(Tomakomai) 실증 프로젝트

일본에서는 대표적으로 민간 기업인 JCCS사가 이산화탄소 지중저장 프로젝트를 시행하고 있다. 토마코마이 실증 프로젝트는 2단계로 추진되는데, 1단계는 주입정 건설, 파이프라인과 3개의 관측정 시설 등의 주입을 위한 기반시설을 설치하는 단계로서 2012년부터 2015년까지 추진된다. 2016년부터는 연간 10만톤 이상의 포집 CO2를 해저두 개의 지층에 저장하는데, 모니터링을 포함하여 2020년에 프로젝

83) 장은경 외, 「CCS 안전관리/규제 가이드라인 현황 및 분석」, 2010, 15-35쪽.

트가 종료될 예정이다.[84] 또한 JCCS는 2020년 이후 약 1백만 톤(매년)의 저장과 CCS의 상업화를 목표로 다음의 과제를 수행 중에 있다.[85]

① 포집과 저장에 이르는 CCS 시스템의 전반적인 실증
② 시스템에 선정된 현재 기술들이 적절히 그리고 효과적으로 작동하는지 확인
③ CCS 시스템이 안전하고 신뢰할 만한지 입증
④ METI에 의해 작성된 입지선정 가이드라인의 유효성을 비(非)누출 실험으로서 확인
⑤ 다음과 같은 수집된 정보로서 지진으로부터의 불안을 제거
– 저장된 CO2에 자연적 지진으로 인한 영향은 없음
– CO2 주입으로 인해 지각할 수 있는 정도의 땅의 미진(微震)은 발생하지 않음
⑥ 건설 및 개선할 지질학적 모델을 위한 가이드라인의 확정
⑦ 프로젝트를 위한 운영과 안정성의 기술적인 표준 마련
⑧ 프로젝트 정보와 데이터를 공개하고 시민들이 CCS를 이해하도록 지원

특징적인 것으로 일본역시 캐나다처럼 대중소통 활동을 활발하게 진행하고 있다는 점이며, 주요 내용으로는 CCS DVD를 웹사이트를 통해 배부, 설치된 카메라로 웹사이트를 통해 실시간 건설현장을 보여줌, 주민 패널 전시관의 설치, 시민을 위한 정기적인 CCS포럼의 조직/운영, 입지 방문 주선, 대학교를 통한 강의 실시, 어린이 과학관

84) 조인성, 앞의 글, 731쪽.
85) JCCS의 과제사항은 2015년 7월 27일부터 3일간 진행된 Tomakomai 실증프로젝트 현장 답사 시 일본 환경성 담당자, 관련 전문가 등에 대한 인터뷰 내용을 바탕으로 재구성하였다. 고문현 · 안태용, 앞의 글, 29-30쪽.

마련, 미디어를 통한 정보전달 유지, 주입이 시작될 때 시민들에게 모니터링 결과 공개 계획 등을 시행한다. 이를 정리하면 다음과 같다.

〈표 2〉 JCCS Tomakomai demonstration project의 public acceptance activities

| 구분 | 대상 | 내용 |
|---|---|---|
| 강연 | 지역 시민, 젊은 세대 | 지역의 젊은 세대를 대상으로 추진 |
| 포럼 | 지역 시민, 일반 시민 | 지역 시민에서 일반시민으로 참여 확대 |
| 패널전시 | 일반 시민 | 지역 시민에서 일반시민으로 참여 확대 |
| 실증부지 방문 | 일반 시민, 지역 시민 | 확대 추진 |
| 체험과학교실 | 학생 | 학생 등 체험형 활동 |
| 해외 홍보활동 | 외국인 | 해외 교류 협력 일환 |
| 자료 배포 | 일반 시민, 지역 시민 | 웹사이트를 통한 CCS DVD 배부, 실시간 현상 상황 중계 |
| 미디어 | 일반 시민 | CCS관련 정보 전달 |
| 정보 공개 | 일반 시민 | 주입 시작 시 모니터링 결과를 공개 |

## 4. 지하공극 소유권의 귀속문제: 미국의 사례를 중심으로

### 1) 텍사스 주에서의 자원소유권과 지하공극의 소유권 귀속

1859년 시추방식에 의한 석유를 처음 개발할 당시의 자원소유권에 관한 법 이론은 "토지의 소유권은 지구 중심으로부터 우주에 까지 미친다."라는 로마법의 천상에서 연옥까지의 원칙이었다.[86] 이러한 원칙은 광물과 석탄과 같은 경성자원에는 적합한 법 이론이었으나, 석유나 가스처럼 휘발성과 이동성이 있는 연성자원에는 적합하지 못했다. 왜냐하면 생산된 석유나 가스가 누구의 토지 아래에서 생산된

86) 고문현 · 류권홍, 앞의 책, 222쪽.

것인지를 구분할 수 없어서 인접한 토지의 소유권자들이 자신의 권리를 침해했다는 이유로 소송을 많이 제기하였기 때문이다. 이를 해결하기 위해 석유, 가스의 소유권 귀속에 관한 새로운 법리가 전개되는데 바로 선점의 원칙이다.87) 야생동물이나 이주성 동물과 관련된 영국의 보통법 원리를 적용하여 석유나 가스도 먼저 점유를 취득한 자에게 소유권이 귀속된다는 것이다. 현재 텍사스를 포함한 미국의 주들은 지하공극의 소유권에 대한 명시적 규정을 두고 있지 않기 때문에 별도의 법률이 제정되기 전까지 미국에서는 지하공극의 소유권 귀속과 관련된 법원의 판결이 중요한 기준이 될 것이며, 입법과정에서도 판결이 존중될 수밖에 없다. 아래는 관련 판결을 살펴본다.

### 2) 지하공극 소유권 관련 판례

#### (1) 자원개발권의 법적 성질과 권한 범위

텍사스주 법은 자원개발권자에게 자원의 탐사 및 개발을 위해 특정인이 토지를 소유하고 있더라도 그 지역의 지표, 공역(空域), 지하의 영역을 합리적인 범위 내에서만 사용할 수 있도록 하고 있다. 미국 법원칙 개념으로 이를 '타협의 원칙'이라고 부르며 우리나라 민법 개념으로 보면 지역권의 성질을 가진다고 볼 수 있다. 다음 두 사례를 보면 자원개발권의 권한 범위를 이해할 수 있다.

##### ① 게티오일사 사례88)

게티 오일은 공역에 대한 배타적 권리를 주장하였으나, 텍사스주

87) 고문현・류권홍, 위의 책, 223쪽.
88) Getty Oil Company v. Johns, 470 S. W. 2d 618, 621.

대법원은 대지소유권자에게 지표, 공역, 지하에 대한 권리가 있다고 하면서 개발권자의 대지소유권의 합리적 범위를 넘어서는 침해에 대하여 책임을 부과했다. 즉, 개발권자는 개발권자에게 귀속되는 자원의 탐사 및 개발을 위해 지표, 공역, 지하의 영역을 합리적인 범위 내에서 사용할 수 있다.

② 험블오일사 사례[89)]

1967년 험블 오일 사례에서도 개발권자는 지역권을 취득하며 이에 따라 요역지를 사용할 권리가 있으나, 이 권한은 개발권 협정의 조건과 해당 자원을 효과적으로 수행하기에 합리적으로 필요한 범위 내에서 행사되어야 한다고 하였다.

이렇게 권한 범위가 제시되어 있지만 한편으로 타협의 원칙은 개발하려는 자원의 범위가 늘어나는 경우 개발권자의 권리도 함께 확대된다는 말도 된다. 만약 개발권 약정에 따른 개발의 대상물이 '일체의 가치 있는 물체'라고 표현되어 있다면, 가치가 인정되는 자원의 범위만큼 개발권자는 광범위한 권한을 가지게 되며, 대지 소유권자는 이를 수용할 수밖에 없게 된다. 따라서 가치가 인정되는 자원의 개발이 이루어지는 한, 해당 지하공극에 제3의 CCS사업자가 이산화탄소를 주입하기 위해서는 대지소유권자보다 그 지역에 들어와서 지하공극을 사용하고 있는 개발권자의 허락을 얻어야 하는 상황이 많아진다는 특징이 있다. 이러한 법리를 우리나라에 적용한다면 토지소유자와 지하공극 사용자 그리고 CCS사업자 간의 법률관계가 복잡해지는 문제가 발생할 수 있다.

---

89) Humble Oil @ Refining Co. v. Williams, 420 S. W. 2d 133, 134.

### (2) 지하공극의 소유권을 둘러싼 판결

#### ① 개발권자에게 귀속된다는 판결: 맵코사 사례[90)]

텍사스 항소법원은 지하공간은 토지소유자가 아닌 지하자원의 소유권자 곧 자원개발권자에게 귀속된다고 하였고, 지하공간의 사용에 따른 배상권한 또한 해당 자원의 소유권자에게 귀속된다고 판시했다. 개발권자는 천연가스의 저장을 목적으로 소금염(Salt Dome)에 인공적인 굴을 팠는데, 이 굴에 대한 배타적인 권리는 소금염의 소유자인 개발권자에게 기속된다는 것이다.

그러나 맵코 사례는 광물과 관련된 지하공간의 형성에서만 한정적으로 적용될 뿐이어서 비광물에 대한 지질적 지하공극까지 개발권자가 당연히 가지게 된다고 이해할 수는 없다. 또한 이 저장공간은 자연적으로 형성된 지하공극이 아니라 인공적인 채굴에 의해 형성된 굴이라는 점에서 지하공극이 일반적으로 개발권자에게 있다는 판결로 해석하기에는 무리가 있다고 판단된다.

#### ② 대지소유권자에게 귀속된다는 판결: 에메니 사례[91)] 등

1969년 연방 청구재판소는 개발권의 대상인 석유·가스를 제외한 지표면 기타 토지의 모든 부분들은 여전히 토지소유권자의 재산권이며, 이런 원칙은 지하의 지질구조에도 적용된다고 판시하였다. 그리고 해당 개발권역 내에서 생산된 가스의 지하저장은 가능하지만 개발권 협정권역 외부에 가스를 저장할 수 있는 권한까지 부여된 것은 아니라고 해석하였다.

---

90) Mapco, Inc. v. Carter, 817 S. W. 2d 686, 688.
91) emeny v. U.S., 412 F.2d 1319, 1323.

1999년 텍사스주 항소법원의 마카르 개발회사 사례[92]에서 토지소유권자의 상속인들은 개발권자의 상속인들에 대하여 개발권역 이외의 지역에서 생산된 염수를 개발권역에 가져온 후 지하에 주입하는 행위를 하지 못하게 하는 내용의 가처분을 신청했고, 이에 대해 하급심 법원은 토지소유자가 개발권자에게 상업적 폐기물처리를 할 수 있는 권리를 명시적으로 부여하지 않았다는 이유로 가처분 신청을 인용했다. 즉, 특별한 약정이 없는 한 토지소유권자에게 지하공극에 대한 소유권이 있다고 본 것이다.

2003년 FPL농업 사례[93]에서 텍사스주 오스틴 항소법원은 개발권자의 매설된 폐기물들이 인근 대지소유권자인 원고의 지하영역으로 이동하여 손해를 발생시킨다면, 그 지하공극 영역은 소유권자의 것이므로 원고가 손해배상을 청구할 수 있다고 하였다.

이상의 판결에서 보는 것처럼 멥코 사례에도 불구하고, 텍사스 주 법원은 지하공극이 대지소유권자에게 귀속된다는 원칙을 지키고 있다. 따라서 미국 텍사스의 판례대로라면 이산화탄소의 지하저장에 대한 권한도 대지소유권자에게 귀속된다. 하지만, 대지소유권자가 지하공극을 소유한다 할지라도 대지소유권자는 합리적인 범위 내에서 석유·가스 개발권자의 개발에 필요한 지하공극의 사용권은 보장해주어야 한다. 타협의 원칙 때문이다. 이런 개발권자의 권리를 정당한 이유 없이 침해하는 경우 대지소유권자는 오히려 침해방지 또는 손해배상책임을 져야 한다.

---

92) Makar Production Company v. Anderson, No. 07-99-0050-CV, 2.

93) FPL Farming, Ltd. v. Texas Natural Resource Conservation Commission, S.W.3d, 2003 WL 247183, 5.

### 3) 지하공극 사용권 취득 방안

이산화탄소를 지하공극에 저장하려는 CCS사업자는 대지소유권자뿐만 아니라, 그 대지를 사용하고 있는 석유·가스 개발권자의 동의 또는 승낙을 얻는 것이 법적 분쟁을 가장 합리적으로 해소하는 방법이 된다. 위에서 알 수 있듯 대지소유권자가 지하공극의 소유권자라고 할지라도 개발권자의 합리적인 석유·가스 생산에 대한 권리가 보장되기 때문이다. 더욱이 개발권자는 CCS사업자가 아니더라도 석유회수증진을 위한 이산화탄소를 주입 권한을 가지고 있으므로, 원칙적으로 모두의 승낙을 얻는 것이 가장 안전한 방법이 된다.

이러한 법리를 참고할 때, 우리나라의 경우 토지소유자, 개발권자, CCS사업자 간의 권리와 보상 등에 관한 균형을 조율하는 것은 쉽지는 않을 것으로 보인다. 따라서 이산화탄소 포집저장이 기후변화에 대처하기 위한 높은 공익적 성격을 가지고 있다는 점을 근거로 강력한 제도적 뒷받침이 필요할 수 있으며, 이산화탄소의 저장에 필요한 정부의 승인을 취득하는 과정에서 대지소유권자 또는 개발권자의 반대로 인해 저장승인이 거부될 가능성을 낮추도록 하는 제도적 지원이 필요하다. 더 나아가 공익적 차원을 강조하면서 이산화탄소 저장에 필요한 지하공극 소유권에 대한 강제적 수용을 인정하면, 대지소유권자 또는 개발권자의 권리주장 문제를 해소할 수 있다는 주장도 있지만, 대지소유권자와 개발권자 중 누구에게 수용에 따르는 보상을 지급해야 하는지도 논란의 대상이다.

### 4) 우리나라에서의 지하공극 소유권

우리나라에서 이산화탄소를 육상에 저장하는 경우 발생할 수 있는 문제점은 저장 공간인 지하공극이 누구의 소유에 속하느냐의 문제이다. 아직 "지하공극이 누구의 소유이다."라고 규정한 법률이 없기 때문이다. 그렇다면 법령의 유추적용을 해야 하는데 우리 민법 제212조를 보면 "토지의 소유권은 정당한 이익이 있는 범위 내에서 토지의 상하에 미친다."고 정하고 있으므로 결국 이산화탄소의 저장을 위한 지하공극의 활용은 토지소유권자의 정당한 이익 범위에 속하느냐의 해석문제로 귀결된다.

이와 관련하여 지하수나 온천수의 소유권 귀속을 통해 지하공극이 누구의 소유인지 추론해 볼 수 있는데, 우선 토지의 아래쪽, 곧 지하수나 온천수에 대한 우리 민법의 태도는 기본적으로 토지의 구성부분을 이룬다고 본다. 그래서 지하수나 온천수의 소유권은 민법 제212조를 유추하여 토지소유자에게 귀속된다고 할 수 있다. 하지만 지하수나 온천수의 경우와 이산화탄소의 저장은 행위의 방법이 서로 다르다. 지하수나 온천수는 지하에 존재하는 물(物)을 개발하는 반면, 이산화탄소 저장은 지하 공간에 이산화탄소를 주입하는 것이므로 서로 반대되는 행위인 것이다. 그렇다면 이산화탄소 지하저장은 지하수나 온천수 개념보다는 지하 동굴의 소유권이 누구에게 귀속되느냐의 문제와 유사한 성격의 문제라고 볼 수도 있다. 우리 민법은 지하에 형성되어 있는 동굴은 구 수직성 내에 속하는 부분은 토지소유권의 범위에 속하는 것으로 해석하고 있다. 따라서 원칙적으로 이산화탄소의 저장장소인 지하공극도 동굴과 같이 토지의 소유권자에게 귀속되는 것으로 해석된다.

그러나 미국과는 달리, 사실상 육상에서 석유·가스의 개발이 이루어지지 않고 있는 우리나라는 석유·가스 개발권자와 토지소유자 간의 권리 중첩으로 인한 분쟁이 발생할 여지가 없다. 다만, 지하에 저장된 이산화탄소가 어떤 이유에서든 이웃하는 토지 또는 이웃하는 국가의 영역으로 이동하는 문제가 발생할 가능성은 있으므로 이에 대한 법적인 논의를 해 볼 수는 있겠다. 참고로 미국에서는 영역침범에 해당한다는 주장과 소극적 선점의 원칙에 따라 영역침범에 해당하지 않는다는 주장이 대립되고 있다. 오히려 NIMBY현상이 예민하게 드러나는 특성을 가진 우리나라 국민정서상 더 집중해야 할 문제는 캐나다와 일본과 같이 대중소통에 관련된 법규 및 정책이라 할 수 있겠다.

## 5. 사례 연구

위에서 살펴본 바와 같이, 미국, EU, 캐나다, 호주 등 선진국에서는 이미 1990년대부터 CCS의 이산화탄소 감축 능력을 주목하고 기술개발 전략을 수립하여 추진하고 있다. 이들 국가에서는 기존 법률을 검토하여 장애 요인과 법적 미비점을 파악하고, 기존 법률을 추가 및 보완하거나 독자적인 법률을 제정하고자 노력하면서 어느 정도 성숙기에 접어들었다고 할 수 있다.

미국과 EU에서는 이산화탄소 지중저장 시의 안전성과 효율성을 평가하기 위하여, 완료되었거나 진행 중인 실증 시험과 대규모 상업 저장의 결과를 바탕으로 부지 선정에서 주입 이후에 이르는 전 과정에 관련된 허가와 운영에 관한 법률을 제안하고 있다. 세계 최대의 석탄 수출국으로서 CCS에 대한 관심이 매우 높은 호주에서는 「연안 석유 및 온실가스 저장에 관한 법률」과 '연안 석유법 개정안'을 기반으로 하여 호주 근해지역 온실가스 지중저장에 관한 접근 및 소유권 시스템을 구축하고 있다.

특히, 미국의 CCS 사업은 매우 활발한데, 퇴적분지에서의 육상저장을 기본으로 하고 있다. 따라서 가장 중요한 음용수 공급원인 지하수의 환경 관리를 가장 중요하게 취급하고 있다. EPA의 UIC 프로그램은 「안전 음용수법(SDWA)」의 부속 규정인데, 유해하거나 2차적으로 유해성이 나타날 수 있는 물질을 지하에 주입 처리하는 것을 환경적으로 관리하기 위하여 일찍이 마련되었다. 즉, 음용 가능한 지하수(USDW)가 오염되지 않도록 하기 위함이다. 이 프로그램의 목표는 '음용수 공급원(음용 가능한 지하수)의 질을 악화시키지 않고 음용수 공급원에 오염물질이 추가되는 것을 규제하는 것이 아니라, 오염물질이 음용수 공급원에 도달하지 않도록 원천적으로 보장하는' 것이다. 한편, 최근 UIC 프로그램에 새롭게 추가된 Class VI 관정에 관한 규정이 있는데, 이 규정은 '이산화탄소 지중저장을 위한 관정이 음용 가능한 지하수를 확실하게 보호할 수 있는 방법으로 적절하게 배치 및 건설, 시험, 감시, 폐쇄될 수 있도록 설계하는 것'을 목표로 하고 있다.[94] 본 규정은 이산화탄소 지중저장에 의한 지하수의 오염 관리를 일차적 목표로 하지만, 동시에 이산화탄소 지중저장의 효율을 극대화함으로써 이산화탄소 감축을 통한 사업성과 경제성을 확보하기 위한 도구로서도 의미가 있다.

EU의 CCS 지침에서는 이산화탄소 지중저장에 관련한 법적 기반

94) 고문현, "미국 환경보호청(EPA)의 이산화탄소 지중저장 규칙과 그 시사점", 「법학연구」, 제24권 제4호(통권 46호), 경상국립대학교 법학연구소, 2016.10., 19-40쪽 참조.

을 비교적 명확하게 마련함으로써, 위험(리스크) 관리, 책임, 장기 관리 계획 등에 대하여 국제적인 모델을 제시한 것으로 평가된다. 그러나 지침의 특성상 구체적인 실행 방법과 규제 사항보다는 일반적인 규제 항목만을 나열하고 있으며, 지중저장의 주요 논란이 될 수 있는 규제 및 관리 항목에 대한 기준은 다소 모호하다. 가령 이산화탄소 저장 사이트 선정의 조건으로서 '누출의 가능성이 크지(significant) 않고, 인간 건강과 환경에 대한 위험도도 크지 않아야 함'을 규정하고 있으나 어느 정도가 중대한 위험인지에 대한 뚜렷한 기준은 제시되지 않았다.

그 외에 캐나다 연방정부에서는 1999년에 제정된 캐나다 「환경보호법」에 따라, 그리고 네덜란드에서는 「광산법」과 「환경관리법」에 따라 이산화탄소 지중저장 프로젝트들을 규제하고 있다. 그 외에도 프랑스에서는 '이산화탄소를 지중에 저장하기 이전에는 반드시 주입 테스트를 거쳐 주입 가능한 이산화탄소의 한계 양을 산정하고 인근 지하수의 오염을 철저히 방지해야 함'을 명확히 제시하고 있다.

## 6. 우리나라의 CCS관련 법제 연구현황

### 1) 이산화탄소지중저장 환경관리연구단(K-COSEM연구단)

환경부의 지원으로 2014년 4월 25일 '이산화탄소지중저장 환경관리연구단'(Korea CO2 Storage Environmental Management Research Center, 이하 'K-COSEM연구단'으로 약칭)을 발족하였다. K-COSEM연구단은 이산화탄소(CO2)를 땅속에 저장할 때 일어날 수 있는 환경영향과 이에 따른 위험성을 탐지하고 관리하는 기술의 개발을 추진한다. 환경부는

'국가 CCS 종합추진계획'과 '국가 온실가스 감축목표 달성 로드맵'에 따라 온실가스 감축의 핵심방법 중 하나인 CCS기술의 환경영향 및 위해성을 탐지·평가·관리하기 위한 기술 개발을 본격적으로 추진하고 있다. 이산화탄소의 포집·운반·저장기술을 개발하는 작업은 미래창조과학부와 산업통상자원부 등의 부처가 맡고 있다. 환경부는 타 부처 기술개발과 연계하여 CCS의 환경안정성 확보를 위한 기술 개발을 2014년부터 착수하며 이에 대한 성과를 관련법과 제도에 반영한다. 환경부는 K-COSEM연구단에 2017년까지 1단계 4년간 총 200억 원을 지원하여 이산화탄소의 누출 모니터링 기술, 토양·지하수·식생, 생태계 환경영향 평가기술 등을 개발함으로써 CCS 상용화에 대비한 전주기(全週期) 환경관리기술을 확보하는 연구가 진행되었다.[95] 그 이후 환경부로부터 2단계 4년간 계획으로 연구를 수행하여 오다가 연구목표를 조기에 달성하여 2020년 12월에 7년간 수행하여 온 전체 연구를 1년 앞당겨 종료하였다. 이러한 연구능력과 실적을 인정받아 저자를 비롯한 주요연구진은 현재 「다부처 대규모 CCS 통합실증 및 CCU 상용화 기반구축」 사업 중 'CCUS 법률안 정비 및 수용성을 포함한 제도적 기반구축' 과제 연구를 수행하고 있다(2021-2023년).

더 나아가 저자는 2023년부터 개시할 예정인 「동해가스전을 활용한 CCUS 통합실증사업」을 위한 예비타당성 기획연구보고서의 'CCS 법제도 및 대중수용성' 기획위원회의 위원장으로 활동하고 있다.

95) 환경부, 「이산화탄소 지중저장 환경관리기술 개발 추진」, 2014.4.25., (http://www.me.go.kr/home/web/board/read.do?boardMasterId=1&boardId=347078&menuId=286)

## 2) 가칭 「이산화탄소 저장 등에 관한 법률」안

### (1) 개설

K-COSEM연구단은 다음과 같이 5개의 분과연구팀으로 구성되어 있다. 즉, 총괄분과연구팀(연구책임자: 고려대 윤성택 교수), 제1세부분과연구팀(이산화탄소누출이 식생에 미치는 영향을 연구하는 팀으로서 연구책임자: 경희대 유가영 교수), 제2세부분과연구팀(이산화탄소누출이 지하수에 미치는 영향을 연구하는 팀으로서 연구책임자: 서울대 이강근 교수), 제3세부분과연구팀(이산화탄소누출에 대한 모델링 평가를 연구하는 팀으로서 연구책임자: 경북대 박은규 교수), 제4세부분과연구팀(이산화탄소 지중저장 법제도 기반 및 대중수용성 연구를 하는 팀으로서 연구책임자: 숭실대 고문현 교수) 등으로 구성되어 있다.

법제도 기반연구 및 대중수용성 연구팀은 2015년 1월부터 2016년 6월까지 CCS관련 타분과 연구팀 및 외부전문가 등으로 구성된 CCS 단일법 마련을 위한 법제도/기술 TF 운영회의를 구성하여 CCS 전문가들로 구성된 CCS 단일법 마련을 위한 법제도/기술 TF 운영회의를 달개비 회의실에서 10회에 걸쳐 진행하면서 2016년 6월 마련한 초안(가칭 「이산화탄소 저장 등에 관한 법률」안)에 대하여 법률 집행시 예상되는 쟁점과 하위법령 입안시 착안점을 고려하여 고려대학교 지구환경과학과 회의실과 숭실대학교 법과대학 회의실에서 10여회 자문위원들과 지속적으로 분석하고 심도 깊게 논의하여 최종 초안을 지속적으로 검토하여 그 완성도를 제고하였다. 이러한 연구결과를 환경부에 공문의 형태로 제출하지는 못하였지만 저자를 비롯한 연구진이 가칭 「이산화탄소 저장 등에 관한 법률」안의 내용을 여러 차례에 걸쳐 논문의 형태로 간접적으로 발표한 바가 있다.[96]

가칭 「이산화탄소 저장 등에 관한 법률」안은 총 11개의 장과 71개의 조문 및 부칙으로 구성되어 있다. 즉, 제1장 총칙(제1조-제6조), 제2장 이산화탄소 포집·수송 및 저장 기본계획의 수립 등(제7조-제10조), 제3장 이산화탄소 포집시설 등(제11조-23조), 제4장 이산화탄소의 수송(제24조-제29조), 제5장 이산화탄소 저장소의 운영 등(제30조-제43조), 제6장 한국이산화탄소저장관리공단(제44조-제49조), 제7장 이산화탄소 저장관리기금(제50조-제51조), 제8장 포집·수송 및 저장 관련 산업의 육성(제52조-제55조), 제9장 포집·수송 및 저장에 관한 대국민소통(제56조-제58조), 제10장 보칙(제59조-제65조), 제11장 벌칙(제66조-

---

96) Moonhyun Koh, Importance of CCS Technology in Energy Mix Policy and Outline of Korean CCS Draft Bill and Its Features, Goldschmidt2020, 2020.6.1.; Moonhyun Koh/Bola Ju/Woongchan Seo, A Review on Public Understanding of Carbon Dioxide Capture and Storage (CCS) in South Korea, *Energy Procedia*, 159, 2019, 315-320쪽; Moonhyun Koh/Eun Hae Shin/Woong Chan Seo, Outline of Korean Integrated CCS Act Draft and Its Implication, *Energy Procedia*, 154, 2018, 15-21쪽; 고문현, "통합환경법의 일환으로서 가칭 「이산화탄소 저장 등에 관한 법률」안", 「토지공법연구」, 92집, 2020.11., 337-366쪽; 고문현, "이산화탄소 포집 저장관련 대중소통 가이드라인의 기본원칙", 「토지공법연구」, 84집, 2018.11., 281-299쪽; 고문현·신정규, "독일 KSpG의 유럽법과의 상관성 및 한국의 CCS 단일법안과의 비교", 「법학논총」, 숭실대학교 법학연구소, 제38집, 2017.5., 75-103쪽; 고문현·유태신, "CCS 환경관리에 대한 입법 동향 연구", 「법학논총」, 숭실대학교 법학연구소, 제36집, 2016.7., 1-33쪽; 고문현, "온실가스 감축을 위한 CCS 법 제정의 필요성과 주요내용", 「토지공법연구」, 74집, 2016.5., 317-341쪽; 고문현, "독일 이산화탄소 저장시설 법제의 입법원칙", 「토지공법연구」, 73집 2호, 2016.2., 571-588쪽; 고문현·안태용, "CCS 관련 법적 쟁점", 「법학논총」, 숭실대학교 법학연구소, 제35집, 2016.1., 31-74쪽; 김광수, "이산화탄소 저감을 위한 CCS 법의 구성과 재구성", 「행정법연구」, 55권, 2018.11., 105-125쪽; 김동련, "국책사업시 주민소통방안에 관한 연구- R&D 국책연구사업을 중심으로", 「토지공법연구」, 88집, 2019.11., 215-236쪽; 유태신·고문현, "CCS 지중저장에 대한 지진 위험의 법률적 대처방안", 「법학논총」, 숭실대학교 법학연구소, 44권, 2019.5., 213-254쪽 등 참조.

제71조), 부칙(제1조-제6조) 등으로 구성되어 있다.

### (2) 법률안의 명칭: 가칭 「이산화탄소 저장 등에 관한 법률」안

이 법은 기본적으로 이산화탄소 지중저장에 관한 법률이지만, 저장은 포집·수송에 이어 연속되는 단계로서 포집과 수송 과정에서도 이산화탄소 누출과 환경오염 등의 문제(예를 들어, 수송 단계에서의 파이프라인 등 누출에 대한 관리를 위하여 포집된 이산화탄소 스트림 수송 과정에서의 안전을 위한 농도 기준의 설정 등 환경관리의 문제)가 있을 수 있으므로, 포집과 수송도 환경부가 주관하는 이 법에서 다루도록 하였다. 여러 부처와의 관련성을 고려하여 규정되는 융합법제가 많아지고 있는 최근의 법률에서는, 소관부처에 따라 법률을 각각 나누어 규정하는 것이 아니라, 관련되는 내용을 하나의 법률(융합법)에서 규정하면서, 법률과 하위법령에서 어느 한 부처가 주관하되 주요 관련 부처는 제도를 함께 운영·관리하는 형태를 취하는 경우가 많은바, 이 법에서도 그런 사항을 충분히 고려하여 규정하는 것이 타당할 것으로 판단하였다.

구체적으로 산업통상자원부와 해양수산부 소관의 사항의 구체적인 부분은 대통령령에서 규정하고, 부령으로 규정해야 할 성격의 것은 법률에서 공동부령으로 위임하여 규정하도록 하였다. 이러한 점을 고려할 때, 법률의 제명을 「이산화탄소의 포집·수송 및 저장에 관한 법률」로 할 수 있을 것이지만, 이 법에서는 저장이 중심이 되므로, 「이산화탄소 저장 등에 관한 법률」로 하였다.

### (3) 가칭 「이산화탄소 저장 등에 관한 법률」안의 내용 및 해설

## 제1장 총칙(제1조-제6조)

**제1조(목적)**

이 법은 기후변화에 능동적으로 대응하기 위하여 지구온난화의 원인이 되는 온실가스인 이산화탄소의 포집・수송・저장 등과 그에 필요한 기술의 연구・개발 등에 관한 사항을 규정함으로써 쾌적하고 안전한 환경을 유지하고 친환경적이며 지속가능한 발전을 도모하며 국제사회에서 성숙한 선진 일류국가로서 책임을 다하는 데 이바지함을 목적으로 한다.

[해설] 환경부의 소관 업무인 기후변화 대응과 환경문제의 해결을 위한 방안의 일환으로 지구온난화를 가져오는 온실가스 중 이산화탄소의 포집 · 수송 및 저장과 이 사업의 관건이 되는 관련 기술의 연구 · 개발에 관한 사항 등에 관한 사항을 법제화함을 밝히고, 쾌적하고 안전한 환경과 친환경적이며 지속가능한 발전을 도모한다는 등의 환경적 측면에서의 법 목적을 강조함.

**제2조(정의)**

이 법에서 사용하는 용어의 뜻은 다음과 같다.

1. "배출"이란 사람의 활동이나 경제활동에 수반하여 발생하는 이산화탄소(CO2를 말한다. 이하 같다)를 대기 중에 내보내는 것을 말하며, 방출 및 누출을 포함한다.

[해설] "배출"이라는 용어는 본문 중 많이 사용되고 있으므로, 그 의미를 명확하게 하는 차원에서 정의 규정을 둠.

2. “포집”이란 대통령령으로 정하는 바에 따라 일정 규모 이상의 이산화탄소 배출시설에서 배출되는 이산화탄소를 일정한 용기나 시설에 모으는 것을 말한다.

[해설] 대통령령에서 정할 사항이 다수이므로 포괄적 위임 문구를 사용한 것인바, 포집을 하는 배출시설의 범위와 저장이 가능한 포집의 기술적 요소 등은 하위법령에서 구체화할 것임.

3. “수송시설”이란 포집된 이산화탄소를 저장소로 옮기기 위한 다음 각 목의 어느 하나에 해당하는 시설(대통령령으로 정하는 시설은 제외한다)을 말한다.

가. 수송관

나. 공작물 등의 시설

다. 자동차・선박 등의 교통수단

[해설] 이 법에서 별도로 다루는 수송시설의 범위를 설정하려는 것으로, 자동차나 선박 등도 수송시설에 해당할 수 있을 것이나 법률에서 규정할 필요가 없는 시설은 대통령령으로 규정하여 제외하도록 함.

4. “수송로”란 수송시설 중 수송관 등 환경부령(수송시설이 해양수산부장관의 소관사항일 경우에는 해양수산부령을 말한다. 이하 이 장에서 같다)으로 정하는 시설을 말한다.

[해설] 본문에서 많이 나오는 용어이므로, 정의 규정에 두되, 본문에서는 그 내용에 따라 ‘수송로’로 할 것인지 ‘수송시설’로 할 것인지를 명확하게 할 필요가 있음.

5. “저장”이란 포집된 이산화탄소가 다른 물질로 변하될 때까지 비산(飛散)되거나 누출되지 아니하도록 지하공간(해수면 아

래의 지하공간을 포함한다. 이하 같다)에 차단해 두는 것을 말한다.

[해설] "저장"이란 육상 지중저장과 해수면 아래의 지중저장을 포괄하는 것으로 하는 것이 적정하며, 정의 규정 중 '비산'은 이산화탄소가 공기 중에 퍼지는 것을 지칭함.

6. "저장소"란 포집된 이산화탄소를 수송시설로부터 받아 주입시설(포집된 후 수송시설을 통하여 저장소로 옮겨진 이산화탄소를 저장소에 전달하기 위하여 설치된 구조물을 말한다. 이하 같다)을 통하여 저장하는 장소로서 제32조제1항에 따라 승인된 저장공간을 말하며 육상 지중저장 또는 해양 지중저장을 하기 위한 시설과 그 주변시설 및 관계시설을 포함한다.

[해설] "저장소"의 개념에 저장공간 외에 주입시설과 주변시설 등까지를 포함함. 임시저장소의 경우 제32조제2항에서 저장소가 해양에 설치되는 경우 해양의 지중에 저장하기 전에 불가피하다고 인정되는 경우에 환경부장관의 승인을 받아 해양 인근의 육지에 설치하는 것으로 하고 있고, 본문에서 여러 번 나오는 것이 아니므로, 해당 조문에서 규정함.

7. "가이드라인"이란 이산화탄소의 포집・수송・주입 및 저장과 환경관리 업무를 수행하는 자 등이 구체적으로 준수해야 하거나 기준으로 삼을 수 있는 세부적인 업무 등의 지침을 정해 놓은 안내서로서 환경부장관(수송 및 저장이 해양에서 행해지는 부분에 대하여는 해양수산부장관을 말한다)이 관계 중앙행정기관의 장과 협의하여 제정하여 고시한 것을 말한다.

[해설] 포집・수송 및 저장에서 기술적 요소가 많음을 고려하여 환경부장관이 관계 중앙행정기관의 장과 협의하여 고시의 형태로 제정

하도록 하되, 기술지침으로서 육상저장과 해양지중에 대하여 별도로 제정하도록 함.

8. "이산화탄소 스트림(Stream)"이란 이 법에 따른 저장을 목적으로 포집된 이산화탄소로서 환경부령으로 정하는 기준(조성의 경우 환경부장관이 정하여 고시하는 기준을 말한다)에 적합한 것을 말한다.

[해설] 이 정의는 이산화탄소 포집과 관련한 중요한 개념으로서, 저장할 수 있고 저장의 경제적 실익이 있는 수준으로 포집할 것을 요구하는 것과 관련된 것임. / 이산화탄소와 이산화탄소 스트림에 대한 명확한 구분 기준을 마련하여, 그에 따라 전체 규정이 통일적으로 규정될 수 있도록 할 필요가 있음.

**제3조(이산화탄소 저장 등의 기본원칙)**

이산화탄소의 저장 등은 다음 각 호의 원칙에 따라 계획되고 시행・관리되어야 한다.

1. 지속가능한 발전의 토대 위에서 미래 세대에 대한 책임을 인식함과 아울러 국민이 건강하고 쾌적하며 장기적인 안전성(저장된 이산화탄소와 부수적 성분이 적절한 대비책에 의하여 인간과 환경을 침해하지 아니하도록 완전하고 영구적으로 보관되도록 보장된 상태를 말한다)이 유지되는 가운데 평온한 환경에서 생활할 수 있도록 할 것

[해설] 독일 CCS법상 "장기적인 안전성"에 관한 규정을 참고한 것임.

2. 이산화탄소 감축을 위한 다른 녹색기술과 녹색산업과의 조화와 균형이 이루어지도록 할 것

3. 저장과 그 관련 사업에서의 지속적인 기술개발과 투자 확대를 통하여 저장사업의 효율성과 안전성을 높이고 산업의 경쟁력 향상에도 도움이 되도록 할 것

4. 기후변화에 대한 대응 등과 관련하여 성장잠재력과 경쟁력이 높은 저장 산업 분야에 대한 중점적인 투자와 지원을 강화할 것

5. 저장의 안전성과 과정 등에 관한 정보가 지역주민에게 충분히 제공되고 정부, 지방자치단체, 저장사업자와 지역 주민이 합의를 통하여 최대한 동의를 받고 소통하는 과정을 거치면서 사업이 추진될 것

6. 저장된 이산화탄소의 누출로 인한 토양과 수질, 인간과 생태계에 영향이 없도록 하기 위하여 관련된 규제와 의무 그리고 책임을 적정하고 명확하게 할 것

7. 이산화탄소 포집·수송 및 저장 등 전후 단계의 과정과 긴밀한 연계되도록 할 것

8. 기후변화 문제의 해결, 성장동력의 확충, 기업의 경쟁력 강화, 국토의 효율적 활용과 쾌적한 환경 조성 등을 포함하는 종합적인 국가 발전전략 아래 추진할 것

9. 저장에 관한 새로운 국제적 동향(動向)을 조기에 파악·분석하여 국가 정책에 합리적으로 반영하고, 국제사회의 구성원으로서 책임과 역할을 성실히 이행하여 국가의 위상과 품격을 높일 것

[해설] 기본원칙이므로 내용상 당연한 것이더라도 중요한 사항은 강조하는 차원에서 필요한 부분은 규정하고, 환경부 입장에서 필요한 경우(예: 제4호) 문구를 조정함. / 사업화 등을 통해 경제적 효과를

도모하도록 하는 부분은 경제혁신 3개년 계획에 반영될 때의 요구 사항이므로 여기에서 명확하게 규정해 줄 필요가 있음. / 지중저장 및 해중저장의 필요성과 저장에 따른 여러 문제의 합리적인 해소 등과 관련하여 요약하여 제시하되, 특히 관련 기술의 개발 및 산업화와 저장 외 이산화탄소의 활용에도 유의

**제4조(국가와 지방자치단체 등의 책무)**

① 국가는 대규모로 배출되는 이산화탄소와 관련하여 다음 각 호의 사항을 위한 시책을 강구하여야 한다.

1. 「기후변화에 관한 국제연합 기본협약」과 관련 국제규범에 따른 원칙에 맞는 국제적인 수준의 이산화탄소 배출 및 처리에 관한 전략의 수립
2. 포집·수송 및 저장을 위한 혁신적인 에너지 기술의 개발과 그 촉진
3. 포집·수송 및 저장을 위한 관련 산업의 발전
4. 안전하고 효율적인 포집·수송 및 저장 방안의 수립
5. 포집·수송 및 저장과 관련한 대국민 홍보와 소통
6. 포집한 이산화탄소를 유용한 물질로 변환시키는 기술의 개발 및 산업화

② 지방자치단체는 다음 각 호의 사항을 위한 시책을 강구하여야 한다.

1. 포집·수송 및 저장을 위한 국가 시책에의 적극적인 협력
2. 수송 및 저장을 위한 수송시설과 저장소 확보 등의 과정에서의 관련 교육·홍보와 지역 주민과의 소통·협력
3. 관할 구역 내에서의 저장을 위한 구체적인 계획 수립과

사업의 집행 과정에서 그 계획과 사업이 원활하게 수행되도록 하는 방안

③ 이산화탄소의 포집·수송 및 저장을 담당하는 주체는 다음 각 호의 사항을 강구하여야 한다.

1. 기업활동의 모든 과정에서 이산화탄소의 배출을 줄이되, 대규모로 배출되는 이산화탄소에 대해서는 초기부터 이 법에 따라 포집·수송 및 저장하는 방안의 검토
2. 정부와 지방자치단체가 시행하는 포집·수송 및 저장에 관한 정책에 대한 적극적인 참여와 협력

[해설] 이 법의 목적 달성을 위하여 국가나 지방자치단체 등이 수행해야 할 책무 등을 정한 규정임. / 국가가 강구할 시책 중 포집한 이산화탄소를 저장하는 것은 물론, 포집한 이산화탄소를 유용한 물질로 변환시키는 것과 관련된 기술 개발과 산업화에 대한 사항도 국가 시책의 대상으로 할 수 있을 것임. / 이산화탄소 저장은 초기 단계에서 원칙적으로 국가사무로 했지만, 수송관 및 저장소 입지지역의 지방자치단체의 협력도 긴요하며 포집·수송부터 저장에 이르는 여러 단계를 담당하는 민간 주체들의 정책 협력 의무를 선언적으로 규정하는 것도 의미가 있으므로, 여기에 규정함.

**제5조(적용 범위)**

이 법은 이산화탄소의 포집(이 법에 따른 포집으로 한정한다)·수송, 저장소의 탐사, 저장, 저장소 사후관리, 변환에 관한 다음 각 호의 사항(연구 목적을 위한 시범사업을 포함한다)에 대하여 적용한다.

1. 관련 시설과 장치의 검사, 감독
2. 관련 인허가 제도

3. 저장소와 관련시설 등의 폐쇄와 사후관리

4. 이산화탄소의 지하 암반층 및 해수면 아래 암반층 등에의 영구 저장에 관한 실험과 실증

5. 저장과 관련한 일련 과정상의 모니터링

6. 안전성 조치에 관한 사항

[해설] 이 법이 적용되는 대상이나 사항을 명백하게 하기 위하여 두는 규정인바, 저장을 위한 포집부터 저장까지의 각 단계에 대하여 법적 규율의 범위를 규정함. / 연구 목적의 것과 시범사업을 위한 것도 포함함을 명시적으로 규정함.

**제6조(다른 법률과의 관계)**

① 이산화탄소의 포집・수송 및 저장에 관하여 다른 법률에 특별한 규정이 있는 경우를 제외하고는 이 법이 정하는 바에 따른다.

② 이산화탄소 스트림에 대하여는 「폐기물관리법」 및 「고압가스안전관리법」을 적용하지 아니한다.

[해설] 다른 법에서 규율하고 있는 사항과 중복되거나 상호 연관되어 있는 경우, 즉 법 규정은 법령 상호간에 유기적으로 결부되어 종합적인 법체계를 구성하고 있는 것을 고려하여 두는 규정인바, 이 법이 이산화탄소 저장에 관한 일반법임을 나타내고 다른 법률과의 상충으로 인한 다른 부처와의 모순・저촉을 방지하기 위한 규정임. 별도 입법의 필요성을 명확히 하기 위하여 포집・수송 및 저장 대상인 이산화탄소 스트림이, 「폐기물관리법」상의 폐기물이 아님을 명시하고, 「고압가스안전관리법」에서 포집된 이산화탄소에까지 적용하는 것은 아니라는 점을 명확히 함.

향후, 관련 개별 법령과의 관계, 관계부처가 마련된 CO2 저장 관련 법률과의 조정, 협의 · 논의 결과를 충분히 고려하여, 이 법의 규율 내용과 밀도를 조정해야 할 것임.

## 제2장 이산화탄소 포집 · 수송 및 저장 기본계획의 수립 등 (제7조-제10조)

**제7조(이산화탄소 포집 · 수송 및 저장 기본계획)**

① 환경부장관은 포집 · 수송 및 저장을 안전하고 효과적으로 수행할 수 있도록 하고, 관련 정책을 체계적으로 수립 · 집행하기 위하여 대통령령으로 정하는 바에 따라 관계 중앙행정기관의 포집 · 수송 및 저장 관련 계획과 시책 등과의 조정을 거치고 포집 · 수송 및 저장 관련 계획과 시책 등을 종합하여 5년마다 이산화탄소포집 · 수송 및 저장 기본계획(이하 "기본계획"이라 한다)을 수립 · 시행하여야 한다.

② 기본계획에는 다음 각 호의 사항이 포함되어야 한다.

1. 포집 · 수송 및 저장 정책의 기본 방향과 목표에 관한 사항
2. 포집 · 수송 및 저장에 관한 국내 · 외 동향과 관련 산업의 발전 전망에 관한 사항
3. 포집 · 수송 및 저장 기술의 연구 · 개발과 사업화 및 포집 · 수송 · 저장 기술 · 산업의 국제경쟁력 강화를 위한 시책에 관한 사항
4. 포집 목표량과 포집된 이산화탄소의 수송 및 저장을 위한 시설의 규모를 종합적으로 통제 조정하는 사항
5. 수송 수단별 분담률에 관한 사항

6. 저장소의 부지 선정 및 확보 등에 관한 사항
7. 포집·수송 및 저장 시설에 대한 투자계획에 관한 사항
8. 포집·수송 및 저장과 관련된 안전의 확보에 관한 사항
9. 포집·수송 및 저장에 관한 국민 소통과 사회적 수용성 향상에 관한 사항
10. 포집·수송 및 저장 관련 기술 등의 시범사업에 관한 사항
11. 저장 후 모니터링 기술 등에 관한 사항
12. 포집한 이산화탄소의 전환에 필요한 기술의 개발 및 산업화
13. 그 밖에 포집·수송 및 저장에 관하여 필요한 사항으로서 대통령령으로 정하는 사항

③ 환경부장관은 기본계획을 수립할 때에는 제9조에 따른 이산화탄소 포집 및 저장 위원회의 심의를 거쳐야 한다. 기본계획의 내용 중 대통령령으로 정하는 중요 사항을 변경하려는 경우에도 또한 같다.

④ 환경부장관은 관계 중앙행정기관의 장, 지방자치단체의 장과 관련 공공기관의 장에게 제1항에 따른 기본계획의 수립에 필요한 자료를 요청할 수 있다. 이 경우 관계 중앙행정기관의 장, 지방자치단체의 장 또는 공공기관의 장은 특별한 사유가 없으면 이에 협조하여야 한다.

⑤ 환경부장관은 기본계획의 수립을 위하여 필요한 때에는 해당 분야에 대한 실태조사를 실시할 수 있다.

⑥ 환경부장관은 수립된 기본계획을 관보에 고시하고, 관계 중앙행정기관의 장, 지방자치단체의 장과 관련 공공기관의 장에게 송부하여야 한다.

[해설] 포집 및 저장 능력 간 균형이 맞아야 하므로 이를 기본계획에서 다루도록 하고 포집된 이산화탄소를 저장만 할 것이 아니라 활용하는 데에도 관심을 갖도록 하고, 기본계획의 수립에 필요한 실태조사의 근거 마련(소요예산 확보의 법적 근거)하며, 기본계획의 중요성에 비추어 관보에 고시하도록 함.

이와 관련하여 예상되는 쟁점은, 기후변화 대응의 중요성과 사업자에 대한 온정적 정책 배제를 위하여 환경부장관이 더 적합하다고 보나, 기본계획의 수립 주체와 관련하여 환경부장관 외에 산업통상자원부장관도 거론될 수 있다는 것인 바, 누가 맡든 대통령령이 정하는 바에 따라 부처 간 협의·조정을 거쳐서 수립하도록 하되, 총괄적 업무를 담당할 부처는 특정할 필요가 있을 것임. 이와 관련하여 부문별로 수립 주체 달리하는 방안도 생각해 볼 수는 있으나, 기본계획은 단일 부처에서 수립하도록 하고, 시행계획은 부문별로 소관부처에서 수립하게 하는 방안이 타당하다고 봄.

**제8조(이산화탄소 포집 및 저장 시행계획)**

① 환경부장관과 관계 중앙행정기관의 장은 기본계획에 따라 소관(소관이 명확하지 아니한 경우에는 환경부장관 소관으로 한다)사항에 대하여 매년 이산화탄소 저장 시행계획(이하 "시행계획"이라 한다)을 수립·시행하여야 한다.

② 시행계획에는 다음 각 호의 사항이 포함되어야 한다.

1. 기본계획의 해당 연도 추진을 위한 세부 실행계획
2. 기본계획과 관련 있는 다른 계획과 정책의 조정에 관한 사항
3. 해당 연도의 추진 목표와 성과관리에 관한 사항
4. 관계 중앙행정기관, 지방자치단체와 그 밖에 저장사업에

참여하는 법인·단체나 기관의 역할에 관한 사항

5. 그 밖에 저장사업의 시행과 관련하여 필요한 사항

③ 환경부장관과 관계 중앙행정기관의 장은 시행계획을 수립한 때에는 전년도 시행계획의 추진 실적과 함께 제9조에 따른 이산화탄소 포집 및 저장 위원회에 제출하여야 한다.

④ 시행계획의 수립과 추진 실적의 제출 절차 등에 관하여 필요한 사항은 대통령령으로 정한다.

[해설] 시행계획은 이를 수립하여 구체적으로 실행까지 하기 위한 것이므로, 기본계획을 토대로 각 관계부처 단위로 수립하도록 하고 소관이 불명확한 경우는 환경부장관의 소관으로 하여 환경부가 이 법의 총괄 부처임을 명확히 함. / 환영영향평가법상 주요 평가항목과 관련하여 시행계획에 포함될 사항은 기술 전문가의 판단을 바탕으로 하여 법률에는 주요 사항을, 대통령령에는 보다 세부적인 사항을 규정하면 될 것임.

**제9조(이산화탄소 포집 및 저장위원회)**

① 이산화탄소의 포집 및 저장에 관한 다음 각 호의 사항을 심의하기 위하여 국무총리 소속하에 이산화탄소 포집 및 저장 위원회(이하 "위원회"라 한다)를 둔다.

1. 기본계획의 수립·시행에 관한 사항
2. 시행계획의 수립과 전년도 시행계획의 추진실적 점검에 관한 사항
3. 포집 및 저장에 필요한 제도의 도입과 개선에 관한 사항
4. 포집 및 저장 시책에 관한 행정기관 간 업무 협력에 관한 사항

5. 그 밖에 포집 및 저장과 관련된 사항으로서 대통령령으로 정하는 사항

② 위원회는 위원장 1명을 포함한 25명 이내의 위원으로 구성한다.

③ 위원회의 위원장은 국무총리가 되고, 위원은 다음 각 호의 사람으로 한다.

1. 이산화탄소의 포집 및 저장과 관련이 있는 다음 각 목의 중앙행정기관 등의 장
   가. 기획재정부
   나. 미래창조과학부
   다. 행정자치부
   라. 산업통상자원부
   마. 환경부
   바. 국토교통부
   사. 해양수산부
   아. 국민안전처
   자. 국무조정실
   차. 그 밖에 대통령령으로 정하는 중앙행정기관의 장
2. 포집·수송 및 저장에 관한 학식과 경험이 풍부한 사람으로 위원장이 직접 위촉하거나 관계 중앙행정기관의 장의 추천을 받아 위촉하는 사람

④ 위원회의 원활한 운영을 위하여 위원회에 사무기구를 두되, 사무기구의 장은 국무조정실장이 되고, 소속 직원은 제3항 각 목의 기관 등에서 파견한 공무원으로 한다.

⑤ 위원회는 제1항 각 호의 사항에 관한 업무를 효율적으로

수행하기 위하여 위원회에 분야별 전문위원회를 둘 수 있다.

⑥ 위원회는 포집 및 저장 등의 관리와 사업에 관한 전문적인 자문 지원을 위하여 부문별로 각계 대표로 구성된 자문단을 둘 수 있다.

⑦ 위원회, 사무기구, 분야별 전문위원회와 자문단의 구성·운영에 필요한 사항은 대통령령으로 정한다.

[해설] CCS 사업이 규모가 방대하고 오랜 기간이 걸리는 국책사업임을 고려하고, 여러 부처가 관련되어 범정부적으로 추진해야 할 사업이므로 국무총리가 직접 관여하게 할 필요가 있으므로 국무총리 소속의 위원회로 하고 국무조정실장이 간사 기능을 수행함. / 사무국 설치 등에 관해서는 행정자치부와 기획재정부의 반대도 예상되지만 포집 및 저장 업무의 방대함과 중요성에 비추어 사무국이 필요한바, 사무국에는 관련 부처 소속 공무원의 파견을 받을 수 있도록 할 필요가 있는데, 이는 대통령령에서 규정하도록 함.

포집 및 저장 외에 앞에서와 같이, "수송"의 경우에도, 환경부가 관리하고 관여할 부분도 있고, 법률이므로 관련 부처의 소관 사항도 함께 규율할 수 있으므로, 이 위원회의 명칭과 규율 사항 등과 관련하여, 포함시킬지에 추가 검토가 필요함.

**제10조(재원 확보)**

① 정부는 기본계획과 시행계획을 효과적으로 추진하기 위하여 필요한 재원(財源)을 지속적이고 안정적으로 마련할 수 있는 방안을 강구하여야 한다.

② 정부는 제1항에 따라 마련된 재원을 활용하여 이산화탄소의 포집·수송 및 저장이 이산화탄소 등 온실가스 감축을 위한

효과적인 정책수단이 되도록 필요한 지원이 충분히 이루어지도록 하여야 한다.

[해설] CCS가 초기에는 신재생에너지 정책이나 배출권거래제 등 다른 정책수단에 비하여 고비용 저효율일 수 있다는 점에 대비하여, 정부가 필요한 지원(예를 들어, 초창기 포집된 이산화탄소의 수송·저장 비용을 원가 이하로 책정하여 포집의무자의 부담을 덜어주도록 하는 등의 지원)을 하도록 재원이 마련되어야 함을 명시함.
재원 확보와 관련한 사항은 법률상으로는 훈시적인 규정으로 둘 수 밖에 없고, 보다 구체적인 것은 이를 바탕으로 하여 구체적인 계획 단계에서 자금조달계획 등을 마련하여 추진해야 할 것임. / 이 조문은 재원 확보 규정이고, 확보된 재원의 사용에 대해서는 다른 해당 규정에서 주체별로 보다 구체적으로 규정하면 될 것임.

## 제3장 이산화탄소 포집시설 등(제11조-23조)

### 제11조(포집시설의 설치의무 및 승인)

① 「전기사업법」 제7조에 따라 허가를 받은 발전사업자로서 이산화탄소를 배출하는 사업자(이하 "포집시설 설치의무자"라 한다)는 발전소 등 이산화탄소를 배출하는 시설을 건설하는 때에는 대통령령으로 정하는 기준과 규모의 이산화탄소 포집시설(이하 "포집시설"이라 한다)을 설치하여야 한다. 이 경우 포집시설 설치의무자는 제2항에 따른 부지를 사전에 확보한 후 대통령령으로 정하는 기간이 지난 후 포집시설을 설치하여야 한다.

② 포집시설 설치의무자가 발전소나 그 밖의 이산화탄소 배출시설을 건설하는 때에는 포집시설과 포집한 이산화탄소를 보관하는 시설의 설치를 위하여 대통령령으로 정하는 규모의 부

지를 사전에 확보하여야 한다.

③ 포집시설 설치의무자가 포집시설을 설치하려는 때에는 대통령령으로 정하는 바에 따라 환경부장관에게 설치계획서를 제출하여 승인을 받아야 한다.

④ 제3항에 따라 승인을 받은 포집시설 설치의무자가 승인받은 사항 중 대통령령으로 정하는 중요한 사항을 변경하려면 변경승인을 받아야 하고, 대통령령으로 정하는 중요한 사항 외의 사항을 변경하려면 변경신고를 하여야 한다.

⑤ 제3항과 제4항에 따른 승인 또는 변경승인과 변경신고 수리의 기준은 다음 각 호와 같다.

1. 제1항에 따른 포집시설의 기준과 규모에 적합할 것
2. 포집시설에서 이산화탄소 스트림으로 이산화탄소를 포집할 수 있을 것
3. 다른 법률에 따른 포집시설 설치 제한에 관한 규정을 위반하지 아니할 것

⑥ 발전소나 그 밖의 이산화탄소 배출시설 설치허가를 담당하는 기관은 제2항에 따른 부지가 확보되지 아니한 경우에는 설치허가를 하여서는 아니 된다.

[해설] 발전소 등 이산화탄소를 배출하는 시설을 건설하는 때의 포집시설의 기준과 규모의 대강을 법률에서 정하는 것이 바람직하나, 하위법령으로 규정할 사항이 확정된 후 그 골격을 법률에 규정해야 할 것임.

포집시설 설치는 궁극적으로 이산화탄소 배출량 저감을 위한 것이며 배출량 저감은 CCS 외에 신재생에너지 개발 등의 수단도 있지만 개별 배출사업자의 입장에서는 CCS가 책임분담에 가장 간편한 방

식임.

한편, 온실가스배출권을 확보하여 배출하게 하는 것도 배출량 저감 대책이므로 배출사업자가 배출권 확보에 드는 비용과 포집에 드는 비용을 비교하여 포집 여부를 결정하게 할 수도 있음. 그러나 CCS를 위해서는 계획에 따라 일정 규모의 저장소를 설치하고 수송수단을 확보하는 등의 인프라 구축이 반드시 필요하므로 배출사업자가 임의로 판단하게 할 것이 아니고 일정 규모 이상의 것은 반드시 포집의 방법에 의하도록 강제할 필요가 있음. 따라서 우선 발전사업자에 대하여 법령에 의하여 포집 할당량을 부과하고 이를 강제적으로 포집하게 하는 방안을 제도화함.

포집시설은 저장소 탐사와 설치 및 수송수단 확보 등이 선행되어야 하므로 상당 기간이 걸림과 아울러 포집시설의 설치에 대규모 부지가 필요하고 발전소 신설 시 해당 부지를 같이 확보해야 하므로 부지확보 의무를 법에서 강제하고, 위반 시 발전소 설치허가를 하지 않도록 하며(이는 「전기사업법」 등에서 규정할 사항일 수도 있지만 이 법에서 의무를 부과했으므로 이 법에서 규정하는 것이 체계상 바람직함), 포집시설은 저장소 등을 갖추는 기간을 고려하여 대통령령으로 정한 기간 후에 설치하도록 함.

포집시설 설치의무에 대한 강제수단으로서는 포집미달량만큼 과징금을 부과하게 하고, 미달에 대하여 벌칙은 과하지 않도록 함. 다만, 포집의 안전성 등을 확보하게 하기 위하여 포집시설의 설치에 대해서는 승인제도를 도입하고, 이러한 제도의 실효성을 확보하기 위해 벌칙 규정을 둠.

포집시설 설치 승인기준에서 이산화탄소 스트림으로 포집하게 한 것은 스트림 자체의 개념이 정의되고 환경부장관이 정하는 순도 요건 등이 있으므로, 여기에서는 이산화탄소 스트림 형태로 포집하게 하는 것만으로 충분함.

포집시설 설계자 및 시공자에 대한 규제도 고려할 수 있지만 규제 신설을 피하기 위하여 여기서 규정하지 않고 환경부장관의 완공검사 등으로 대처하도록 함.

제5항제2호에 따른 기준은 구체적이고 명확하지 않은바, 이를 기준으로 인용하고 있는 부분도 있다는 점 등을 고려해서 이를 구체적이고 명확하게 규정하는 방안의 검토가 필요할 것으로 봄.

**제12조(인허가 의제)**

① 포집시설 설치의무자가 제11조제3항 및 제4항에 따라 포집시설 설치의 승인 또는 변경승인을 받거나 변경신고를 한 경우에는 그 포집시설과 관련된 다음 각 호의 허가 또는 변경허가를 받거나 신고 또는 변경신고를 한 것으로 본다.

1. 「대기환경보전법」 제23조제1항부터 제3항까지의 규정에 따른 배출시설의 설치허가·변경허가 또는 신고·변경신고
2. 「수질 및 수생태계 보전에 관한 법률」 제33조제1항부터 제3항까지의 규정에 따라 배출시설의 설치허가·변경허가 또는 신고·변경신고
3. 「소음·진동관리법」 제8조제1항이나 제2항에 따른 배출시설의 설치허가나 신고·변경신고

② 환경부장관은 제1항 각 호의 어느 하나에 해당하는 사항이 포함되어 있는 포집시설의 설치승인 또는 변경승인을 하려면 같은 항 각 호의 어느 하나에 해당하는 허가 또는 신고수리의 권한이 있는 관계 행정기관의 장과 협의하여야 한다.

③ 제1항에 따라 허가 등의 의제를 받으려는 자는 승인 또는

변경승인을 신청할 때에 해당 법률에서 정하는 관련 서류를 함께 제출하여야 한다.

④ 인허가 등의 의제에 관한「전원개발촉진법」 제6조는 발전소에 설치되는 포집시설의 설치의 경우에 준용한다.

[해설] 포집시설 설치를 지원하기 위한 인허가 의제 규정인바, 제4항의 경우 「전원개발촉진법」상의 인허가 의제를 추가(발전소에 설치되는 포집시설은 발전소의 일부이지만 「전원개발촉진법」상의 발전소 건설과는 별개로 설치하므로 같은 법상의 인허가 의제가 적용되지 않지만, 면적이 넓다는 점 등에 비추어 그 의제 사항을 이 법에 따른 포집시설 설치를 지원하기 위한 인허가 의제 대상에 포함시킬 필요가 있음)하려는 것임.

**제13조(포집시설의 설계와 시공)**

포집시설의 설치나 변경은 「환경기술 및 환경산업 지원법」 제15조에 따른 환경전문공사업자가 설계・시공하여야 한다.

[해설] 이는 포집시설의 안전성과 효율성 등 기술적 요건 충족을 위한 규정인바, 안전 등을 고려하여 기본적으로 「환경기술 및 환경산업 지원법」 제15조에 따라 환경전문공사업의 등록한 한 자로 한 것이기 때문에 문제가 없다고 보나, 설계와 시공 중 제외할 부분이 있는지는 다른 입법례 등을 참고하고 향후 검토해 볼 필요가 있음. 무자격자가 시공한 경우 사용승인을 받지 못하거나 제22조에 따라 사용승인이 취소되는 것은 물론, 제재 대상이 되도록 하고 있음.

**제14조(포집시설의 완공검사 등)**

① 포집시설 설치의무자가 포집시설의 설치 또는 변경을 완

료한 때에는 환경부장관의 완공검사를 받아야 한다.

② 환경부장관은 완공검사에 합격한 경우 사용승인을 하여야 하며, 포집시설 설치의무자는 사용승인을 받은 후에 포집시설을 사용하여야 한다.

③ 포집시설 설치의무자는 제2항의 사용승인을 받은 후 그 포집시설을 가동하려면 환경부령으로 정하는 바에 따라 60일 전에 환경부장관에게 가동개시 신고를 하여야 한다.

④ 포집시설 설치의무자가 포집시설의 가동을 중단한 경우에는 환경부령으로 정하는 바에 따라 환경부장관에게 가동중단 신고를 하여야 한다.

⑤ 제1항에 따른 완공검사, 제2항에 따른 사용승인, 제3항에 따른 가동개시 신고와 제4항에 따른 가동중단 신고의 방법 및 절차는 환경부령으로 정한다.

[해설] 안전 확보를 위하여 완공검사와 사용승인 제도를 도입하고, 포집시설의 가동과 포집량 통계 산출을 위하여 가동개시 신고제도를 도입하려는 것임. / 이를 위반한 때에는 사용승인 취소 규정과 완공검사를 받지 않은 경우에 대해서는 벌칙 규정, 가동신고를 하지 않은 경우에 대해서는 과태료 규정을 둠.

**제15조(공동 포집시설의 설치 등)**

① 산업단지나 그 밖에 발전소 등이 인접된 지역의 포집시설 설치의무자는 배출되는 이산화탄소를 공동으로 포집하기 위하여 공동 포집시설을 설치할 수 있다. 이 경우 공동 포집시설을 설치한 각포집시설 설치의무자는 각 사업장별로 해당 포집시설을 설치한 것으로 본다.

② 포집시설 설치의무자가 공동 포집시설을 설치·운영할 때에는 그 시설의 운영기구를 설치하고 대표자를 두어야 한다.

③ 공동 포집시설의 설치·운영에 관하여 그 밖에 필요한 사항은 대통령령으로 정한다.

[해설] 발전소 밀집지역 등의 경우는 포집시설의 공동설치가 불가피하거나 효율적일 수 있으므로 이에 관한 근거 규정을 두려는 것임.

**제16조(포집시설의 운영)**

① 포집시설 설치의무자(제15조제2항에 따른 공동 포집시설의 대표자를 포함한다. 이하 같다)는 포집시설을 운영할 때에는 다음 각 호의 어느 하나에 해당하는 행위를 해서는 아니 된다.

1. 발전소 등을 운영하면서 포집시설을 운영하지 아니하거나 포집된 이산화탄소를 대기 중으로 배출하는 행위. 다만, 화재나 폭발 등의 사고를 예방할 필요가 있어 환경부장관이 인정하는 경우에는 그러하지 아니하다.
2. 고장 등으로 인하여 이산화탄소가 누출되는 포집시설을 정당한 사유 없이 방치하는 행위
3. 포집시설에 딸린 기계와 기구류의 고장이나 훼손을 정당한 사유 없이 방치하는 행위
4. 환경부장관이 포집에 관하여 고시한 가이드라인에 위반하는 행위
5. 그 밖에 포집시설을 정당한 사유 없이 정상적으로 가동하지 아니하여 대통령령으로 정하는 배출량을 초과하여 이산화탄소를 배출하는 행위

② 포집시설 설치의무자는 포집시설을 운영할 때에는 대통령

령으로 정하는 바에 따라 그 포집시설의 운영에 관한 상황을 사실대로 기록하여 보존하여야 한다.

[해설] 포집시설 가동의 안전성 확보와 불성실 가동 등을 방지하기 위한 규제인바, 제재 규정이 있다는 점을 고려하여 죄형법정주의 원칙에 따라 법률에서 보다 명확하게 규정하는 방안을 해설해 볼 필요가 있음. / 이를 위반한 것과 관련해서는 사용승인 취소와 벌칙 규정을 두고 있음.

**제17조(환경안전관리규정)**

① 포집시설 설치의무자는 포집시설의 안전한 환경을 확보하기 위하여 이산화탄소 누출사고 발생 시의 긴급 대처 방안과 안전관리 체계 등 환경부령으로 정하는 사항을 포함한 환경안전관리규정을 정하여 이산화탄소 포집시설을 운영하기 전에 환경부장관의 승인을 받아야 한다. 이를 변경하려는 경우에도 또한 같다.

② 포집시설 설치의무자와 그 종사자는 제1항에 따른 환경안전관리규정을 지켜야 한다.

③ 환경부장관은 환경부령으로 정하는 바에 따라 포집시설 설치의무자와 그 종사자가 제1항에 따른 환경안전관리규정을 지키고 있는지를 확인하여야 한다.

[해설] 수송의 경우뿐만 아니라 포집의 경우에도 안전관리가 중요하므로 안전관리규정을 제정 · 시행하도록 강제함. / 위 규정을 위반한 경우에 대해서는 사용승인 취소와 벌칙 및 과태료 규정을 두고 있는바, 이를 고려하여 죄형법정주의 원칙에 따라 법률에서 보다 명확하게 규정하는 방안을 검토해 볼 필요가 있음.

**제18조(환경안전관리자)**

① 포집시설 설치의무자는 이산화탄소 포집시설에 대한 환경안전관리를 위하여 환경안전관리자를 선임하여야 한다.

② 제1항에 따라 환경안전관리자를 선임한 포집시설 설치의무자는 환경안전관리자를 해임하거나 환경안전관리자가 퇴직하였을 때에는 해임하거나 퇴직한 날부터 환경부령으로 정하는 기간까지 다른 환경안전관리자를 선임하여야 한다.

③ 환경안전관리자를 선임한 포집시설 설치의무자는 선임한 날부터 환경부령으로 정하는 기간 내에 환경부장관에게 이를 신고하여야 한다.

④ 포집시설 설치의무자는 다음 각 호의 어느 하나에 해당하는 경우에는 대리자를 지정하여 일시적으로 환경안전관리자의 직무를 대행하게 하여야 한다.

1. 환경안전관리자가 여행, 질병이나 그 밖의 사유로 일시적으로 그 직무를 수행할 수 없는 경우
2. 환경안전관리자가 해임되거나 퇴직한 후 후임자가 선임되지 아니한 경우

⑤ 제1항부터 제4항까지의 규정에 따른 환경안전관리자의 자격 요건과 직무 범위 등은 대통령령으로 정한다.

[해설] 안전관리 확보를 위한 통상적 규정이며, 위반 시 사용승인 취소를 할 수 있도록 하고, 벌칙 및 과태료를 부과할 수 있도록 함. / 포집에까지 안전관리자를 두는 것은 과잉규제가 될 수도 있으므로 겸직을 허용할 것인지를 판단하여 필요하다면 법률과 대통령령에서 이를 명확하게 규정할 필요가 있을 것임.

**제19조(환경안전검사)**

① 포집시설 설치의무자는 포집시설에 대하여 환경부장관이 실시하는 다음 각 호의 구분에 따른 환경안전검사를 받아야 한다.

1. 정기검사: 매년 실시하는 검사. 이 경우 그 유효기간은 정기검사일부터 1년으로 하며, 최초 정기검사는 완공검사일부터 1년 이내에 받아야 한다.
2. 수시검사: 사용 중에 이산화탄소 누출사고가 발생하였거나 발생할 우려가 있는 경우로서 환경부장관이 필요하다고 인정할 때 실시하는 검사

② 환경부장관은 제1항에 따른 환경안전검사를 할 때에는 환경부장관이 정하여 고시하는 환경안전검사기준에 적합한지를 확인하여야 한다.

③ 환경부장관은 포집시설 설치의무자가 천재지변이나 그 밖의 부득이한 사유로 제1항에 따른 환경안전검사를 받을 수 없다고 인정되는 경우에는 대통령령으로 정하는 바에 따라 환경안전검사의 유효기간을 연장하거나 환경안전검사의 실시를 유예할 수 있다.

④ 환경부장관은 제1항제1호에 따른 정기검사를 받지 아니한 포집시설 설치의무자에 대해서는 대통령령으로 정하는 바에 따라 검사를 받을 것을 통지하여야 한다.

⑤ 제1항에 따른 환경안전검사의 시행에 필요한 사항은 대통령령으로 정한다.

[해설] 안전관리 확보를 위한 통상적 규정이며, 이를 위반한 경우에

는 사용승인을 취소할 수 있도록 하고, 벌칙을 부과할 수 있도록 하고 있는바, 이를 고려하여 죄형법정주의 원칙에 따라 법률에서 보다 명확하게 규정하는 방안을 검토해 볼 필요가 있음.

**제20조(포집 이산화탄소의 측정)**

① 포집시설 설치의무자가 포집시설을 운영할 때에는 포집한 이산화탄소 조성 및 포집·격리 과정 중에 발생한 물질들을 측정하여 그 결과를 기록하고 보존하여야 한다.

② 제1항의 측정업무는 「환경분야 시험·검사 등에 관한 법률」 제16조에 따른 측정대행업자에게 대행하게 할 수 있다.

③ 제1항에 따른 포집 이산화탄소의 측정 방법과 그 결과의 기록 및 보존, 제2항에 따른 측정의 대행과 그 밖에 포집 이산화탄소의 측정에 필요한 사항은 대통령령으로 정한다.

[해설] 포집된 이산화탄소의 측정은 포집의 효과를 확보하기 위한 중요한 관건이 되므로 이를 엄격하게 측정하여 기록을 보존하도록 하고, 그 위반에 대해서는 처벌 규정을 둠. / 법률 단계에서 하위법령인 시행령이나 시행규칙에서 정할 사항을 모두 파악하는 것이 필요한 바, 그에 따라 법률에 위임 등 근거를 두거나 핵심에 해당하는 기본틀은 법률에서 규정하는 것이 필요하기 때문임. / 기술 전문가가 제시하는 사항을 법령에 규정해야 할 사항은 핵심 위주로 하여 법령문으로 선별해 내도록 하고, 이를 토대로 누락되거나 균형에 맞지 않는 사항을 찾아내어 조정한 후, 소관사항의 원칙(법률 · 시행령 · 시행규칙 사항의 구분)에 맞게 규정하는 지속적인 작업이 필요함.

**제21조(개선명령 등)**

① 환경부장관은 제14조제3항에 따른 가동개시 신고를 한 후 운영 중인 포집시설에서 포집하는 이산화탄소가 제11조제5항제1호에 따른 포집기준에 위배된다고 인정하면 대통령령으로 정하는 바에 따라 기간을 정하여 포집시설 설치의무자에게 그 포집의 정도가 포집기준에 적합하도록 필요한 조치를 취할 것(이하 "개선명령"이라 한다)을 명할 수 있다.

② 환경부장관은 포집시설 설치의무자가 제1항에 따른 개선명령을 따르지 아니하는 때에는 포집시설의 운영을 정지하도록 명할 수 있다.

③ 환경부장관은 포집시설 설치의무자가 정당한 사유 없이 가동을 중지한 경우에는 가동명령을 할 수 있다.

④ 환경부장관은 포집된 이산화탄소의 수송 및 저장시설에 문제가 발생한 경우에는 포집시설의 가동중지명령을 할 수 있다.

[해설] 법령 위반행위에 대하여 바로 제재를 가하는 것보다는 개선명령 제도를 두도록 하되, 개선명령을 위반한 경우에는 경우에 대해서는 벌칙 규정을 둠. / 포집량 확보는 수송시설 및 저장소 운영에 영향을 미치므로 가동명령을 규정하고 수송 및 저장에 문제가 생길 경우에는 포집중단명령을 하며, 이를 위반한 경우에 대해서는 벌칙 규정을 둠.

**제22조(설치계획 승인 및 사용승인의 취소 등)**

환경부장관은 포집시설 설치의무자가 다음 각 호의 어느 하나에 해당하는 경우에는 포집시설의 설치계획의 승인 또는 변경승인 및 사용승인을 취소하거나 변경신고의 수리를 철회하거나 6개월의 범위에서 그 사용을 중지하게 할 수 있다.

1. 거짓이나 그 밖의 부정한 방법으로 승인 또는 변경승인을 받은 경우
2. 거짓이나 그 밖의 부정한 방법으로 신고 또는 변경신고를 한 경우
3. 제13조, 제14조 또는 제16조부터 제21조까지의 규정 중 어느 하나를 위반한 경우

[해설] 법령상의 의무를 확보하기 위한 가장 강력한 수단이 될 수 있으므로 승인 및 사용승인 취소 제도를 도입함(과징금으로 연결되어 제재효과가 큼). / 승인 취소에도 불구하고 포집시설을 가동한 자는 무승인 운영의 경우와 동일하게 처벌할 수 있도록 하는 규정을 둠. / 취소가 너무 가혹한 경우를 고려하여 사용중지 규정도 두고, 사용중지 규정을 위반한 경우에 대해서는 처벌 규정을 둠.

**제23조(과징금 처분)**

① 환경부장관은 다음 각 호의 어느 하나에 해당하는 자에게 제11조제1항에서 정한 설치용량에 미달하는 이산화탄소의 양을 기준으로 하여 대통령령으로 정하는 과징금을 부과·징수할 수 있다. 다만, 포집시설 설치의무자에게 책임이 없는 사유로 인하여 포집시설을 운영하지 못하는 경우에는 그러하지 아니하다.

1. 제11조제1항 및 제2항에 따른 포집시설의 설치의무를 위반하여 이를 설치하지 아니한 자. 이 경우 다음 각 목의 어느 하나에 해당하는 자를 포함한다.

   가. 제11조제3항 및 제4항에 따른 설치계획의 승인 또는

변경승인을 받지 못하거나 변경신고의 수리를 거부당한 자

나. 제22조에 따라 설치계획의 승인 또는 변경승인이 취소되거나 변경신고의 수리를 철회당하여 포집시설을 가동하지 못한 설치의무자

2. 포집된 이산화탄소의 순도기준을 충족하지 못한 설치의무자
3. 포집시설의 고장 등으로 포집시설을 운영하지 못한 포집시설 설치의무자
4. 제21조제2항 또는 제3항에 따른 명령이나 제22조에 따른 사용중지처분으로 인하여 포집시설을 가동하지 못한 설치의무자

② 제1항제1호에 해당하는 자의 경우에는 미설치에 따른 제재로서의 과징금의 금액을 추가할 수 있다.

③ 제1항 및 제2항에 따른 과징금의 산정 방법·금액, 징수시기와 그 밖에 필요한 사항은 대통령령으로 정한다.

④ 환경부장관은 제1항 및 제2항에 따른 과징금을 내야 할 자가 납부기한까지 내지 아니하면 국세 체납처분의 예에 따라 징수한다.

⑤ 제1항 및 제2항에 따라 징수한 과징금은 제50조에 따른 이산화탄소 저장관리기금(이하 "기금"이라 한다)의 세입으로 한다.

[해설] 포집시설설치 의무자가 할당량을 포집하지 않은 경우에 처벌규정을 두는 것보다는 경제적 제재를 가하는 것이 효과적임. / 이 경우 과징금은 「독점규제 및 공정거래에 관한 법률」에서 규정되기 시작한 금전적 제재로서의 과징금에 해당함. / 과징금 미납 시 강제징수 규정을 두고, 과징금은 기금에 넣어 수송 및 저장에 드는 재원으

로 활용하도록 함.

## 제4장 이산화탄소의 수송(제24조-제29조)

**제24조(이산화탄소 수송사업자)**

① 포집된 이산화탄소의 수송은 한국이산화탄소저장관리공단(이하 "공단"이라 한다)과 대통령령으로 정하는 요건에 맞는 사업자로서 환경부장관이 정하는 자(이하 "수송사업자"라 한다)가 관장한다.

② 수송사업자는 대통령령으로 정하는 바에 따라 포집된 이산화탄소 수송에 관한 계획을 수립하여 환경부장관의 승인을 받아야 한다. 승인받은 계획을 변경하려는 경우에도 또한 같다.

③ 환경부장관은 이산화탄소 포집 및 저장의 과정에서 수송에 영향을 미치는 상황이 발생하거나 수송 여건이 변동된 경우 등에는 수송사업자의 수송계획을 변경할 것을 명할 수 있다.

④ 환경부장관은 제2항에 따른 승인을 하거나 제3항에 따른 명령을 할 때에는 국토교통부장관 및 해양수산부장관 등 관계 중앙행정기관의 장과 협의하여야 한다.

⑤ 포집시설 설치의무자는 수송사업자에게 포집된 이산화탄소의 수송을 의뢰할 때에는 대통령령으로 정하는 기준에 따라 산정된 이산화탄소 수송에 드는 비용(이하 "수송비용"이라 한다)을 수송사업자에게 납부하여야 한다.

⑥ 제5항에 따라 납부한 금액 중 공단에 납부한 금액은 기금의 세입으로 한다.

⑦ 수송비용의 납입 절차와 방법 등에 관하여 필요한 사항은

대통령령으로 정한다.

[해설] 포집된 이산화탄소의 수송은 일단 수송사업자가 맡도록 함(「폐기물관리법」에 따른 생활폐기물 처리의 경우 배출된 폐기물을 지방자치단체가 맡는 것과 같음).
현실적으로 수송은 공단이 주도하겠지만, 「철도사업법」의 경우처럼 민간사업자가 수송에 참여하게 할 여지를 둘 필요는 있을 것으로 봄. / 공단은 전반적인 수송계획을 수립하여 환경부장관의 승인을 받도록 하고, 변경명령을 할 수 있도록 하여 수송에 차질이 생기지 않도록 함. / 신재생에너지 개발, 배출권거래권 등 경쟁관계에 있는 수단과의 경합에서 CCS를 지원하려면 수송비용이 산정기준을 대통령령으로 정할 때 적은 비용으로 하도록 하는 방안을 활용할 수 있음.

**제25조(이산화탄소 수송시설 설치승인 등)**

① 수송사업자가 이산화탄소 수송관 등 수송시설 중 환경부령(수송시설이 해양수산부장관의 소관사항일 경우에는 해양수산부령을 말한다. 이하 이 장에서 같다)으로 정하는 시설(이하 "수송로"라 한다)을 설치하려거나 그 설치를 변경하려면 환경부장관(수송시설이 해양에 설치되는 경우에는 해양수산부장관을 말한다. 이하 이 장에서 같다)의 승인을 받아야 한다. 다만, 환경부령으로 정하는 경미한 시설의 설치를 하려거나 그 설치를 변경하려면 환경부장관에게 신고하여야 한다.

② 환경부장관은 제1항에 따른 수송시설의 설치가 환경부령으로 정하는 기술기준(이하 "기술기준"이라 한다)에 부합할 때에는 그 설치를 승인하거나 신고를 수리하여야 한다.

③ 환경부장관은 이산화탄소 수송시설 설치를 승인하거나 변

경승인한 경우에는 대통령령으로 정하는 바에 따라 수송로의 경로를 공표하여야 한다.

[해설] 수송시설 내지 수송로 개념과 관련하여 승인 받는 대상과 그 명칭 등을 명확하게 할 필요가 있음. / 수송사업자가 수송시설을 설치하는 등의 경우에는 환경부장관의 승인을 받도록 함. / 수송계획 전반에 관하여는 제24조에서 별도로 승인을 받도록 했으므로 시설 설치 승인은 기술적 사항에 국한하여 규정함. / 수송로에 관한 일반 국민의 알 권리를 보장하기 위하여 경로 공표를 의무화 함. / 무승인 설치와 무신고에 대해서는 벌칙 및 과태료를 부과하도록 함. / 수송시설의 설치승인에서 이산화탄소 스트림 관련 농도 기준에 관한 규정이 필요한 경우 법률에서는 그 항목이 승인 기준에 포함된다는 정도만 규정하고 구체적인 기준은 그 사항이 다른 부처와 관련되면 대통령령으로, 환경부만 관련된다면 환경부령으로 위임하면 될 것임.

**제26조(인허가 의제)**

① 환경부장관이 제25조제1항에 따른 수송시설의 설치를 승인하거나 같은 조 제1항 단서에 따라 신고를 수리한 경우에는 다음 각 호의 허가·인가·면허 또는 지정(이하 "허가등"이라 한다)에 관하여 제2항에 따라 관계 행정기관의 장과 협의를 한 사항에 대해서는 그 허가등을 받은 것으로 본다.

1. 「도로법」 제38조제1항에 따른 도로의 점용허가
2. 「농지법」 제34조제1항에 따른 농지의 전용허가
3. 「사도법」 제4조에 따른 사도의 개설허가
4. 「자연공원법」 제23조제1항에 따른 공원구역에서의 행위 허가

5. 「공유수면 관리 및 매립에 관한 법률」 제8조에 따른 공유수면의 점용·사용허가 및 같은 법 제28조제1항에 따른 공유수면의 매립면허
6. 「도시공원 및 녹지 등에 관한 법률」 제24조제1항 및 제27조제1항 단서에 따른 도시공원의 점용허가 및 도시자연공원구역에서의 행위허가
7. 「국토의 계획 및 이용에 관한 법률」 제44조제4항에 따른 공동구(共同溝)의 점용·사용허가, 같은 법 제56조제1항에 따른 개발행위의 허가, 같은 법 제81조제2항에 따른 시가화조정구역 안에서의 행위허가, 같은 법 제86조제5항에 따른 시행자의 지정 및 같은 법 제88조제2항에 따른 실시계획의 인가
8. 「초지법」 제21조의2에 따른 초지 안에서의 행위허가
9. 「하수도법」 제24조에 따른 공공하수도의 점용허가
10. 「산지관리법」 제14조·제15조에 따른 산지전용허가 및 산지전용신고, 같은 법 제15조의2에 따른 산지일시사용허가·신고
11. 「산림자원의 조성 및 관리에 관한 법률」 제36조제1항·제4항에 따른 입목벌채 등의 허가·신고
12. 「산림보호법」 제9조제1항 및 제2항제1호·제2호에 따른 산림보호구역(산림유전자원보호구역은 제외한다)에서의 행위의 허가·신고
13. 「사방사업법」 제14조제1항에 따른 사방지 안에서의 행위허가
14. 「하천법」 제33조제1항에 따른 하천의 점용 등 허가

15. 「공유재산 및 물품 관리법」 제20조제1항에 따른 행정재산의 사용 · 수익허가
16. 「항만법」 제9조제2항에 따른 항만공사 시행의 허가
17. 「국유재산법」 제24조에 따른 국유재산의 사용 · 수익허가
18. 「소하천정비법」 제10조에 따른 소하천공사의 시행허가 및 같은 법 제14조에 따른 소하천 점용허가
19. 「골재채취법」 제22조에 따른 골재채취의 허가
20. 「해양환경관리법」 제33조에 따른 해양시설의 신고

② 환경부장관은 제25조제1항에 따른 설치를 승인하거나 같은 항 단서에 따라 신고를 수리한 경우 그 내용에 제1항 각 호의 어느 하나에 해당하는 사항이 포함되어 있으면 관계 행정기관의 장과 미리 협의하여야 한다. 이 경우 협의를 요청받은 관계 행정기관의 장은 요청받은 날부터 30일 이내에 의견을 제출하여야 한다.

③ 제1항에 따라 다른 법률에 따른 허가 등이 있는 것으로 보는 경우에는 관계 법률이나 특별시 · 광역시 · 특별자치시 또는 특별자치도(이하 "시 · 도"라 한다)의 조례에 따라 그 허가 등을 할 때에 부과되는 수수료 · 점용료 · 사용료 · 면허에 대한 등록면허세는 면제한다.

[해설] 일반적인 입법례에 따른 수송시설 설치 지원을 위한 인허가 의제 조항임.

**제27조(수송시설의 완공검사 등)**

① 공단이 제25조제1항에 따라 승인을 받았거나 같은 항 단

서에 따라 신고를 한 수송시설 설치에 관한 공사를 완공하였을 때에는 대통령령으로 정하는 바에 따라 누출 탐지 등에 관하여 환경부장관의 완공검사를 받아야 한다.

② 공단은 설치승인에 따라 해당 수송시설의 일부가 완공되었을 때에는 대통령령으로 정하는 바에 따라 환경부장관의 사용검사를 받아 이를 사용할 수 있다.

③ 환경부장관은 설치공사가 승인 또는 신고의 내용과 부합하는 경우에는 제1항에 따른 완공검사 또는 제2항에 따른 사용검사를 합격으로 판정하여야 한다.

④ 공단은 제1항에 따른 완공검사 또는 제2항에 따른 사용검사에 합격한 후가 아니면 이산화탄소 수송관 등 수송시설을 사용해서는 아니 된다.

[해설] 안전 확보를 위하여 완공검사와 일부 사용검사 제도를 도입하고, 이를 위반한 경우에 대해서는 벌칙 규정을 둠. 수송시설의 완공검사는 수송시설의 안전성이나 수송시설을 사용하면서 발생할 수 있는 누출 등에 대하여 확인하기 위하여 수행하는 것이라는 정도는 법률에서 규정할 수 있을 것으로 보이고, 구체적으로 누출 감지 모니터링 기술이 적용되었는지 등 세부적인 사항은 대통령령 등으로 위임해서 그 요건을 규정할 수 있을 것으로 봄. / 이 부분에 대해서는 EU 지침서를 참고하여 법률 사항과 하위법령 사항을 선별해 보아야 할 것임.

**제28조(환경안전관리규정의 준용 등)**

① 제17조부터 제19조까지의 규정과 제22조(제3호의 경우에는 제17조부터 제19조까지, 제27조 및 이 조 제2항부터 제4항까지를 위반한 자를 말한다)의 규정은 수송시설에 준용한다. 이 경우 "보십시

설 설치의무자"는 "공단"으로 본다.

② 환경부장관은 운영 중인 수송시설을 통하여 이산화탄소를 수송함에 있어서 환경안전관리규정에 위반하거나 그 밖에 안전한 수송에 어려움이 생긴 때에는 대통령령으로 정하는 바에 따라 기간을 정하여 수송시설 설치자에게 필요한 조치를 취할 것(이하 "개선명령"이라 한다)을 명할 수 있다.

③ 수송시설의 가동명령과 가동중지명령에 관하여는 제21조 제3항 및 제4항을 준용한다. 이 경우 "포집시설"은 "수송시설"로, "포집시설 설치의무자"는 "수송시설 설치자"로 본다.

④ 환경부장관은 이산화탄소의 포집 및 저장시설에 문제가 발생한 경우에는 수송시설의 가동중지명령을 할 수 있다.

[해설] 수송시설은 넓은 지역에 소재하고 누출 위험 등이 상존하므로 포집에서 규정한 조항들을 준용하도록 함(준용에 따른 벌칙 규정). / 아울러 개선명령제도와 안전을 위한 가동중지명령제도를 도입함(개선명령 위반 및 가동중지명령 위반에 대해서는 벌칙 규정을 부과함)

**제29조(수송시설 등의 운영 시의 안전조치 등)**

① 수송시설 설치자는 수송시설을 운영하려는 때에는 이산화탄소를 안전하고 효율적으로 수송하기 위하여 수송시설에 관한 다음 각 호의 서류를 첨부하여 환경부장관의 승인을 받아야 한다. 이 경우 승인 받은 사항을 변경하려는 경우에도 환경부장관에게 승인을 받되, 환경부령으로 정하는 경미한 사항을 변경하려는 경우에는 환경부장관에게 신고하여야 한다.

1. 운영계획서
2. 운영기술 지침서

3. 대통령령으로 정하는 서류

② 제1항 각 호에 따른 운영계획서 등에는 다음 각 호의 사항이 포함되어야 한다.

1. 수송시설에서의 이산화탄소 관리의 절차와 방법에 관한 사항
2. 수송시설의 점검·유지와 보수에 관한 사항
3. 그 밖에 수송시설의 운영에 필요하다고 인정하는 사항

③ 수송시설 설치자는 수송시설을 운영할 때에는 대통령령으로 정하는 바에 따라 저장된 이산화탄소가 누출되지 아니하도록 필요한 조치를 해야 한다.

④ 수송시설 설치자는 제2항의 운영계획서와 가이드라인을 준수해야 한다.

⑤ 공단은 대통령령으로 정하는 바에 따라 이산화탄소 수송 과정에서 수송관 등 수송시설에서의 누출에 대한 모니터링을 주기적으로 실시하고 그 결과를 환경부장관에게 제출하여야 한다. 이 경우 그 모니터링 결과, 이산화탄소가 대통령령으로 정하는 기준 이상으로 누출된 사실을 알게 된 때에는 지체 없이 환경부장관에게 보고하여야 한다.

⑥ 환경부장관은 제1항에 따라 공단으로부터 이산화탄소 누출 보고를 받은 때에는 대통령령으로 정하는 바에 따라 지체 없이 조사를 실시하고, 누출의 원인과 누출된 양 등에 관하여 위원회에 보고하여야 한다.

⑦ 환경부장관은 제6항에 따른 조사 결과를 공단에 통보하여야 하며, 필요한 시정조치를 명하여야 한다.

[해설] 이산화탄소의 수송 단계도 고도의 안전성을 필요로 하므로 저장의 경우와 마찬가지로 수송시설 설치자도 운영계획서를 제출하도록 하고, 가이드라인 준수의무 등을 부담하며, 위반 시 벌칙을 부과함. / 수송시설에 대해서도 운영계획 등을 제출할 의무와 이산화탄소 누출 모니터링 및 결과보고와 조치사항에 대하여 규정하고 위반에 대하여 벌칙을 부과함.

## 제5장 이산화탄소 저장소의 운영 등(제30조-제43조)

**제30조(이산화탄소 저장사업자)**

① 포집·수송된 이산화탄소의 저장은 공단이 관장한다.

② 공단은 대통령령으로 정하는 바에 따라 포집·수송된 이산화탄소 저장에 관한 계획(이하 "저장계획"이라 한다)을 수립하여 환경부장관의 승인을 받아야 한다. 승인받은 계획을 변경하려는 경우에도 또한 같다.

③ 환경부장관은 이산화탄소 포집·수송 과정에서 저장에 영향을 미치는 상황이 발생하거나 저장 여건이 변동된 경우 등에는 공단의 저장계획에 대하여 변경을 명할 수 있다.

④ 환경부장관은 제2항에 따른 저장계획의 승인 또는 변경승인을 하거나 제3항에 따른 저장계획 변경명령을 할 때에 국토교통부장관 및 해양수산부장관 등 관계 중앙행정기관의 장과 협의하여야 한다.

⑤ 공단이 고의 또는 과실로 저장소의 설치 공사를 부실하게 시공하거나 제42조에 따른 저장소에 대한 사후관리 또는 제43조에 따른 모니터링을 부실하게 하여 타인에게 인적 손해 또

는 물적 손해를 입힌 경우에는 그 손해를 배상할 책임이 있다.

[해설] 이산화탄소 저장사업자가 수행해야 할 중요 사항은 EU 법을 참고하여 핵심 사항을 법률에 규정할 것인지를 판단해 보아야 할 것임. / 저장의 공공성, 사업성의 불투명, 초기 투자의 대규모성 등을 고려하여 공단이 저장사업을 전담하도록 하되, 수송의 경우처럼 저장계획을 수립하여 환경부장관의 승인을 받도록 하고 환경부장관은 계획의 변경명령권을 갖도록 함. / 손해배상도 법정요건을 좀 더 구체적으로 규정하여 「민법」상 손해배상 규정의 추상성을 보완함.

**제31조(저장시설의 확보 및 저장소의 입지결정)**

① 공단은 저장계획에 따라 저장시설을 확보하도록 노력하여야 한다. 이 경우 저장시설을 국내에서 확보하지 못하거나 저장용량이 부족한 경우에는 해외에서 포집된 이산화탄소의 저장 및 처리가 가능한 방안을 마련할 수 있다.

② 공단이 육상 지하 또는 해수면아래 지하에 이산화탄소를 저장할 수 있는 공간을 탐사하려는 경우에는 대통령령으로 정하는 바에 따라 탐사계획을 수립하고 환경부장관(탐사장소가 해양인 경우에는 해양수산부장관을 말한다. 이하 이 조에서 같다)의 승인을 받아야 한다.

③ 제2항에 따라 탐사 승인을 받은 자는 탐사 승인을 받은 날부터 2년 이내에 탐사를 완료하고 탐사 결과를 환경부장관에게 제출하여야 한다. 다만, 천재지변 등 대통령령으로 정하는 불가피한 사유가 있는 경우에는 환경부장관의 승인을 받아 그 기간을 연장할 수 있다.

④ 환경부장관은 대통령령으로 정하는 바에 따라 위원회의

심의를 거쳐 제3항에 따른 탐사 결과를 반영하여 저장소의 위치와 면적 등을 결정하고, 결정된 저장소의 위치와 면적 등은 공표하여야 한다.

[해설] 이 법률안에 규정된 국민과의 소통을 위한 조항이 있고, 주민과의 소통이 잘 이루어진다고 해도 저장소 탐사와 입지 결정 절차가 충분한 의사결정 과정이 이와 같은 실체 규정에 명시되지 않으면, 사회적 갈등이 증폭될 소지가 있으므로, 이에 대한 추가적인 검토가 필요함.

독일에서 CO2 영구저장시설의 입지 결정에서 연방행정절차법에서 규정하고 있는 계획확정절차(Planfeststellungsverfahren)를 거치는 점을 심도 있게 참고할 필요가 있음.

탐사가 완료되고 향후 저장소 입지로 고려되고 있는 지역에 대해서는 독일에서 도입되어 있는 저장소 사전입지선정계획(Standortvorsorgeplan)의 제도화도 검토해 볼 필요가 있음.

위의 사항에 대해서는, 향후 TF에서 실체 규정에 협의회 등이 포함된 절차 규정을 둘 것인지, 그래서 절차적인 법적 제한을 받을 것인지에 대해서는 충분한 검토 · 논의를 거쳐 규정할 필요가 있다고 봄.

국내에서 저장시설을 확보하지 못한 경우나 저장용량이 부족한 경우 해외에서 그 저장과 처리가 가능한 방안을 마련해야 하는지에 관하여 이 법에 포함시킬 것인지에 대해서 의문이 제기될 수 있는데, 국토가 좁은 우리나라 상황에서 저장과 관련하여 필요하면 해외에서 그 대안을 찾을 수 있다는 측면에서 일단 포함시켜 둠.

저장소 탐사는 공단이 담당하되, 저장소 입지와 관련하여 정부의 감독을 받게 하기 위하여 탐사계획에 대한 승인 제도를 두고, 위반한 경우에 대해서는 처벌 규정을 둠.

2년의 탐사 기간이 타당한 것이지 해설할 필요가 있고, 탐사 승인을 받은 경우 이를 악용하는 사례가 있을 수 있으므로, 탐사 작업 착수를 위해 1년 내지 2년 이내에 기한을 설정할 것인지에 대해서도 기술전문가들과 논의하여 결정할 필요가 있을 것임.

그 밖에 탐사 결과보고에 관한 의무 규정을 두고, 위반한 경우에 대해서는 과태료 규정을 둠.

저장소의 입지는 탐사 결과에 따라 결정하도록 하고, 대국민 소통을 고려하여 결정된 저장소의 위치와 면적 등의 공표 의무를 규정함.

**제32조(이산화탄소 저장소 설치승인 등)**

① 공단이 저장소를 설치하려면 환경부장관(저장소가 해양에 설치되는 경우에는 해양수산부장관을 말하며, 해양수산부장관은 환경부장관과 협의하여 업무를 수행한다. 이하 이 장에서 같다)의 승인을 받아야 한다. 이 경우 저장소 설치에 관한 사항을 변경하려는 경우에도 환경부장관의 승인을 받아야 하며, 대통령령으로 정하는 경미한 변경의 경우에는 환경부장관에게 신고하여야 한다.

② 공단은 제1항에 따른 저장소의 설치와 관련하여 저장소가 해양에 설치되는 경우 해양의 지중에 저장하기 전에 불가피하다고 인정되는 경우에는 대통령령으로 정하는 바에 따라 환경부장관의 승인을 받아 해양 인근의 육지에 임시저장소를 설치할 수 있다. 이 경우 임시저장소 설치에 대한 변경 승인 또는 신고에 관하여는 제1항의 후단을 준용한다.

③ 환경부장관은 제1항 및 제2항에 따른 설치가 대통령령으로 정하는 기술기준(이하 "기술기준"이라 한다)에 부합할 때에는 그 설치를 승인하거나 신고를 수리하여야 한다.

④ 제27조 및 제28조는 제1항부터 제3항까지의 규정에 따른

승인 및 신고와 저장소의 완공검사 등에 준용한다.

**[해설]** 해양에 저장소를 설치하는 경우에도 설치 및 운영에 관한 사항 중에는 육상저장과 마찬가지인 요소들이 포함되어 있을 것이므로 해양수산부장관은 환경부장관과 협의하여 업무를 처리하도록 하고, 이 경우 여러 부처가 관련되는 점을 고려하여 대통령령으로 규정하도록 함.

공단이 저장소를 설치하는 경우 승인과 인허가 의제 및 완공검사 등에 관하여 수송 관련 규정을 준용하고, 위반 시에는 처벌을 하도록 함. 무승인 설치와 무신고에 대해서는 벌칙 및 과태료 규정을 둠.

**제33조(임시저장소의 설치 등에 관한 승인)**

① 공단은 제32조제1항에 따른 저장소의 설치와 관련하여 이산화탄소를 해양지중에 저장하려는 경우로서 필요하다고 인정되는 경우에는 대통령령으로 정하는 바에 따라 환경부장관의 승인을 받아 해양 인근 등의 육지에 임시저장소를 설치할 수 있다. 이 경우 임시저장소 설치의 변경에 관하여는 제32조제1항의 후단을 준용한다.

② 제1항에 따른 임시저장소의 설치기준은 대통령령으로 정한다.

**[해설]** 저장소의 설치와 관련하여 저장소가 해양에 설치되는 경우 해양의 지중에 저장하기 전에 불가피하다고 인정되는 경우에는 환경부장관의 승인을 받아 해양 인근 등의 육지에 임시저장소를 설치할 수 있는 규정도 두어 안전 등 관리가 될 수 있도록 함.

**제34조(저장소의 운영계획 등의 승인 등)**

① 공단은 이산화탄소를 안전하고 효율적으로 저장하고 관리하기 위하여 저장소에 관한 다음 각 호의 서류를 첨부하여 환경부장관의 승인을 받아야 한다. 이 경우 승인 받은 사항을 변경하려는 경우에도 환경부장관의 승인을 받되, 대통령령으로 정하는 경미한 사항을 변경하려는 경우에는 환경부장관에게 신고하여야 한다.

1. 운영계획서
2. 운영기술 지침서
3. 저장소 사용약관
4. 그 밖에 대통령령으로 정하는 서류

② 제1항 각 호에 따른 운영계획서 등에는 다음 각 호의 사항이 포함되어야 한다.

1. 저장소에서의 이산화탄소 관리의 절차와 방법에 관한 사항
2. 저장소의 점검 · 유지와 보수에 관한 사항
3. 그 밖에 저장소의 운영에 필요하다고 인정하는 사항

[해설] 미국의 사례(UIC 프로그램)*를 참고하여, 이산화탄소 스트림 주입으로 인한 오염 등의 문제에 대한 규제와 관련해서 운영계획서 등에 반영할 필요가 있다고 보며, 이를 법률에서 명시할 것인지 주요 사항만 법률에서 규정하고 나머지는 대통령령으로 위임하여 규정할 것인지를 판단해 볼 필요가 있다고 봄. / 저장소 안전 운영을 위한 조항으로서 승인을 받지 않은 경우에는 벌칙, 신고를 하지 않은 경우에는 과태료 규정을 두고 있음.

* 이산화탄소 스트림 주입으로 인하여 지하수 및 토양 오염이 발생

할 시에 대한 이산화탄소 주입 규제에 대한 사항이 필요(미국 UIC 프로그램 참고)

· 관정 허가에 필요한 사항

· 부지에 대한 정보 및 관정에 대한 교정 조치

· 주입정 운영 전에 주입모델링 및 샘플링, 테스트 시행

· 주입정 운영요건

· 테스트 및 모니터링과 관련된 사항

**제35조(저장소 관련 정보의 공개 등)**

① 공단은 저장소와 관련하여 다음 각 호의 사항에 관한 정보를 대통령령으로 정하는 바에 따라 국민에게 알려야 한다.

1. 이산화탄소의 주입양 및 잔여량 현황
2. 이산화탄소 저장 관련 관리 등의 현황
3. 그 밖에 저장소의 운영과 관련하여 필요하다고 판단되는 사항

② 공단은 저장소의 운영에 관한 사항을 대통령령으로 정하는 바에 따라 기록하고, 이를 그 저장소 관리사업장에 갖추어 두어야 한다.

[해설] 이는 이산화탄소의 저장과 관련한 대국민 소통과 그에 관한 안전한 관리 · 운영을 위한 것이고, 이를 위반한 경우에는 과태료를 부과할 수 있도록 하고 있는바, 임시저장소의 관리 · 운영의 현황과 그에 따른 모니터링 사항을 국민에게 알릴 의무는 해당이 안 되는지에 대해서도 추가로 해설이 필요할 것으로 봄. / 아울러 외부에 고압 탱크를 설치할 때의 여러 가지 안전 및 환경 기준을 반영하여 포함시키는 방안에 대한 해설도 필요할 것으로 봄.

**제36조(저장비용)**

① 포집시설 설치의무자는 공단에 포집된 이산화탄소의 저장을 의뢰할 때에는 대통령령으로 정하는 기준에 따라 산정된 이산화탄소 저장 · 관리에 드는 비용(이하 "저장비용"이라 한다)을 공단에 납부하여야 한다.

② 제1항에 따라 납부한 금액은 기금의 세입으로 한다.

③ 저장비용의 납입 절차와 방법 등에 관하여 필요한 사항은 대통령령으로 정한다.

④ 환경부장관은 공단이 저장소의 탐사나 주입시설 등 저장에 필요한 시설공사를 하는 데에 드는 비용을 충당하기 어려운 때에는 포집시설 설치의무자에게 저장비용을 미리 납부하게 할 수 있다.

⑤ 제4항에 따라 미리 납부하는 저장비용의 최고 한도액과 초과 납부된 저장비용 등에 관하여 필요한 사항은 대통령령으로 정한다.

[해설] 포집시설 설치의무자는 수송비용과 함께 저장비용도 부담하게 함[원인자 부담금의 일종이지만 부담금 관리 법제의 통제를 받지 않기 위하여 부담금이란 용어는 사용하지 않고 있으나, 명칭에도 불구하고 그 성격에 따라 「부담금관리 기본법」이 적용될 수 있으므로, 종합적인 해설이 필요함.—「부담금관리 기본법」 제2조(정의) 이 법에서 "부담금"이란 중앙행정기관의 장, 지방자치단체의 장, 행정권한을 위탁받은 공공단체 또는 법인의 장 등 법률에 따라 금전적 부담의 부과권한을 부여받은 자(이하 "부과권자"라 한다)가 분담금, 부과금, 기여금, 그 밖의 명칭에도 불구하고 재화 또는 용역의 제공과 관계없이 특정 공익사업과 관련하여 법률에서 정하는 바에 따라 부

과하는 조세 외의 금전지급의무(특정한 의무이행을 담보하기 위한 예치금 또는 보증금의 성격을 가진 것은 제외한다)를 말한다.].

저장소 설치에 막대한 비용이 들고 기간이 많이 걸리게 됨에 따라 이 법 시행 후 건설하는 발전소 등의 경우 저장소 시설비용을 미리 선납하게 할 근거 마련함. / 신재생에너지 개발, 배출권거래권 등 경쟁관계에 있는 수단과의 경합에서 CCS를 지원하려면 저장비용의 산정기준을 대통령령으로 정할 때 적은 비용으로 하도록 하는 방안을 활용할 수 있을 것임.

**제37조(공단에 대한 조치 명령)**

① 환경부장관은 공단이 이 법에서 정한 의무를 이행하지 아니하여 저장의 관리에 현저한 지장을 줄 우려가 있다고 인정되는 경우에는 대통령령으로 정하는 바에 따라 일정 기간을 정하여 그 시정이나 필요한 조치를 명할 수 있다.

② 환경부장관은 제1항에 따른 명령을 하려면 미리 공단에게 그 이유를 알려 의견과 증거를 제출할 기회를 주어야 한다. 다만, 환경부장관은 포집된 이산화탄소의 안전과 저장시설을 안전하게 관리하기 위하여 긴급한 경우에는 바로 제1항에 따른 명령을 한 후 사후에 의견과 증거를 제출할 기회를 주어야 한다.

[해설] 이산화탄소의 저장과 관련한 실효성 있는 안전 확보를 위하여 환경부장관이 공단에 대해서 조치 명령을 할 수 있도록 하려는 것으로, 이는 행정처분 등을 하기 전에 행정지도적 성격의 것인바, 이를 위반한 경우에 대해서는 벌칙 규정을 두고 있음.

**제38조(저장소 운영 시의 환경안전조치 등)**

① 공단은 저장소를 운영할 때에는 대통령령으로 정하는 바에 따라 저장된 이산화탄소가 누출되지 아니하도록 필요한 조치를 해야 한다.

② 공단은 제34조제1항에 따른 운영계획서와 가이드라인을 준수해야 한다.

[해설] 환경부장관의 운영계획서와 가이드라인을 위반한 경우, 즉, 안전조치와 관련한 사항은 위반한 때에는 처벌로 연결된다는 점에서 죄형법정주의의 원칙상 법률에서 보다 구체적으로 규정할 필요가 있고, 규정 내용은 기술전문가가 제시해 둔 여러 가지 사항을 유형별로 나누어 체계적으로 규정할 필요가 있다고 봄.

**제39조(이산화탄소 저장 시의 누출 통보와 위원회 보고 등)**

① 공단은 대통령령으로 정하는 바에 따라 이산화탄소 저장 단계에서의 누출에 대한 모니터링을 주기적으로 실시하고, 그 결과를 환경부장관에게 제출하여야 한다.

② 공단은 제1항에 따른 모니터링 결과, 이산화탄소가 대통령령으로 정하는 기준 이상으로 누출된 사실을 알게 된 때에는 지체 없이 환경부장관 또는 해양수산부장관에게 보고하여야 한다. 제43조에 따른 이산화탄소 누출 등에 대한 모니터링의 경우에도 같다.

③ 환경부장관은 제2항에 따라 공단으로부터 이산화탄소 누출 보고를 받은 때에는 대통령령으로 정하는 바에 따라 지체 없이 조사를 실시한 후, 누출의 원인과 누출된 양 등에 관하여 위원회에 보고하여야 한다.

④ 환경부장관은 제3항에 따른 조사 결과를 공단에 통보하여야 하며, 필요한 시정조치를 명하여야 한다.

[해설] 이산화탄소 저장과 관련한 공단의 이산화탄소 누출 관리를 철저하게 감독하기 위한 것으로, 누출 상황 보고와 시정조치 명령 관련 사항을 위반한 경우에 대한 벌칙 규정을 두고 있음.

**제40조(정기검사와 수시검사)**

① 공단은 저장소의 관리에 대하여 환경부장관이 매년 실시하는 정기검사와 부정기적으로 실시하는 수시검사를 받아야 한다.

② 제1항에 따른 정기검사와 수시검사의 기준·항목과 방법 등에 관하여 필요한 사항은 대통령령으로 정한다.

③ 제39조제3항에 따라 환경부장관이 이산화탄소 누출 관련 조사를 한 경우에는 대통령령으로 정하는 바에 따라 해당 연도 정기검사의 일부를 면제할 수 있다.

[해설] 공단이 이산화탄소 누출 방지 등을 위한 저장소 관리에 대한 안전검사를 도입하려는 것인바, 이를 위반한 경우에 대한 벌칙 규정이 있음.

**제41조(이산화탄소 누출에 따른 배출권 구매와 제출)**

① 공단은 다음 각 호의 어느 하나에 해당하는 때에는 대통령령으로 정하는 기간 내에 그 누출된 양에 상응하는 규모로 「온실가스 배출권의 할당 및 거래에 관한 법률」에 따른 배출권을 구매하여야 한다.

1. 제39조에 따라 저장된 이산화탄소가 누출된 양을 환경부

장관으로부터 통보받은 때

2. 제40조에 따라 환경부장관이 실시하는 정기검사 및 수시 검사에서 누출을 확인받은 때

② 공단은 제1항에 따라 구매한 배출권을 대통령령으로 정하는 바에 따라 환경부장관 또는 해양수산부장관에게 제출하여야 한다.

[해설] 이산화탄소 누출 시에는 공단이 그에 상응하는 배출권을 구매하고, 이를 환경부장관 등에 제출하도록 하는 것, 즉 이산화탄소 누출에 대한 민사적 제재의 일환으로 배출권 구매의무 규정인바, 민사적인 제재 성격의 규정에지만, 이를 위반한 경우에 대한 처벌 규정을 두고 있음.

**제42조(저장소의 폐쇄와 사후관리)**

① 공단은 제33조에 따라 승인을 받은 저장소를 폐쇄하려는 경우에는 이산화탄소 주입작업을 종료하기 전 2개월 이내에 환경부령으로 정하는 바에 따라 이산화탄소 저장소 폐쇄 승인 신청서를 환경부장관에게 제출하여 승인을 받아야 한다.

② 환경부장관은 제1항에 따라 신청서를 받은 때에는 저장소와 관련하여 관계 전문가의 의견수렴과 관계기관 협의를 거쳐 그 신청서를 받은 후 6개월 이내에 그 신청의 승인 여부를 결정하여야 한다.

③ 제2항에 따라 저장소의 폐쇄를 승인한 경우 공단은 이산화탄소 주입 종료 후 30년간 그 저장소에 대한 관리의 책임을 가지며, 그 30년이 경과한 날부터는 국가가 이에 대한 관리의 책임을 진다.

④ 환경부장관은 공단이 사후관리 책임을 성실히 이행할 수 있도록 하기 위하여 관리의 책임 이행을 보증하기 위한 보험 또는 담보를 저장사업자에게 요구할 수 있으며, 공단은 이에 응해야 한다.

⑤ 제1항부터 제4항까지에서 규정한 사항 외에 저장소의 폐쇄와 사후관리에 관하여 필요한 사항은 대통령령으로 정한다.

**[해설]** 이산화탄소 저장소의 폐쇄와 사후관리 제도를 철저히 운영하기 위해서 승인 제도를 운영하면서, 승인을 받지 않고 폐쇄하거나 담보제공을 거부한 경우에 대해서는 처벌 규정을 두고 있음.

**제43조(이산화탄소 누출 등에 대한 모니터링)**

① 공단은 이산화탄소를 저장소에 저장한 경우나 제42조제2항에 따라 환경부장관이 저장소의 폐쇄를 승인한 경우에는 대통령령으로 정하는 바에 따라 이산화탄소의 누출 등에 대한 모니터링을 실시하고 그 결과를 환경부장관에게 제출하여야 한다.

② 제1항에 이산화탄소 누출 등에 대한 모니터링의 방법과 절차에 관하여 필요한 사항은 대통령령으로 정한다.

**[해설]** 누출 상황에 대한 모니터링 의무를 부과하고 누출에 대한 배출권 구매의무와 관련하여 모니터링 의무 위반에 대해서 벌칙 규정을 둠. 이와 관련해서는 EU 사례를 구체적으로 파악하여, 법령에 규정할 사항을 모두 추출해 내고, 그 기본틀에 해당하는 사항만 법률에 규정하고, 이를 근거로 하위법령에서 나머지를 규정해야 할 것임.

## 제6장 한국이산화탄소저장관리공단(제44조-제49조)

**제44조(한국이산화탄소저장관리공단의 설립)**

① 이산화탄소의 저장·관리를 효율적으로 수행하기 위하여 공단을 설립한다.

② 공단은 법인으로 한다.

③ 공단은 정관으로 정하는 바에 따라 지사와 연구기관을 둘 수 있다.

④ 공단이 정관을 변경하려면 감독부처의 장(환경부장관을 말하며, 저장소가 해양에 설치된 경우에는 환경부장관은 감독권을 행사할 때에 해양수산부장관과 협의하여야 한다. 이하 같다)의 인가를 받아야 한다.

⑤ 공단이 아닌 자는 한국이산화탄소저장관리공단이나 이와 유사한 명칭을 사용하지 못한다.

⑥ 공단에 관하여는 이 법에서 규정된 사항을 제외하고는 「민법」 중 재단법인에 관한 규정을 준용한다.

[해설] 유사명칭 금지 위반에 대해서는 과태료 부과 규정을 둠.

**제45조(사업)**

① 공단은 다음 각 호의 사업을 한다.

1. 이산화탄소 수송·저장사업
2. 이산화탄소 수송·저장에 관한 시범사업
3. 이산화탄소 수송·저장기술에 관한 국제협력 사업
4. 전문 교육·홍보 사업
5. 이산화탄소 수송·저장 등에 관한 조사·연구 및 정책 연

구・개발사업

6. 이 법이나 다른 법령에 따라 정부로부터 위탁받은 사업
7. 그 밖에 공단의 설립목적을 달성하기 위하여 필요한 사업으로서 공단의 정관으로 정하는 사업
8. 제1호부터 제7호까지의 사업에 딸린 사업으로서 정관으로 정하는 사업

② 공단은 국가・지방자치단체나 그 밖의 자로부터 제1항 각 호의 어느 하나에 해당하는 사업이나 그 밖의 이산화탄소의 수송・저장 사업을 위탁받아 시행할 수 있다.

③ 공단은 제1항 각 호의 사업을 국외에서 시행할 수 있다.

[해설] 공단설립 조항 중 핵심 사항, 저장사업의 주체, 포집・수송과 관련해서도 사업상 추가할 부분이 있는지 추가적인 검토가 필요할 것으로 봄.

**제46조(임원 및 직원)**

① 공단의 임원은 이사장 1명과 부이사장 1명을 포함한 9명 이내의 이사와 감사 1명으로 한다.

② 이사는 상임 및 비상임으로 구분하고, 비상임이사에는 대통령령으로 정하는 당연직 이사를 둘 수 있다.

③ 공단의 임원의 임면 등 공단의 인사에 관한 사항은 정관으로 정하는 바에 따라 감독부처의 장이 관장한다.

④ 공단의 직원은 정관으로 정하는 바에 따라 이사장이 임면(任免)한다.

⑤ 공단의 임직원이나 임직원이었던 사람은 그 직무상 알게 된 비밀을 누설하거나 도용(盜用)해서는 아니 된다.

[해설] 「공공기관의 운영에 관한 법률」이 기본적으로 적용되므로, 이 법상의 공단에만 적용되는 사항이 있으면 여기에서 특칙으로 규정함. 비밀누설 금지는 「형법」에 규정이 있으므로 벌칙은 별도로 규정하지 않고 있는바, 여기서의 규정은 공단 임직원에 대한 징계 근거로서의 의미가 있음.

**제47조(재정)**

① 공단의 운영과 사업에 필요한 자금은 다음 각 호의 방법으로 조달한다.

1. 정부 또는 정부 외의 자의 출연금 또는 보조금
2. 제5항에 따른 차입금
3. 제6항에 따른 채권의 발행으로 조성되는 자금
4. 기금에서의 출연금
5. 자산 운용 수익금
6. 그 밖에 환경부령으로 정하는 수입

② 제1항제1호에 따른 정부의 출연금 지급·관리와 사용에 관하여 필요한 사항은 대통령령으로 정한다.

③ 정부는 공단의 운영과 이산화탄소 저장·관리 사업에 사용되는 경비를 충당하기 위하여 필요한 자금을 예산의 범위에서 출연하거나 보조할 수 있다.

④ 제3항에 따른 출연금 등의 교부와 사용 등에 필요한 사항은 대통령령으로 정한다.

⑤ 공단은 제45조 제1항 각 호에 따른 사업을 위하여 필요하면 이사회의 심의·의결을 거쳐 정부나 그 밖에 대통령령으로 정하는 기관 등으로부터 자금을 차입할 수 있다.

⑥ 공단은 이사회의 의결을 거쳐 감독부처의 장의 승인을 받아 채권을 발행할 수 있다.

⑦ 감독부처의 장은 제6항에 따른 채권의 발행을 승인하려면 미리 기획재정부장관과 협의하여야 한다.

⑧ 정부는 공단이 발행하는 채권의 원리금 상환을 보증할 수 있다.

⑨ 채권의 소멸시효는 그 상환일부터 계산하여 원금은 5년, 이자는 2년이 지나면 완성된다.

⑩ 그 밖에 채권의 발행에 필요한 사항은 대통령령으로 정한다.

[해설] 공단 운영에 막대한 자금이 드는데 일반회계에 의한 출연 보조 외에 기금에서의 출연을 규정하고 다양한 자금 확보방안 규정함.

**제48조(예산 등)**

① 공단의 이사장은 사업연도마다 예산안을 편성하여 이사회의 의결을 거친 후 감독부처의 장의 승인을 받아야 한다. 이를 변경하려는 경우에도 또한 같다.

② 제1항에 따라 이사회의 의결을 거친 예산안에 대하여 승인을 받으려면 회계연도가 시작되기 20일 전까지 감독부처의 장에게 그 예산안을 제출하여야 한다.

③ 공단은 매 회계연도의 결산 결과 이익금이 생겼을 때에는 이월손실금의 보전(補塡)에 충당하고, 나머지 금액의 처분에 관하여는 이사회의 심의·의결에 따른다.

④ 공단은 매 사업연도 말에 결산상 잉여금이 있을 때에는 이월손실을 보전하고 나머지는 다음 연도의 수입으로 하여야

한다.

**제49조(지원 및 지도 · 감독)**

① 공단이 그 사업 또는 운영을 위하여 동산이나 부동산을 취득하는 경우 다른 법령에 따라 매입하여야 하는 각종 채권 등의 매입의무는 국가기관의 예에 따라 면제한다.

② 국가는 공단의 사업을 위하여 필요하면 「국유재산법」 에도 불구하고 국유재산을 무상으로 대부하게 할 수 있다.

③ 감독부처의 장은 공단의 업무를 지도 · 감독하고, 필요하다고 인정하면 공단에 대하여 그 사업에 관한 지시 또는 명령을 할 수 있다.

④ 감독부처의 장은 필요하다고 인정하면 공단에 대하여 그 업무, 회계와 재산에 관한 사항을 보고하게 하거나 소속 공무원으로 하여금 공단의 장부, 서류나 그 밖의 물건을 검사하게 할 수 있다.

[해설] 제1항과 관련하여, 각종 채권 등 매입의무의 면제는 해당 법령이 있는 경우 소관부처와 협의하여 그 법령에서 면제가 될 수 있도록 해야 할 것임.

## 제7장 이산화탄소 저장관리기금(제50조-제51조)

**제50조(이산화탄소 저장관리기금의 설치)**

① 이산화탄소 수송 및 저장에 관한 사업 등에 필요한 재원을 확보하기 위하여 이산화탄소 저장관리기금(이하 "기금"이라 한다)을 설치한다.

② 기금은 다음 각 호의 재원(財源)으로 조성한다.

1. 제23조에 따라 징수된 과징금
2. 제24조제5항 및 제36조제1항에 따라 납입된 수송비용 및 저장비용
3. 정부와 정부 외의 자의 출연금(出捐金)과 기부금
4. 기금의 운용으로부터 생기는 수익금
5. 그 밖에 대통령령으로 정하는 수입금

③ 기금은 다음 각 호의 어느 하나에 해당하는 용도에 사용한다.

1. 공단이 수행하는 다음 각목의 사업에 필요한 금액의 출연
   가. 이산화탄소 수송시설 및 저장소의 설치
   나. 이산화탄소 수송 및 저장 사업
   다. 저장소의 탐사사업
   라. 저장 시범사업
   마. 연구 · 개발사업
2. 이산화탄소 누출에 대한 「온실가스 배출권의 할당 및 거래에 관한 법률」에 따른 배출권의 구매
3. 기금의 조성과 그 관리 · 운용에 필요한 경비
4. 그 밖에 이산화탄소 수송 및 저장 · 관리를 위하여 대통령령으로 정하는 사업에 필요한 지원

④ 기금의 재원 중 용도를 명시하여 조성되는 금액은 별도의 계정으로 구분하여 회계처리하여야 한다. 다만, 특정 계정의 재원이 일시적으로 부족한 경우에는 대통령령으로 정하는 바에 따라 다른 계정의 여유 재원을 전입(轉入)하여 사용할 수 있다.

⑤ 환경부장관(저장소가 해양에 설치된 경우에는 해양수산부장관과

협의하여 권한을 행사한다. 이하 이 장에서 같다)은 기금을 사용하는 자가 해당 기금의 지출 목적 외에 사용한 경우에는 지출된 기금의 전부를 환수할 수 있다.

⑥ 제5항에 따른 기금의 환수에 대하여는 국세 체납처분의 예에 따른다.

[해설] 과징금 수송 및 저장비용 등 각 수입의 경우 기금에 넣도록 함으로써 재정운영의 효율성을 확보함. 일단 기금에 넣은 후 출연하도록 하여 공단에 대한 재정지원 규모의 산정 등을 용이하게 함.

**제51조(기금의 관리 · 운용)**

① 기금은 환경부장관이 관리 · 운용한다.

② 기금의 관리 · 운용에 관하여 필요한 사항은 대통령령으로 정한다.

③ 환경부장관은 기금의 수입과 지출에 관한 사무를 하도록 하기 위하여 소속 공무원 중에서 다음 각 호의 징수관 등을 임명한다.

1. 기금수입징수관
2. 기금재무관
3. 기금지출관
4. 기금출납공무원

④ 기금의 결산상 이익금이 생긴 때에는 이를 전액 적립하여야 한다.

⑤ 기금의 결산상 손실금이 생겼을 때에는 제1항에 따른 적립금으로 보전(補塡)하고, 그 적립금으로 보전하고도 부족할 때에는 정부가 일반회계에서 보전할 수 있다.

## 제8장 포집·수송 및 저장 관련 산업의 육성(제52조-제55조)

**제52조(관련 시책의 추진)**

① 정부는 이산화탄소 포집·수송 및 저장 기술의 연구·개발과 산업화를 위하여 다음 각 호의 시책을 추진하여야 한다.

1. 포집·수송 및 저장 기술의 연구·개발 및 보급 지원과 이를 위한 연구센터의 설립·운영
2. 관련 전문인력의 양성
3. 관련기술 등의 국제적 신뢰성 획득 지원과 그 밖의 국제 협력사업
4. 관련 산업의 해외진출 지원
5. 연구개발성과의 사업화 지원
6. 기술의 표준화
7. 금융 및 세제지원

② 제1항 각 호의 시책의 구체적인 내용은 따로 법률로 정한다.

[해설] 지원시책에 관한 사항은 별도 입법(산업통상자원부 주관)으로 정하되, 주요 항목을 열거하여 정부의 지원이 CCS 사업의 중요한 정책과제임을 천명하고, CCS R&D 센터의 설립·운영도 명시함.

**제53조(연구 및 시범사업의 실시)**

① 관계 중앙행정기관의 장은 다음 각 호의 사항을 위하여 필요하다고 인정할 때에는 일정한 기간 동안 제한된 지역에서 포집·수송 및 저장 기술을 활용한 연구 및 시범사업을 실시할 수 있다.

1. 포집 · 수송 및 저장 기술 연구 · 개발사업으로 개발된 포집 · 수송 및 저장 기술의 이용 · 보급의 촉진
2. 포집 · 수송 및 저장 기술의 상호 연계와 기술개발상의 협력
3. 포집 · 수송 및 저장 기술을 활용한 사업의 활성화
4. 포집 · 수송 및 저장 기술의 이용 · 보급 촉진을 위한 국제적인 협력

② 관계 중앙행정기관의 장은 제1항에 따른 연구 및 시범사업에 참여하는 다음 각 호의 자 등에 대하여 재정적 · 행정적 · 기술적인 지원을 할 수 있다.

1. 포집 · 수송 및 저장 관련 산업 분야의 기업체, 기관 또는 단체
2. 포집시설 설치의무자
3. 공단

③ 제1항에 따른 연구 및 시범사업의 실시를 위한 계획의 수립, 추진 절차와 지원 등에 필요한 사항은 대통령령으로 정한다.

[해설] 시범사업과 연구에도 이 법이 적용되지만 연구와 시범사업이 CCS 사업의 초기 중요과제임을 고려하여 이에 관한 근거 규정을 명시적으로 규정함.

**제54조(연구 및 시범 운영의 특례)**

① 제53조에 따라 포집 · 수송 및 저장 기술을 연구하거나 시범적으로 활용하려는 자가 이 법에 따른 승인을 받은 때에는 제12조제1항 각 호와 제26조제1항 각 호(제32조제3항에서 준용하

는 경우를 포함한다)의 적용을 받는 외에 다음 각 호에 따른 허가 및 등록 등(이하 "허가 등"이라 한다)을 받은 것으로 본다.

1. 「고압가스 안전관리법」 제5조에 따른 용기·냉동기와 특정설비의 제조등록
2. 「건축법」 제11조에 따른 건축허가

② 연구 및 시범사업으로 행해지는 포집에 대해서는 이 법 중 공단에 관한 규정은 적용하지 아니한다.

③ 연구 및 시범사업으로 행해지는 수송 및 저장과 관련해서는 포집한 자가 책임을 진다.

④ 제3항에 따른 수송 및 저장에 관하여 필요한 사항은 대통령령으로 정하는 범위에서 환경부장관이 정하여 고시한다.

[해설] 연구 및 시범사업을 하는 경우에도 이 법이 적용됨(제5조 참조)/이 경우 추가적인 인허가 의제를 규정함. / 공단 설립 전에는 수송 및 저장에 관하여 포집한 자가 처리하고 그에 대한 책임을 지도록 명시함.

### 제55조(한국이산화탄소저장환경센터)

① 이산화탄소 포집·수송 및 저장 관련 사업의 전반과 관련한 다음 각 호 등의 업무를 수행하기 위하여 한국이산화탄소저장환경센터(이하 "환경센터"라 한다)를 설립할 수 있다.

1. 국제적인 기후변화 대응 등과 관련한 환경정책 수립 지원
2. 국제적인 기후변화 대응 등과 관련하여 결정된 환경정책의 홍보 지원
3. 이산화탄소 포집·수송 및 저장 관련 정부 위탁업무의 수행

② 환경센터는 법인으로 한다.

③ 환경센터 정관의 기재 사항과 환경센터에 대한 감독에 필요한 사항은 대통령령으로 정한다.

④ 환경센터에 대하여 이 법에 특별한 규정이 있는 것을 제외하고는 「민법」 중 재단법인에 관한 규정을 준용한다.

[해설] 이 법에서 공단, 환경센터, 협의회의 효율적인 역할 분담에 대해서는 한국이산화탄소저장관리공단 물론, 한국이산화탄소환경센터, 협의회가 수행해야 할 적절한 기능(각 기관 · 단체의 존치 필요성에 대한 해설 포함)에 대해 충분히 논의한 후, 효율적인 역할 분담 사항을 결정한 후 최종적으로 규정 여부를 판단해야 할 것으로 보임. CCS 환경센터는 국가CCS 종합계획을 추진하기 위한 기본적인 기구로서, 이 법에 따른 특수법인으로 설립하도록 하고, 주로 국제적인 기후변화 대응 등과 관련한 환경정책 수립 지원과 결정된 환경정책의 홍보 지원, 이산화탄소 포집 · 수송 및 저장 관련 정부 위탁업무의 수행 등을 그 업무로 하되, 공단, 협의회(예: 환경센터에서 관련 홍보 콘텐츠를 작성하고, 협의회에서는 각계 대표에서 이를 알려서 논의하는 등의 상호 보완적 기능 수행 가능) 등과는 가급적 중복되지 않는 범위(중요한 부분에서의 일부 중복은 오히려 필요할 수 있으므로 그런 부분을 설정하는 것도 향후 논의 필요)에서 적정한 역할 분담을 논의할 필요가 있음.

## 제9장 포집 · 수송 및 저장에 관한 대국민 소통(제56조-제58조)

[해설] CO2 저장을 중심으로 한 CCS 관련 대중수용성 제고 활동에 도움을 줄 수 있는 방향, 즉 국민의 이해에 기반하여 CO2 저장 사업이 원활하게 추진될 수 있도록 하기 위하여 전문가, 산업계, NGO,

시민, 학생 등 대상 홍보교육 및 간담회, 세미나 등을 개최하고, 설문 조사 및 분석을 통한 시사점 도출하는 등의 방법으로 대국민 소통을 원활하게 할 수 있도록 지원하는 규정이 필요함.

**제56조(포집 · 수송 및 저장 사업 등의 단계별 관련 정보의 공개와 홍보 등)**

① 국가와 지방자치단체는 대통령령으로 정하는 바에 따라 다음 각 호의 정보를 일반국민이 알기 쉬운 형태로 작성하여 공개하고 적극적으로 홍보하여야 한다.

1. 이산화탄소 포집 · 수송 및 저장의 필요성, 국제적인 관점에서의 지구환경 및 기후변화 대응의 중요성과 재정투자의 효율성
2. 이 법에 따른 이산화탄소의 포집 · 저장, 저장소의 탐사, 모니터링 등 사후관리, 수송수단 및 수송경로, 저장소의 설치와 폐쇄 등 포집 · 수송 및 저장과 관련한 단계별 정보

② 환경부장관은 매년 12월말까지 제1항에 따른 정보 공개와 홍보의 결과를 종합하여 분석하고, 포집 · 수송 및 저장 사업 등에 대한 국민의식과 여론 조사 등의 의견수렴 결과를 반영하여 포집 · 수송 및 저장에 관한 대국민소통계획을 수립하여 시행하여야 한다.

③ 환경부장관은 포집 · 수송 및 저장 관련 기관 · 단체와 지방자치단체의 직원이 해당 주민이나 전문가 등과 효과적으로 의사소통할 수 있도록 대통령령으로 정하는 바에 따라 의사소통 지침을 개발하고 필요한 교육을 실시하여야 한다.

[해설] 일반 국민을 상대로 포집 · 수송 및 저장 사업의 필요성에 대한

이해와 공감대 형성을 위하여 정보 공개와 홍보(특히 재정투자의 효율성 등)에 중점을 둠.

**제57조(포집 · 수송 및 저장 사업 등에 관한 협의회의 구성 · 운영)** ① 환경부장관은 포집 · 수송 및 저장과 관련한 다음 각 호 등의 사항을 위하여 대통령령으로 정하는 바에 따라 포집 · 수송 및 저장 관련 기관 · 단체, 포집 · 수송 및 저장사업자, 연구기관 및 민간 전문가와 관련 기업 등이 참여하는 이산화탄소 포집 · 수송 및 저장 협의회를 운영하여야 한다. 이 경우 환경부장관은 포집된 이산화탄소 수송 및 저장을 위한 시설이 해양에 설치된 경우에는 해양수산부장관과 협의하여야 한다.

1. 관련 정책과 사업 등에 대한 국민의 이해 증진
2. 관련 정책과 사업 등과 관련한 정보의 공유와 공감대 형성
3. 관련 정책과 사업 등과 관련한 의견의 수렴과 조정

② 수송로 또는 저장소가 설치되는 시 · 도의 특별시장 · 광역시장 · 특별자치시장 · 도지사 또는 특별자치도지사(이하 "시 · 도지사"라 한다)는 해당 지역 주민과 관련되는 제1항 각 호 등의 사항을 위하여 대통령령으로 정하는 바에 따라 해당 지방자치단체 소속 공무원과 관련 기관 · 단체, 포집 · 수송 및 저장사업자, 연구기관 및 민간 전문가와 관련 기업 등이 참여하는 이산화탄소 포집 · 수송 및 저장 지역협의회를 운영할 수 있다.

③ 이산화탄소 포집 · 수송 및 저장 대중협의회나 이산화탄소 포집 · 수송 및 저장 지역협의회에 참석하는 위원에 대해서는 예산의 범위에서 수당과 여비를 지급할 수 있다. 다만, 공무원인 위원이 그 소관 업무와 직접적으로 관련되어 협의회에 출석

하는 경우에는 그러하지 아니하다.

④ 환경부장관은 대통령령으로 정하는 바에 따라 수송로 또는 저장소가 설치된 시·도의 시·도지사와 관련 기관·단체, 포집·수송 및 저장사업자, 연구기관 및 민간 전문가와 관련 기업 등이 참여하는 이산화탄소 수송로 지역협의회를 운영할 수 있다.

[해설] 포집 · 수송 및 저장에 대한 국민의 이해와 공감대 형성이 중요하므로 협의회를 두되, 환경센터 등의 업무를 고려하면서, 협의회에서는 관련 정책과 사업 등에 대한 국민의 이해 증진과, 정보 공유 및 공감대 형성, 관련 의견 수렴과 조정 등을 논의할 수 있도록 함. / 이산화탄소 수송로 입지 지역에 대해서도 환경부장관이 운영하는 이러한 협의체를 구성하는 방안을 검토해 볼 필요가 있음.

부칙 경과조치 제3조(이산화탄소 포집 · 수송 및 저장 대중협의회의 운영)에서 임시적으로 둔 대중협의회와 대비하여 계속적 · 안정적인 협의회가 될 수 있도록 규정할 필요가 있으며, 그 명칭은 본문에서는 다른 입법례[예: 「가맹사업거래의 공정화에 관한 법률」 제17조(협의회의 구성)]에서와 같이 "협의회"로 함.

**제58조(저장소 등 설치지역 지원)**

① 정부는 수송로 또는 저장소가 설치된 지역(이하 "설치지역"이라 한다)에 대한 지원을 체계적이고 효율적으로 수행하기 위하여 다음 각 호의 사항이 포함된 지원계획(이하 "지원계획"이라 한다)을 수립·시행할 수 있다.

1. 설치지역 특별지원금의 지원
2. 설치지역에 대한 공단의 지원사업

3. 설치지역에 대한 국고보조금 지원에 관한 특례 적용

4. 설치지역 주민의 우선고용

5. 설치지역 소재 기업에 대한 계약체결의 특례 적용

② 지원계획은 위원회의 심의를 거쳐 확정한다.

③ 환경부장관은 저장소 설치에 적합한 지역이 복수인 경우에는 「주민투표법」 제8조에 따른 주민투표를 거쳐 저장소 설치지역을 선정할 수 있다.

④ 지원계획의 수립 절차 · 요건 및 내용과 주민투표의 실시 등에 관하여 필요한 사항은 대통령령으로 정한다.

[해설] 설치지역에 대한 체계적인 지원을 위하여 지원계획을 수립 · 시행하는 규정을 두려는 것임(다른 위험시설 설치 지원법 참조). / 주민투표는 저장소 입지 탐사결과 적합지역이 복수로 나타난 경우에만 실시하되, 실시 여부도 임의적인 것으로 함(방폐장의 경우와 차이).

## 제10장 보칙(제59조-제65조)

### 제59조(보고와 검사 등)

① 환경부장관(이산화탄소 수송로 또는 저장소가 해양에 설치된 경우의 수송·주입 및 저장의 경우에는 해양수산부장관을 말한다. 이하 이 장에서 같다)은 이산화탄소의 포집 · 수송과 주입 · 저장을 안전하고 효율적으로 관리하기 위하여 필요하다고 인정하면 환경부령(이산화탄소 수송로 또는 저장소가 해양에 설치된 경우의 수송·주입 및 저장의 경우에는 해양수산부령을 말한다. 이하 이 장에서 같다)으로 정하는 바에 따라 포집시설 설치의무사 또는 공단에게 보고를 하게 하거나 자료를 제출하게 할 수 있으며, 관계 공무원에게 사

무소나 사업장 등에 출입하여 관계 서류나 시설·장비 등을 검사하게 할 수 있다.

② 제1항에 따른 검사를 하는 경우에는 검사를 하기 7일 전까지 다음 각 호의 사항 등을 포함한 검사 계획을 검사 대상자에게 알려야 한다. 다만, 긴급하거나 증거 인멸 등으로 검사의 목적을 달성할 수 없다고 인정하는 경우에는 그러하지 아니하다.

1. 검사 일시
2. 검사 이유
3. 검사 내용

③ 제1항에 따라 출입·검사를 하는 공무원은 그 권한을 표시하는 증표를 지니고 이를 관계인에게 내보여야 한다.

[해설] 보고와 출입검사 · 질문 규정은 기본적으로 행정조사에 포함될 수 있기 때문에 「행정조사기본법」과 중복되지 않도록 하고, 명칭도 가급적 「행정조사기본법」에 규정되어 있는 대로 사용하도록 하며, 「행정조사기본법」에 규정되지 않은 방법 등을 허용하려면 개별법률에서 구체적인 사항을 규정해 주어야 한다. 다만, 「행정조사기본법」이 적용되는 경우라고 할지라도 국민의 권리를 침해하기 쉬운 사항과 관련해서는 국민의 예측 가능성을 높이는 동시에 법률 집행에서의 자의적인 법해석이나 착오 등을 방지하기 위해 증표 제시 등과 같은 적법절차와 관련된 핵심적인 절차는 개별 법률에서 별도로 규정하는 입법례가 많다는 점에서 여기서도 그 규정을 둠.

**제60조(타인 토지에의 출입 등)**

① 포집시설, 수송로, 임시저장소 또는 저장소의 설치자와 설

치를 위한 탐사를 하려는 자는 설치공사 또는 탐사에 관한 실지조사, 측량, 시공 및 운영을 위하여 필요하면 타인의 토지에 출입하거나 타인의 토지를 사용하거나 타인의 식물 또는 그 밖의 장애물을 변경하거나 제거할 수 있다.

② 포집시설, 수송로, 임시저장소 또는 저장소의 설치자와 설치를 위한 탐사를 하려는 자는 타인의 식물이나 그 밖의 장애물이 포집시설·수송로 또는 저장소의 보존에 지장을 주거나 줄 우려가 있다고 인정하면 그 식물이나 그 밖의 장애물을 변경하거나 제거할 수 있다.

③ 제1항에 따른 토지에의 출입, 토지의 사용과 식물 또는 그 밖의 장애물의 변경·제거와 그 보상, 제3항에 따른 식물이나 그 밖의 장애물의 변경 및 제거에 관하여는 「공익사업을 위한 토지 등의 취득 및 보상에 관한 법률」을 준용한다.

[해설] 이 조항은 포집시설, 수송시설과 저장소 설치 모두에 필요한 조항이므로 보칙에서 규정함.

**제61조(환경영향평가)**

이산화탄소의 포집·수송 및 저장과 관련된 시설의 설치에 따른 환경영향평가는 「환경영향평가법」이 정하는 바에 따른다.

[해설] 이 조문이 없더라도 「환경영향평가법」상의 환경영향평가의 대상이 되면 그 법이 적용되지만, 이산화탄소의 저장 등의 시설 설치와 관련하여 매우 중요한 부분이기 때문에 법체계상으로는 규정하지 않아도 되지만, 확인·강조의 의미에서 규정한 것임.

**제62조(청문)**

환경부장관은 제22조에 따른 포집시설 설치계획의 승인 및 변경승인과 사용승인의 취소(제29조제1항에 따라 준용하는 경우를 포함한다)를 하려면 청문을 하여야 한다.

[해설] 청문의 구체적인 절차는 「행정절차법」에 따르고, 여기에서는 일반적인 입법례에 따라 청문의 대상만 규정함.

**제63조(위임 · 위탁)**

① 이 법에 따른 환경부장관의 권한은 그 일부를 대통령령으로 정하는 바에 따라 시・도지사에게 위임할 수 있다.

② 이 법에 따른 환경부장관의 업무는 그 일부를 대통령령으로 정하는 바에 따라 다음 각 호의 기관 또는 단체에 위탁할 수 있다.

1. 공단
2. 환경센터
3. 「고압가스 안전관리법」 제31조에 따라 설립된 한국가스안전공사
4. 대통령령으로 정하는 이산화탄소 저장 관련 전문 기관 또는 단체

[해설] 권한의 위임과 사무의 위탁 대상 권 · 사무와 그 구체적인 대상 기관 또는 단체 지정은 일반적인 입법례에 따라 대통령령에서 규정함.

**제64조(수수료)**

다음 각 호의 어느 하나에 해당하는 자는 환경부령(이산화탄소

수송로 또는 저장소가 해양에 설치된 경우의 수송·주입 및 저장의 경우에는 환경부와 해양수산부의 공동부령을 말한다. 이하 같다)으로 정하는 수수료를 내야 한다.

1. 제11조제3항에 따른 이산화탄소 포집시설의 설치승인을 받으려는 자 또는 같은 조 제4항에 따른 변경승인을 받으려 하거나 변경신고를 하는 자
2. 제14조제1항에 따른 포집시설의 완공검사를 받으려 하거나 같은 조 제2항에 따른 사용승인을 받으려는 자
3. 제19조제1항에 따른 안전검사(제28조제1항에 따라 준용하는 경우를 포함한다)를 받는 자
4. 제26조제1항에 따른 이산화탄소 수송시설 설치승인을 받으려 하거나 설치신고를 하려는 자 또는 변경승인을 받으려 하거나 변경신고를 하는 자
5. 제28조제1항에 따른 수송시설의 완공검사를 받으려 하거나 같은 조 제2항에 따른 수송시설의 일부 완공검사를 받으려는 자
6. 제32조제2항에 따른 탐사 승인을 받으려는 자
7. 제34조제1항에 따른 저장소 운영계획서 등의 승인 또는 변경승인을 받으려 하거나 신고하는 자
8. 제40조에 따른 저장소 정기검사 또는 수시검사를 받는 자

**[해설]** '수수료'는 넓은 의미로는 행정기관 등으로부터 서비스를 받을 때에 부담하는 경비(좁은 의미)로서, 위와 같은 사업을 하기 위해서는 서비스의 이용이 사실상 강제되는 것이기 때문에 법률에 근거를 두는 것이 맞음. 수수료와 관련해서는 부과대상 확대와 수수료 수입의 기금 재원화 필요성에 대한 검토가 필요할 것으로 봄.

**제65조(벌칙 적용 시의 공무원 의제)**

공단의 임직원과 제63조제2항에 따라 환경부장관이 위탁한 업무에 종사하는 기관·단체의 임직원은 「형법」 제129조부터 제132조까지의 규정에 따른 벌칙을 적용할 때에는 공무원으로 본다.

[해설] 특정한 공적 업무를 수행하도록 하기 위하여 설립된 공공기관 또는 행정기관으로부터 위탁받은 사무를 수행하는 법인이나 단체의 임직원 등에 대하여 업무수행의 공정성 및 책임성을 확보하기 위해 금품의 수수(收受)와 같은 불법행위가 있는 경우 이들을 공무원과 같이 취급하여 처벌할 수 있도록 하는 규정으로 일반 규정례에 따른 것임.

## 제11장 벌칙(제66조-제71조)

**제66조(벌칙)**

① 포집된 이산화탄소 저장용기, 수송로 또는 저장시설을 파괴하거나 부당하게 조작하여 사람을 사망하게 한 사람은 사형, 무기 또는 7년 이상의 징역에 처한다.

② 포집된 이산화탄소 저장용기 수송로 또는 주입시설을 파괴하거나 부당하게 조작하여 사람의 생명 또는 신체를 해치거나 이산화탄소를 누출시킨 사람은 1년 이상 10년 이하의 징역에 처한다.

③ 제1항과 제2항의 미수범은 처벌한다.

④ 제1항과 제2항의 죄를 범할 목적으로 예비·음모 또는 선동한 사람은 1년 이상의 유기징역에 처한다.

**제67조(벌칙)**

① 포집된 이산화탄소 저장용기, 수송로 또는 저장시설을 손괴 또는 제거하거나 기능에 장애를 일으켜 수송 또는 저장을 방해한 자는 10년 이하의 징역 또는 1억원 이하의 벌금에 처한다.

② 다음 각 호의 어느 하나에 해당하는 자는 5년 이하의 금고 또는 2천만원 이하의 벌금에 처한다.

1. 제11조제3항 또는 제4항의 승인 또는 변경승인을 받지 아니하고 포집시설을 운영하거나 제22조에 따른 포집시설의 설치계획 승인 또는 사용승인이 취소되었음에도 포집시설을 운영한 자 또는 제14조를 위반하여 완공검사를 받지 아니하고 포집시설을 사용한 자
2. 제17조제2항에 따른 환경안전관리규정의 준수의무를 위반한 자(제28조제1항에서 준용하는 경우를 포함한다)
3. 제18조제1항 또는 제2항을 위반하여 환경안전관리자를 선임하지 아니한 자(제28조제1항에서 준용하는 경우를 포함한다)
4. 제25조제1항에 따른 승인 또는 변경승인을 받지 아니하고 수송로를 설치한 자
5. 제27조제4항을 위반하여 완공검사 또는 사용검사에 합격하지 아니하고 수송로를 사용한 자(제32조제4항에서 준용하는 경우를 포함한다)
6. 제28조제3항을 위반하여 수송시설을 가동한 자
7. 제29조제3항 또는 제4항을 위반하여 수송시설을 운영한 자

8. 제32조제1항 및 제33조제1항을 위반하여 승인을 받지 아니하고 저장소를 설치·운영하거나 제43조를 위반하여 저장소를 운영한 자
9. 제42조제1항에 따른 저장소의 폐쇄승인을 받지 아니하고 저장소를 폐쇄하거나 같은 조 제4항을 위반한 자
10. 제43조를 위반하여 모니터링을 실시하지 아니한 자

③ 제1항의 미수범은 처벌한다.

**제68조(벌칙)**

다음 각 호의 어느 하나에 해당하는 자는 2년 이하의 징역 또는 1천만원 이하의 벌금에 처하거나 이를 병과할 수 있다.

1. 제11조를 위반하여 포집시설을 설치·변경한 자
2. 제16조제1항제4호를 위반하여 포집시설을 운영한 자
3. 제19조제1항에 따른 환경안전검사를 거부·방해 또는 기피한 자(제29조제1항에서 준용하는 경우를 포함한다)
4. 제21조제3항 또는 제4항에 따른 가동명령 또는 가동중지명령을 위반한 자(제29조제3항에서 준용하는 경우를 포함한다)
5. 제22조를 위반하여 사용중지기간 중 포집시설을 가동한 자(제29조제1항에서 준용하는 경우를 포함한다)
6. 제29조제1항에 따른 승인 또는 변경승인을 받지 아니하고 수송시설을 운영한 자
7. 제31조제2항에 따른 탐사 승인을 받지 아니하고 탐사를 한 자
8. 제37조에 따른 조치명령을 위반한 자
9. 제40조에 따른 정기검사 등을 거부·방해 또는 기피

한 자

10. 제41조에 따른 배출권 구매의무를 위반한 자

**제69조(벌칙)**

다음 각 호의 어느 하나에 해당하는 자는 300만원 이하의 벌금에 처한다.

1. 제14조제3항에 따른 가동개시 신고를 하지 아니하고 이산화탄소 포집시설을 운영한 자
2. 제16조제1항 각 호의 어느 하나에 해당하는 포집시설 운영 시의 금지행위를 위반한 경우
3. 제16조제2항에 따른 이산화탄소 저장 시설의 운영에 관한 상황을 거짓으로 기록하거나 기록을 보존하지 아니한 경우
4. 제20조제1항을 위반하여 포집측정을 하지 아니하거나 측정방법을 위반하여 측정한 경우
5. 제20조제1항을 위반하여 포집 이산화탄소의 측정 결과를 거짓으로 기록하거나 기록을 보존하지 아니한 경우
6. 제21조에 따른 개선명령을 이행하지 아니한 자
7. 제28조제2항에 따른 개선명령을 이행하지 아니한 자
8. 제29조제5항 본문을 위반하여 누출에 대한 주기적인 모니터링 실시와 그 결과의 환경부장관에의 제출 의무를 이행하지 아니하거나 같은 항 단서에 따른 누출을 알게 된 때의 환경부장관에의 보고의무를 위반한 자
9. 제39조제1항을 위반하여 누출에 대한 주기적인 모니터링 실시와 그 결과의 환경부장관 제출 의무를 이행하지 아니

하거나 같은 조 제2항에 따른 누출을 알게 된 때의 환경부장관 또는 해양수산부장관에의 보고의무를 위반한 자

**제70조(양벌 규정)**

법인의 대표자나 법인 또는 개인의 대리인, 사용인, 그 밖의 종업원이 그 법인 또는 개인의 업무에 관하여 제66조부터 제69조까지의 어느 하나에 해당하는 위반행위를 하면 그 행위자를 벌하는 외에 그 법인 또는 개인에게도 해당 조문의 벌금형을 과(科)한다. 다만, 법인 또는 개인이 그 위반행위를 방지하기 위하여 해당 업무에 관하여 상당한 주의와 감독을 게을리 하지 아니한 때에는 그러하지 아니하다.

**제71조(과태료)**

① 다음 각 호의 어느 하나에 해당하는 자에게는 500만원 이하의 과태료를 부과한다.

1. 제11조제4항을 위반하여 변경신고를 하지 아니하거나 거짓으로 신고한 자
2. 제14조제3항에 따른 가동개시 신고 또는 같은 조 제4항에 따른 가동중단 신고를 하지 아니하거나 거짓으로 신고한 자
3. 제17조제3항에 따른 포집시설 설치의무자와 그 종사자의 환경안전관리규정의 준수 여부 확인을 거부·방해 또는 기피한 자(제29조제1항에서 준용하는 경우를 포함한다)
4. 제18조제3항에 따른 환경안전관리자 선임 신고를 하지

아니하거나 거짓으로 신고한 자(제29조제1항에서 준용하는 경우를 포함한다)

5. 제25조제1항 단서에 따른 신고 또는 변경신고를 하지 아니하거나 거짓으로 신고한 자
6. 제31조제3항에 따른 탐사 결과를 제출하지 아니하거나 거짓으로 제출한 자
7. 제32조제1항 후단 또는 제34조제1항 후단에 따른 신고를 아니하거나 거짓으로 신고한 자
8. 제34조제2항에 따른 저장소 운영에 관한 사항을 기록하지 아니하거나 거짓으로 기록한 자 또는 기록물을 비치하지 아니한 자
9. 제44조제5항을 위반하여 공단이 아닌 자가 한국이산화탄소저장관리공단이나 이와 유사한 명칭을 사용한 자

② 제1항에 따른 과태료는 대통령령으로 정하는 바에 따라 환경부장관(해양에 설치된 수송로나 저장소와 관련된 과태료의 경우에는 해양수산부장관을 말한다)이 부과·징수한다.

부칙(제1조-제6조)

**제1조(시행일)**

이 법은 공포한 후 6개월이 경과한 날부터 시행한다.

**제2조(포집시설 설치 부지의 확보에 관한 적용례와 경과조치)**

① 제11조는 이 법 시행 후 최초로 건설하려는 발전소 및 이산화탄소 배출시설부터 적용한다.

② 이 법 공포 후 제11조제1항이 시행되기 전에 신규로 발전소 등을 건설하려는 포집시설 설치의무자는 포집시설의 설치에 관하여 환경부장관과 협의하여야 한다.

**제3조(이산화탄소 포집·수송 및 저장 대중협의회의 운영)**

① 환경부장관은 제58조에도 불구하고 이 법 시행 전에도 포집·수송 및 저장에 대한 대중의 이해와 공감대 형성을 위하여 환경부장관이 정하는 바에 따라 이산화탄소 포집·수송 및 저장 대중협의회를 운영하여야 한다.

② 이산화탄소 포집·수송 및 저장 대중협의회에 참석하는 위원에 대해서는 예산의 범위에서 수당과 여비를 지급할 수 있다. 다만, 공무원인 위원이 그 소관 업무와 직접적으로 관련되어 협의회에 출석하는 경우에는 그러하지 아니하다.

**제4조(공단의 설립 준비)**

① 환경부장관은 이 법이 공포된 후 대통령령으로 정하는 때에 공단의 설립에 관한 사무와 설립 당시의 이사의 선임에 관한 사무를 처리하기 위하여 공단설립위원회(이하 "설립위원회"라 한다)를 설치한다.

② 설립위원회는 환경부장관이 위촉하는 5명 이내의 설립위원으로 구성하며, 위원장은 환경부차관이 된다. 다만, 저장소가 해양에 설치된 경우에는 환경부장관은 설립위원 위촉에 관하여 해양수산부장관과 협의하여야 한다.

③ 공단의 설립 당시의 이사장은 설립위원회에서 선임된 이사들이 이사회를 개최하여 선임하되, 환경부장관의 승인을 받

아야 한다.

④ 설립위원회는 공단의 정관을 작성하여 환경부장관의 인가를 받아야 한다.

⑤ 저장소가 해양에 설치된 경우에는 제3항에 따른 승인과 제4항에 따른 인가를 할 때에 환경부장관은 해양수산부장관과 협의하여야 한다.

⑥ 설립위원회는 제4항에 따른 인가를 받았을 때에는 지체 없이 설립위원의 연명(連名)으로 공단의 설립등기를 한 후 공단의 이사장에게 사무를 인계하여야 한다.

⑦ 제6항에 따른 사무 인계가 끝난 때에는 설립위원회는 해산된 것으로 보고, 설립위원은 해촉된 것으로 본다.

**제5조(공단의 설립 비용)**

공단의 설립비용은 국가가 부담한다.

**제6조(다른 법률의 개정)**

①「환경영향평가법」 일부를 다음과 같이 개정한다.

제9조제1항에 제15호의2를 다음과 같이 신설한다.

15의2. 포집된 이산화탄소의 저장소 설치에 관한 계획

제22조제1항에 제15호의2를 다음과 같이 신설한다.

15의2. 포집된 이산화탄소의 저장소 설치사업

②「국가재정법」 일부를 다음과 같이 개정한다.

제13조제1항제10호를 제11호로 하고, 같은 항에 제10호를 다음과 같이 신설한다.

10. 이산화탄소 저장관리기금

별표 2에 제67호를 다음과 같이 신설한다.

67. 「이산화탄소 포집 및 저장에 관한 법률」

③ 「국유재산특례제한법」 일부를 다음과 같이 개정한다.

제4조 별표에 제114호의2를 다음과 같이 신설한다.

114의2. 「이산화탄소 포집 및 저장 관한 법률」 제54조제2항에 따른 무상대부

## 7. 소결

모든 국가에서 CCS 관리의 공통적인 핵심사항은 다음과 같다.

① 누출과 관련된 환경문제의 저감(안전성 제고)과 동시에 저장 효율의 극대화를 통한 경제성(사업성)을 확보하는데 기본 목표가 있다.

② 포집 및 압축, 수송, 저장으로 이루어지는 전 과정의 요체는 '불확실성과 지역성 특성이 큰' 저장에 달려 있으며, 따라서 저장 과정의 환경관리가 가장 중심이 된다. 이에 따라, 환경관리의 법과 제도는 대부분 저장에 관한 사항들이다. 포집과 운송의 환경관리를 위한 법과 제도는 별도로 마련하지 않은 나라가 많으며, 준비된 제도에서는 포집물의 성분 규정(저장시의 환경문제를 고려), 운송 관련 파이프라인 규정 등을 중심으로 다루고 있다.

③ 저장소의 위치, 즉 육상이냐 해저냐에 따라 환경관리의 핵심 목표는 다소 달라진다. 그러나 환경관리의 요체는 주입 저장된 이산화탄소의 누출을 효과적으로 관리하는데 있다.

④ 육상저장의 환경관리를 위한 기본 방향은 국가별 상황에 따라

약간 다르지만, 모두가 이산화탄소의 누출에 의한 자원 보호에 치중되어 있다. 지표 생태계(토양, 대기, 동식물, 인간)의 보호도 중요하지만, 이는 지중 누출의 감시 및 최소화를 통해 자연스럽게 달성되는 것으로 인식되어, 지중 환경 관리의 부분으로서 다루고 있다.

- 미국: 음용 가능한 지하수 보호
- EU, 호주 (육상 및 해저저장), 캐나다(육상저장): 수자원과 광물 및 에너지자원의 보호

⑤ 환경관리를 주관하는 당국에서는 저장행위 이전에 부지선정을 위한 조사, 인허가 및 폐쇄, 주입 중 및 사후의 모니터링과 정화 등을 망라한 전 과정에 관한 환경관리 법규를 마련하여 적용하고 있다.

CCS 기술은 이미 시행하여 왔지만 동시에 온실가스 감축을 위해 새롭게 연구되는 기술로도 인식되고 있기 때문에, 이를 시행하기 위해 법적 근거 및 책임 등에 대한 법제도의 연구가 필요하다. 이에 따라 미국, 유럽 연합, 호주 등에서는 CCS 사업의 안정성과 효율성을 평가하고 주변 환경에 미치는 영향을 최소화하기 위해 CCS 전 과정을 다루는 환경관리제도 및 법률을 제안하고 있다. 지중저장의 가장 큰 쟁점은 주입된 이산화탄소의 누출로 인한 위해성 여부이다. 이산화탄소가 누출되면 저장 효율을 낮출 뿐 아니라 지역 주민들의 건강과 주변 생태계에 악영향을 줄 수 있기 때문이다. 따라서 주입된 이산화탄소의 거동을 파악하고 누출을 예방하는 것이 필수적으로 요구된다. 특히, 육상 저장의 경우에는 음용 가능한 지하수 자원의 보호가 가장 중요하다. 따라서 지중저장이 안전하고 친환경적으로 이루어

질 수 있도록 부지 선정에서부터 주입 중 및 주입 후 폐쇄에 이르는 전 단계에 걸쳐 모니터링하고 국가적 차원의 인·허가 규정 및 환경 관리 규정이 마련되어야 한다. 이를 위해 해외 사례의 시사점을 통해 법제도 적용의 두 가지 기본 방향을 살펴보면 다음과 같다. 이산화탄소의 육상저장 시 해외 대다수 국가의 경우처럼 수자원 및 광물·에너지 자원의 보호라는 측면에서 접근하는 것이 바람직하다는 견해와 국내 환경의 경우 석유 에너지자원은 존재하지 않아서 광산법 등 광물에너지와 관련된 법규 적용은 무의미하므로 이산화탄소의 누출에 의한 수자원(음용 지하수) 보호 차원에서의 접근이 현실적인 방법이라는 견해 등으로 나누어지는데 후자의 입장에서 논의를 출발하는 것이 국내 여건상 타당해 보인다.

우리나라에서도 CCS 기술을 2014년 저탄소 녹색성장을 위한 중점 육성 기술로 선정하였고, 2010년 녹색성장위원회에서는 국가 이산화탄소 감축 목표 달성을 위한 '국가 CCS 종합추진계획'을 수립하였고 그 이후 2017년에 위 계획을 수정하여 추진하여 왔다. 또한 2015년 12월 신 기후체제 출범을 앞두고 우리나라의 온실가스 감축 목표를 2030년 BAU 대비 37%로 결정하는 등 환경선진국으로서 온실가스 감축을 위한 노력을 기울이고 있다. 이에 따라, 2020년까지 CCS 플랜트 상용화와 국제기술 경쟁력 확보를 목표로 한 CCS 기술 개발 추진 기반을 마련하여 추진하여 왔다.

그렇지만 이러한 연구개발에 비하여 환경적으로 안전한 CCS사업을 위한 환경 관리 지침과 법규 정비는 여전히 미비한 상황이며 특히 대중소통에 관한 해결책은 더욱 논의될 필요가 있다. 그러나 현실적으로 기술적인 문제, 저장장소의 문제 등으로 우리나라에서 CCS가 이른 시일 내에 이루어질 것을 기대하기는 쉽지 않다. 특히 고비용기술이므로 현재의 기술수준으로는 채산성이 극히 낮아 곧바로 시행한다 하더라도 경제성을 기대할 수 없다는 견해가 다수이다. 하지만, IEA의 전망처럼 장기적인 관점에서는 CCS는 온실가스 감축비용을 줄이는 기술임이 분명하다. 점차 CCS기술은 발달할 것이고, 동해 해저가스전의 생산 중단 후 생기는 지하공극을 적극적으로 활용하는 유력한 옵션으로서도 우리나라가 포기할 수 없는 중요한 산업분야이다. 따라서 이러한 전제하에 공공의 안전보장, 환경 특히 수자원의 보호, 저장된 이산화탄소의 장기적 책임 주체와 재정적 부담을 누가 질 것인지에 대한 논의, 규제가 허점이 없이 견고하게 설계 되었는가와 투명하게 운영되는지 여부, 개별 저장단위마다 특화된 위험관리, 이산화탄소 저장과 지하자원개발의 조화, CCS에 대한 국제적 협력, 기존 석유・가스 산업의 기술적 경험과 노하우 활용 및 대중수용성 확대 등의 과제가 앞으로 더욱 심도 있게 연구되어야 한다.

그리고 2015년 8월 미국 오바마 대통령의 청정발전계획(Clean Power Plan)에서 적극적으로 추진하는 CCS산업과, 2015년 12월 파리기후협정 이후 국가별로 온실가스 감축에 기여하려는 움직임을 주목해 볼수록 우리나라에서도 CCS에 관한 다차원적인 연구진행 및 정책적 지원이 필요하다. 특히 파리기후변화협약은 온실가스를 감축하기 위해 세계 각국이 자진하여 기술연구에 매진하도록 유도하는 결과를 가져왔으며, 사실상 '기술협약'의 성질을 내포한다고 볼 수 있다. 온실가스 감축기술의 확보를 넘어서 지속적인 기술개발을 통해 기술실현 비용을 감소시킬 수 있다면 기후변화시대를 선도하는 국가 또는 기업이 탄생할 것으로 전망된다. 우리나라가 탄소중립 2050 달성을 위해 온실가스를 대규모로 감축하는 대표적 기술인 CCUS기술개발에 대한 지원과 연구가 활발하게 이루어져 기술 수출 강국으로서의 입지를 다져나가야 할 것이다. 이를 위하여 전술하였듯이 2021년부터 3년간 산업자원통상부, 환경부, 해양수산부, 과학기술부 등이 협력하여 사단법인 K-CCUS 추진단을 구성하여 「다부처 대규모 CCS 통합실증 및 CCU 상용화 기반구축」 사업을 수행하고 있다.[97] 다부처 CCUS 실증 사업이 제대로 진행되기 위해서는 이에 대한 장기적이고 체계적인 법제도적 기반구축이 필수적이다. 이와 동시에 CCUS에 대한 대중수용성방안에 대한 연구도 체계적으로 잘 진행되어야 할 것이다.[98]

97) 필자는 사단법인 K-CCUS 추진단 이사로 활동하고 있다.

98) 필자는 「다부처 대규모 CCS 통합실증 및 CCU 상용화 기반구축」 사업(2021-2023) 'CCUS 법률안 정비 및 수용성을 포함한 제도적 기반구축' 과제의 연구위원으로 연구에 참여하고 있다.

제7장

# 결 론

# 제7장 결 론

환경문제에 대응하기 위하여 환경법을 단일화하여 규정하는 방안과 복수법으로 규정하는 방안이 있다. 단일법은 간결하고 알기 쉬운 장점이 있으나, 오늘날 같이 다양하고 복잡한 환경문제를 단일법으로 대처한다는 것은 쉬운 일이 아니다. 단일법 체계는 하위법령에 과다하게 위임하는 방식[1]을 취하여 입법의 비대화, 기형화[2]현상을 초래한다. 특히, 환경입법에서 위임입법이 빈번히 나타나는 것은 과학기술입법 등의 다른 전문기술적 분야에서 볼 수 있듯이 사안의 전문기술성, 국회의 입법능력 및 시간의 부족, 사정변화에 따른 유연성 부여 등 여러 가지 합리적인 이유가 있다. 그러나 이러한 위임입법의 확대는 의회입법의 원칙을 형해화함으로써 입법의 민주적 정당성의 기초를 손상시킨다는 점에서 결코 가볍게 생각할 문제가 아니다.

이에 반해, 복수법 체계는, 환경문제의 종합적인 대처를 어렵게 하고 단편적인 규제에 급급할 위험성이 없는 것은 아니지만,[3] 오염매체

1) 고문현, "환경행정법의 특색과 환경행성처분 기준의 문제점", 「환경법연구」, 제29권 3호, 2007.12., 104-105쪽.

2) 중요한 입법사항들이 시행규칙과 같은 하위법령에서 규정되는 입법형식에 있어서 기형화 현상이 나타날 수 있다.

별, 오염분야별 특수한 상황에 따라 특수한 규제방식을 동원함으로써 효율적인 규제가 가능하다는 장점이 있다. 이러한 점에서 복수법 체계의 대두는 자연스러운 것이다.

문제는 지나친 분할을 통해 법률의 홍수현상으로 인한 다수법이 양산되면서 오히려 그 효율성이 떨어지고 있다는 것이다. 특히 기본적으로 동일하거나 유사한 오염매체, 오염분야임에도 불구하고 불필요하게 많은 법이 산재하면서 환경법의 복잡성과 중복성을 더하고 있다. 「환경정책기본법」과 다른 환경관계법,[4] 그리고 환경관계법들 상호간의 관계가 불분명하고, 경우에 따라서는 법률 상호간에 중복하여

---

3) 김유환, "환경법규에 있어서의 법규실패와 법적 대응", 「환경법연구」, 제16권, 1994, 117쪽. 단일 매체 규제(single-media)는 기업 등 피규제자로 하여금 관말(end of pipe)오염 규제에 초점을 맞추도록 함으로써, 오염물질을 다른 오염매체로 이전시킬 가능성이 있다. 예컨대, 대기오염물질에 대한 대기환경법상의 규제는 예기치 않게 동법의 규제를 회피하고자 배출시설로 하여금 대기오염물질을 다른 환경분야(수질, 폐기물)로 배출하는 것을 부추길 수 있다. 이러한 문제점으로 인해 최근에는 매체통합(multimedia 혹은 crossmedia) 규제방식에 대하여 관심이 집중되고 있다. 규제자가 오염물질을 대기, 물, 토양배출을 동시에 감시・감독할 경우, 단일매체 규제방식에서 흔히 발생되는 중복적이고 충돌되는 비효율적인 요소가 제거되기 때문에 규제자는 보다 적은 비용으로 보다 효율적인 규제 체제를 구축할 수 있게 될 것이다. 그 밖에 오염매체별 분할법체계가 초래하는 문제점으로는 환경문제의 본질(또는 원인)을 제대로 파악하지 못하며, 예방이 최선이라는 사실을 간과하고, 다매체적인 오염의 감소를 생각하지 못하고 당장 눈앞에 닥친 문제의 해결에만 치중하게 하고, 새로운 환경문제를 파악하고 이에 대처하는 능력을 감소시키고, 대처하여야 할 환경문제들 중 우선순위를 정하는 데 어려움을 주고, 환경정책과 다른 정책과의 보다 효율적인 통합을 방해하고, 지나치게 복잡하고 일관성이 없는 행정조직을 유발한다는 등 문제점이 지적되고 있다. 조홍식・송상현・노상환, 앞의 책, 45-48쪽.

4) 예컨대, 토양환경보전법상의 토양오염피해에 대한 배상책임 규정(제10조의3)이 「환경정책기본법」상의 사업자의 무과실책임 규정, 즉 "사업장 등에서 발생되는 환경오염 또는 환경훼손으로 인하여 피해가 발생한 때에는 당해 사업자는 그 피해를 배상하여야 한다"는 규정에 대하여 특별법적 지위를 갖는가에 대하여는 논란이 제기될 수 있다.

규제하는 경우도 발생하고 있다. 이들 법 중 어느 법이 우선 적용되는가하는 문제점도 야기될 수 있다.

관련법이 분산·난립하게 된 데에는 거시적으로 체계성과 일관성을 갖고 제정되지 않고 그때그때의 사정에 따라 임기응변식으로 제정된 것에 기인하는 바가 크다. 그 결과는 체계적이고 효율적 집행을 저해할 뿐만 아니라 법령체계를 불필요하게 복잡하게 만들고 있다. 법체계는 매우 산만하고 비체계적이며, 통일성이 떨어진다. 수범자인 국민의 입장에서 볼 때는 매우 혼란스럽고 그 접근과 이해가 쉽지 않다.

규제체계의 혼란, 규제의 중복 등을 해소하고 규제의 통일성, 종합성, 효율성, 형평성을 제고하기 위하여서는 법체계 및 제도의 정비가 요구된다. 처음부터 완전한 통합환경법 제정이 어렵다면 최소한 유사한 대상 분야별로 통합, 조정, 일원화하는 노력부터 시작하는 것이 필요하다. 더 나아가 앞에서 살펴본 바와 같이 이산화탄소의 포집, 수송, 저장 및 사후관리 등 전과정(Life Cycle)에 관한 가칭 '이산화탄소의 저장 등에 관한 법률'안과 같은 통합적인 법률의 제정이 필요하다.

2021년 11월 현재 환경부 소관 환경관련 법률이 70개가 넘을 정도로 방대함과 과학기술관련성, 복잡다기함, 중복성, 이러한 요인들의 상승작용으로 인한 난해함 등은 현행 복수환경법체계의 간과할 수 없는 중요한 문제이다. 이러한 문제점을 고려하고, 프랑스, 스웨덴, 네덜란드 등이 통합환경법을 제정하여 이미 시행하고 있으며 독일도 2010년에 비독 의회에서 부결되기는 하였지만 통합환경법안(UGB)을 마련하였다는 점, 독일의 환경법전의 제정 작업이 세계무역기구(WTO)와 기타 다양한 통상협상에서 환경보호를 내세워 협상과정에서 우월적 지위를 차지하기 위한 것도 그 하나의 계기가 되었다는 점[5] 등을 감안하여 ESG[6]에 대비하기 위한 글로벌 스탠다드에 적합하면서도 실효성을 가진 통합환경법의 제정을 위해 지혜를 모아야 할 것이다.

아울러 이산화탄소 배출에 대한 전과정관리(Life Cycle Management)를 통한 일종의 통합환경법인 가칭 이산화탄소 저장 등에 관한 법률을 마련하여 이산화탄소 포집・활용・저장 기술(CCUS기술)을 탄소중립달성의 중요한 수단으로 활용할 필요가 있다.

---

5) 안성경, "통합환경법 입법모델 연구: 독일 환경법전(Umweltgesetzbuch: UGB)을 중심으로", 「토지공법연구」, 제46집, 2009.11., 351-352쪽 참조.

6) ESG에 대하여는 고문현, "ESG에 대응하기 위한 헌법개정", 균형정책박람회 발표문, 균형발전위원회, 2021.10.28., 17-25쪽; 이승은, "기후위기 시대의 새로운 패러다임 ESG", 균형정책박람회 발표문, 균형발전위원회, 2021.10.28., 26-37쪽; 문성후, 『부를 부르는 ESG』, 플랜비디자인, 2021, 171-206쪽; 조명래, 기후위기 시대 ESG의 역할, 한국ESG학회 창립총회 및 제1회학술대회 기조강연, 2021년 9월 17일(금), 학술대회자료집, 3-12쪽; ESG에 대비하기 위하여 한국ESG학회가 2021년 9월 17일(금) 창립되어 전 환경부장관을 역임한 조명래 단국대 명예교수님이 회장으로 선출되었고 필자는 차기회장으로 선출되었는데 향후 한국ESG학회가 ESG논의에 중요한 역할을 할 것으로 기대된다. 강찬수, "기업들 ESG 열풍 1년…전문가들 모여 한국ESG학회 창립했다", 중앙일보 2021.9.18. https://www.joongang.co.kr/article/25008259(2021.10.15. 검색)

# | 참고문헌 |

## 1. 국내문헌

### 1) 단행본


계희열, 『헌법학(상)』, 박영사, 2004.

계희열, 『헌법학(중)』, 박영사, 2004.

고문현, 『독일환경법』, 울산대학교출판부(UUP), 2005.

고문현, 『환경권에 관한 연구』, 울산대학교 출판부(UUP), 2005.

고문현, 『환경헌법』, 울산대학교출판부(UUP), 2005.

고문현 외, 『녹색법제 사전 입법지원 용역』, 법제처, 한국환경법학회/한국입법학회, 2011.12.

고문현・정순길・이승은, 『EU기후변화정책의 이해』, 박영사, 2019.

고문현, 『헌법학개론』, 제2판, 박영사, 2020.

고문현 외, 『포스트코로나 대한민국』, 한울아카데미, 2020.

고영훈, 『환경법』, 법문사, 2002.

구연창, 『환경법론』, 법문사, 1991.

권영성, 『헌법학원론』, 법문사, 2010.

김인환・이덕길, 『신환경정책론』, 박영사, 1998.

김철수, 『헌법학개론』, 박영사, 2007

김홍균, 『환경법』, 제5판, 박영사, 2019.

류지태, 『환경법』, 고려대학교출판부, 2000.

문성우, 『부를 부르는 ESG』, 플랜비디자인, 2021.

박균성・함태성, 『환경법』, 박영사, 2019.

박덕영・최승필・고문현, 『기후변화에 대한 법적 대응-유엔기후체제, 국내법 및 통상법의 관점에서-』, 박영사, 2019.

법제처, 『헌법심의자료 헌법연구반보고서』, 1980.3.

빌 게이츠 저, 김민주·이엽 옮김, 『빌 게이츠, 기후재앙을 피하는 법』, 김영사, 2021.

이상돈·이창환, 『환경법』, 이진출판사, 1999.

이순자, 『환경법』, 법원사, 2012.

이승은·고문현, 『기후변화와 환경의 미래』, 21세기북스, 2019.

정준금, 『환경정책론』, 대영문화사, 2007.

정회성·변병설, 『환경정책의 이해』, 박영사, 2011.

조인성, 『환경보호와 과학기술의 법적 이해』, 한국학술정보, 2011.

조현권, 『환경법』, 법률문화원, 2006.

조홍식·송상현·노상환, 『우리나라 환경법체계 정비에 관한 연구Ⅰ』, 한국환경정책평가연구원, 1997.

조홍식 외, 『기후변화와 법의 지배』, 박영사, 2010.

천병태·김명길, 『환경법론』, 삼영사, 2000.

한국환경법학회/한국입법학회, 『녹색법제 사전 입법지원 용역』, 법제처, 2011.12.

한상운·정회성·공성용·이창훈, 『통합적 환경관리체계구축을 위한 방안연구(II)-배출시설규제에관한법률(가칭) 제정안을 중심으로-』, 한국환경정책·평가연구원, 2007.

홍성방, 『헌법학』, 현암사, 2008.

홍준형, 『환경법』, 박영사, 2005.

홍준형, 『환경법특강』, 박영사, 2013.

환경부, 『2018 환경백서』, 2018.

환경부, 『2020 환경백서』, 2020.

## 2) 논문

강기홍, "EU의 환경보호규정 하에서 회원국 환경법의 발전-독일 통합환경법 논의와 관련하여-", 「유럽헌법연구」, 제4호, 2008.12.

강찬수, "기업들 ESG 열풍 1년…전문가들 모여 한국ESG학회 창립했다", 중앙일보 2021.9.18. https://www.joongang.co.kr/article/25008259

(2021.10.15. 검색)
고문철, "적절한 주거권에 관한 헌법적 연구", 숭실대학교 법학박사학위논문, 2021.2.
고문현, "헌법재판소의 환경쟁송결정개요 및 그 정책적 시사점", 「환경법연구」, 제28권 1호, 2006.5.
고문현, "환경정책의 변화와 입법", 「국회도서관보」, 제44권 제2호(통권 333호), 2007.2.
고문현, "환경행정법의 특색과 환경행정처분 기준의 문제점", 「환경법연구」, 제29권 3호, 2007.12.
고문현, "통합배출허가제의 문제점과 대책", 통합배출허가제 포럼 발표문, 2008.6.26.
고문현, "한국 환경법의 발전과 바람직한 개정방향", 「공법학연구」, 제9권 제3호, 2008.8.
고문현, "우리나라 환경법의 문제점과 과제", 「법학논총」, 숭실대학교 법학연구소, 제25집, 2011.1.
고문현・안태용, "CCS관련 법적 쟁점", 「법학논총」, 숭실대학교 법학연구소, 제35집, 2016.1., 31-74쪽.
고문현, "독일 이산화탄소 저장시설 법제의 입법원칙", 「토지공법연구」, 73집 2호, 2016.2., 571-588쪽.
고문현, "온실가스 감축을 위한 CCS 법 제정의 필요성과 주요내용", 「토지공법연구」, 74집, 2016.5., 317-341쪽.
고문현・유태신, "CCS 환경관리에 대한 입법 동향 연구", 「법학논총」, 숭실대학교 법학연구소, 제36집, 2016.7., 1-33쪽.
고문현, "미국 환경보호청(EPA)의 이산화탄소 지중저장 규칙과 그 시사점", 「법학연구」, 제24권 제4호(통권 46호), 경상국립대학교 법학연구소, 2016.10., 19-40쪽.
고문현・신정규, "독일 KSpG의 유럽법과의 상관성 및 한국의 CCS 단일법안과의 비교", 「법학논총」, 숭실대학교 법학연구소, 제38집, 2017.5., 75-103쪽.

고문현, “이산화탄소 포집 저장관련 대중소통 가이드라인의 기본원칙”, 「토지공법연구」, 84집, 2018.11., 281-299쪽.
고문현, “통합환경법의 일환으로서 가칭 「이산화탄소 저장 등에 관한 법률」안”, 「토지공법연구」, 92집, 2020.11., 337-366쪽.
고문현, “ESG에 대응하기 위한 헌법개정”, 균형정책박람회 발표문, 균형발전위원회, 2021.10.28., 17-25쪽.
김광수, “이산화탄소 저감을 위한 CCS 법의 구성과 재구성”, 「행정법연구」, 55권, 2018.11., 105-125쪽.
김남진, “환경보전과 환경행정법”, 「월간고시」, 1988.3.
김동련, “국책사업 시 주민소통방안에 관한 연구- R&D 국책연구사업을 중심으로”, 「토지공법연구」, 88집, 2019.11., 215-236쪽.
김유환, “환경법규에 있어서의 법규실패와 법적 대응”, 「환경법연구」, 제16권, 1994.
김해룡·이종영, “과학기술의 발전과 환경법의 과제”, 『한국 법학 50년-과거·현재·미래』(II), 대한민국건국 50주년기념 제1회 한국법학자대회 논문집, 한국법학교수회, 1998.12.
김현준, “통합환경법전 -독일의 이른바 ‘전문가위원회안(案)’에 대한 검토를 중심으로-”, 「법학논고」, 제15집, 경북대 법학연구소, 1999.
노융희, 기조연설, 「환경분쟁조정제도의 기능강화를 위한 법적 과제」, 한국환경법학회 제83회 학술대회, 2006년 4월 8일.
박수혁, “지구촌 시대에 있어서의 우리나라의 환경법정책”, 『현대법의 이론과 실제』, 금랑김철수교수화갑기념논문집, 박영사, 1993.
박지은, “녹색법제의 범위와 체계”, 「월간법제」, 2010.7.
송동수, “참여정부의 환경정책 평가와 과제-환경관련법령의 제·개정을 중심으로-”, 「환경법연구」, 제27권 4호, 2005.12.
안성경, “통합환경법 입법모델 연구: 독일 환경법전(Umweltgesetzbuch: UGB)을 중심으로”, 「토지공법연구」, 제46집, 2009.11.
유태신·고문현, “CCS 지중저장에 대한 지진 위험의 법률적 대처 방안”, 「법학논총」, 숭실대학교 법학연구소, 44권, 2019.5., 213-254쪽.

이승은, “기후위기 시대의 새로운 패러다임 ESG”, 균형정책박람회 발표문, 균형발전위원회, 2021.10.28., 26-37쪽.

유태신, 이산화탄소 포집 · 저장(CCS)의 사회적 수용성 제고를 위한 입법 방안, 숭실대학교 법학박사학위논문, 2021.2.

이은기, “프랑스의 주거기본권실현형태로서의 사회주택에 관한 법적 고찰-H.L.M.(저임료주택)을 중심으로-,” 서울대학교 법학박사학위논문, 1995.8.

조명래, 기후위기시대 ESG의 역할, 한국ESG학회 창립총회 및 제1회학술대회 기조강연, 2021년 9월 17일(금), 학술대회자료집, 3-12쪽.

조인성, “이산화탄소 포집 및 저장(CCS)의 사업화에 관한 사회적 수용성 제고를 위한 법제방안- 일본, 미국 및 독일에서의 논의를 중심으로-”, 「유럽헌법연구」, 제17호, 2015.4., 713-748쪽.

조홍식, “환경법 소묘”, 서울대학교 「법학」, 제40권 2호, 1999.

한국과학기술단체총연합회, 「과학과 기술」, 제30권 제6호, 1996.6.

홍성방, “독일의 헌법과 행정법상에 있어서의 환경보호”, 「안암법학」, 제4집, 안암법학회, 1996.

홍성방, “환경기본권-한국헌법 제35조에 대한 해석론적 · 입법론적 소고-”, 「환경법연구」, 제22권, 한국환경법학회, 2000.

홍준형, “우리나라 환경정책기본법의 개정방향”, 노상환 편, 『우리나라 환경법체계정비에 관한 연구 II-환경정책기본법, 상수원보호 및 그린벨트지역법령정비를 중심으로-』, 한국환경정책 · 평가연구원, 1998.

### 3) 기타자료

http://www.econonews.co.kr/news/articleView.html?idxno=87562(2020년 10월 4일 검색)

## 2. 외국 문헌

### 1) 단행본


Bachrach, Peter & Baratz, Morton, Power and Poverty, N. Y.: Oxford University Press, 1970.

Barton, Barry/Jordan, Kimberley/Severinsen, Greg, 『Carbon Capture and Storage: Designing the Legal and Regulatory Framework for New Zealand』, CENTRE FOR ENVIRONMENTAL, RESOURCES AND ENERGY LAW, The University of WAIKATO, 2013.

Berry, James F./Dennison, Mark S, The Environmental Law and Compliance Handbook, New York: McGraw-Hill, 2000.

Bundesministerium für Umwelt, Naturschutz und Reaktorsicherheit, Herausforderung Umweltgesetzbuch, Tagung des Bundesministeriums für Umwelt, Naturschutz und Reaktorsicherheit am 16. 02. 2007 in Berlin, 2007.

Carson, Rachel, Silent Spring, Boston: Riverside Press, 1962.

Crenson, Matthew A., The Un-politics of Air Pollution, Baltimore: John Hopkins Univ. Press, 1971.

Friedman, Thomas L., Hot, Flat, and Crowded, New York: Picador/ Farrar, Straus and Giroux, 2008.

Global CCS Institute, The Global Status of CCS: 2019, Australia, 2019.

Kloepfer, Michael(Hrsg.), Umweltstaat, Springer-Verlag, Berlin u. a., 1989.

Kloepfer, Michael, Verfassungsänderung statt Verfassungsreform-Zur Arbeit der Gemeinsamen Verfassungskommission-, Berlin, Berlin Verlag, 1995.

Kloepfer, M., Umweltrecht, 3.Aufl., München,: Verlag C. H. Beck, 2004.

Koeck, Wolfgang(Hrsg.), Auf dem Weg zu einem Umweltgesetzbuch nach der Föderalismusreform, Baden-Baden: Nomos, 2009.

Michel, Lutz. H., Staatszwecke, Staatsziele und Grundrechtsinterpretation unter besonderer Berücksichtigung der Positivierung des

Umweltschutzes im Grundgesetz, PETERLANG, Frankfurt am Main·Bern·New York, 1986.
Peters, Heinz-Joachim, Umweltverwaltungsrecht, C. F. Müller Verlag, Hüthig GmbH, Heidelberg, 1996.
Sachs, Michael(Hrsg.), Grundgesetz Kommentar, C. H. Beck'sche Verlagsbuchhandlung, München, 1996.
Saladin, Peter/Zenger, Christoph Andreas, Rechte künftiger Generationen, Helbing & Lichtenhahn Verlag AG: Basel/Frankfurt am Main, 1988.
Sommermann, Karl-Peter, Staatsziele und Staatszielbestimmung, Tübingen: J. C. B. Mohr, 1997.
Steiger, Heinhard, Mensch und Umwelt-Zur Frage der Einführung eines Umweltgrundrechts, Erich Schmidt Verlag, Berlin, 1975.
Urbanczyk, Reinhard, Zur Verbandsklage im Zivilprozess, 1980(홍준형 역, 『독일 단체소송연구』, 법무부 법무자료, 제94집, 1987).
Verankerung des Umweltschutzes im Grundgesetz, Öffentliche Anhörung des Rechtsausschusses des Deutschen Bundestages am 14. Oktober 1987, 1988.
Weber, Jörg, Die Erde ist nicht Untertan: Grundrechte der Natur, Frankfurt am Main: Eichborn, 1993.

## 2) 논문

Breuer, R., "Umweltschutzrecht," in: I. v. Münch/E. Schmidt-Aßmann (Hrsg.), Besonderes Verwaltungsrecht, 9. Aufl., Berlin, New York: Walter de Gruyter, 1994, Rn. 34.
Kloepfer u. a., Michael, Zur Kodifikation des Allgemeinen Teils eines Umweltgesetzbuches(UGB-AT), *DVBl*, 1991, 339-346쪽(고문현 역, "독일 환경법전의 총칙", 「환경법연구」, 제20권, 1998, 429-452쪽).
Kloepfer u. a., Michael, Zur Kodifikation des Besonderen Teils eines Umweltgesetzbuches(UGB-BT), *DVBl*, 1994(고문현 역, "독일 환경법전의 각론", 「환경법연구」, 제20권, 1998, 453-487쪽).
Kloepfer, M.,, "Bedeutung des Umweltgesetzbuchs aus Sicht der Rechtswissenschaft", in: Bundesministerium für Umwelt, Naturschutz und Reaktorsicherheit, Herausforderung Umweltgesetzbuch,

Tagung des Bundesministeriums für Umwelt, Naturschutz und Reaktorsicherheit am 16. 02. 2007 in Berlin, 2007.

Knopp, Lothar, Umweltgesetzbuch-ein Trauerspiel ohne Ende? *UPR* 2009.

Koeck, Wolfgang, "Nach dem Scheitern des UGB: Wie geht es weiter?", *ZUR*, 2/2009.

Moon Hyun, Koh, "The Present State of 'Korean Security Deposit System on Empty Container' and Its Reform Measure", The Second International Forum on Strategic Technology, Mongolian University of Science and Technology in Ulaanbaatar, Mongolia, 2007.10.4.

Moonhyun Koh/Eun Hae Shin/Woong Chan Seo, Outline of Korean Integrated CCS Act Draft and Its Implication, *Energy Procedia*, 154, 2018., PP. 15-21.

Moonhyun Koh/Bola Ju/Woongchan Seo, A Review on Public Understanding of Carbon Dioxide Capture and Storage (CCS) in South Korea, *Energy Procedia*, 159, 2019, PP. 315-320.

Moonhyun Koh, Importance of CCS Technology in Energy Mix Policy and Outline of Korean CCS Draft Bill and its Features, Goldschmidt2020, 2020.6.1.

Rauschning, D., "Staatsaufgabe Umweltschutz," *VVDStRL*, H. 38, 1980.

Senatori, Megan A., "The Second Revolution: The Diverging Paths of Animal Activism and Environmental Law", in: Robert J. Goldstein(ed.), Environmental Ethics and Law, Burlington: ASHGATE, 2004.

Werner, Fritz, "Verwaltungsrecht als konkretisiertes Verfassungsrecht", *DVBl.*, 1959.

### 3) 기타자료

https://www.bmu.de/fileadmin/Daten_BMU/Download_PDF/Gesetze/ugb_09_hintergrund.pdf(2021년 10월 8일 검색)

# 아산재단연구총서

046 삶의 질의 국제비교와 지역간 비교분석
이재기 외 | 울산대 경제학과

047 21세기 지역주민의 삶의 질
양종회 외 | 성균관대 사회학과

048 삶의 질에 대한 국가간 비교
조명한 외 | 서울대 심리학과

049 외국인 노동자의 노사관계와 사회적 적응
석현호 외 | 성균관대 사회학과

050 한국의 사법제도와 발전 모델
정종섭 | 건국대 법학과

051 고령화사회와 중상층 노인의 사회활동
조성남 외 | 이화여대 사회학과

052 한국의 서비스 시장 개방정책
한홍렬 | 한양대 경제학부

053 한국과 AFTA간의 교역증진 및 경제 협력방안
손일태 외 | 경희대 경제통상학부

054 물류비 절감을 위한 무역업체의 정보화전략
이영수 외 | 경북대 경제통상학부

055 사회주의 체제전환과 사회정책
오정수 외 | 충남대 사회복지학과

056 남북통일 이후 농업생산체계 개편
홍성규 외 | 건국대 농업경제학과

057 국제화와 세계화
하영선 외 | 서울대 외교학과

058 IMF 개혁정책의 평가와 한국경제의 신(新) 패러다임
조동근 | 명지대 경제학과

059 구조개혁과 실업대책
박동운 | 단국대 경제무역학부

060 21세기 신노사관계
심윤종 외 | 성균관대 사회학과

061 학교에서의 집단 따돌림
이춘재 외 | 가톨릭대 심리학과

062 한국노인의 정신건강실태와 건강증진
조맹제 외 | 서울대 의과대학

063 혁명과 개혁 속의 중국 농민
김광억 | 서울대 인류학과

064 중국의 경제환경과 한국기업의 진출 전략
지용희 외 | 서강대 경영학과

065 김대중 대통령의 시스템 사고
김동환 | 중앙대 공공정책학부

066 실업과 가족해체
최일섭 외 | 서울대 사회복지학과

067 합리적 부채비율 조정방안
오상근 | 동아대 경제학과

068 한국 중산층의 생활문화
문숙재 외 | 이화여대 소비자 · 인간발달학과

069 계층간 갈등상태에서 최적소득세
김진욱 | 건국대 경상학부

070 글로벌 경쟁력 제고를 위한 기업전략과 조직구축
이만우 외 | 고려대 경영학과

071 의료보험과 국민연금의 관리효율화를 위한 통합방안
사공진 외 | 한양대 경제학부

072 정부개혁의 과제와 전략
박우서 외 | 연세대 행정학과

073 책임운영기관 제도에 관한 비교분석
김근세 | 가톨릭대 행정학과

074 새로운 패러다임하에서의 한국기업의 바람직한 지배구조
최운열 외 | 서강대 경영학과

075 현대 한국사회의 계층구조
양춘 외 | 고려대 사회학과

076 한국의 산업정책과 산업구조조정
강인수 | 숙명여대 경제학부

077 기업구조조정
김석진 | 경북대 경영학부

078 지식경영을 위한 인적자원 개발 및 관리체계
장영철 | 경희대 경영학부

079 뉴 비즈니스 모델
전성현 | 국민대 정보관리학부

080 중산층의 정체성과 소비문화
함인희 외 | 이화여대 사회학과

081 외국관광객 유치를 위한 마케팅 전략
박상규 | 강원대 경영학과

082 한국인의 세대별 문학의식
이동순 | 영남대 국문과

083 공공부문의 효율성 평가와 측정
김재홍 외 | 울산대 사회과학부

084 한국 청소년의 정치의식과 형성요인
김광웅 외 | 숙명여대 아동복지학과

085 한국 대학생의 정치의식
배한동 | 경북대 윤리교육과

086 산업의 정보화와 산업발전
이기동 | 계명대 통상학부

087 한국 제조업의 고용조정 분석
이종원 외 | 성균관대 경제학부

088 지식자산에 대한 경영전략적 평가모형 개발
배재학 외 | 울산대 컴퓨터 · 정보통신공학부

089 관광사업을 위한 한국적 이미지의 휴식복 개발
채금석 | 숙명여대 의류학과

090 한국 정치제도의 개혁
신정현 | 경희대 사회과학부

091 e비즈니스와 아웃소싱 전략
정승화 외 | 연세대 경영학과

092 집단 따돌림의 진단 및 치료방안
홍준표 | 중앙대 인간생활환경학과

093 16대 총선과 낙선운동
조기숙 | 이화여대 국제대학원

094 부동층 유권자 행태 분석
진영재 | 연세대 정치외교학과

095 사이버 공동체의 성공요인
이재관 | 숭실대 경영학부

096 온라인 소비자 행동의 이론과 실증
윤성준 | 경기대 경영학부

097 글로벌 시대 정약용 세계관의 가능성과 한계
차성환 | 한일장신대 역사사회학과

098 러시아의 체제전환 과정에서 나타난 국가의 역할과 그 전망
이상민 외 | 부산대 정치외교학과

099 남북한의 경제발전 수준과 산업구조 비교, 그리고 경제교류 협력방향
주성환 | 건국대 경제학과

100 집단따돌림과 교육해체
한준상 | 연세대 교육학과

101 공적연금제도의 효율성과 개선방안
유금록 | 군산대 행정복지학부

102 벤치기업-대기업의 성공적인 협력 모델
나중덕 | 경산대 경영학과

103 북한의 재외동포정책
조정남 외 | 고려대 정치외교학과

104 사이버 공동체 형성의 역동적 모형
장용호 | 서강대 신문방송학과

105 기업이론과 기업의 소유지배구조
김일태 외 | 전남대 경제학부

106 가축분뇨 자원화를 위한 공동이용 조직에 대한 농가선호도 분석
유덕기 | 동국대 생명자원경제학과

107 개혁정책과 전문가 집단
이경원 외 | 제주대 행정학과

108 현대 한국사회의 이중가치체계
신수진 외 | 이화여대 가정관리학과

109 한국의 산업구조 변화와 기업집단 다각화 전략
김용학 외 | 연세대 사회학과

110 지식정보사회의 경제적 모형 설정 및 사례 연구
김범환 | 배제대 경영정보학부

111 변호사징계제도
오종근 | 한림대 법학부

112 인터넷 특허법
김순석 | 광주대 법학과

113 e-비즈니스 시대의 금융 및 재정정책의 새로운 패러다임
이종욱 | 서울여대 경제학과

114 청소년의 하위문화와 정체성
조성남 | 이화여대 사회학과

115 디지털금융시대의 금융구조변화와 정부규제 및 정책
이충열 | 고려대 경제학부

116 지식경영을 위한 기업의 조직설계방안
김경수 외 | 전남대 경영학과

117 전자금융의 발달과 경제정책의 새로운 패러다임
이명훈 | 명지대 경제학과

118 동아시아의 안보와 유엔체제
강성학 편저 | 고려대 정치외교학과

119 유료 치매노인 그룹홈의 개발과 관련 정책
최정신 외 | 가톨릭대 소비자 · 주거학과

120 소비자 지향적 문화산업 정책
홍영준 | 호남대 광고홍보학과

121 국제 · 국가 · 지방 환경규제의 연계
정준금 외 | 울산대 행정학과

122 현행 회사 합병 · 분할제도의 평가와 개선방안
옥무석 외 | 이화여대 법학과

123 배려지향적 도덕성과 정의지향적 도덕성
성복문 외 | 고려대 사범대학

124 기업구조조정에 대한 채권금융기관 및 금융감독기관의 역할과 책임
이중기 | 한림대 법학과

125 실업대책으로서 한국의 법정기준근로시간 단축
박영범 | 한성대 경제학과

126 프랑스어의 비분리성 소유개념 표현
노윤채 | 연세대 언어정보연구원

127 지방채의 효율적 관리방안
강태구 | 호원대 법행정학부

128 21세기 산업구조 변화와 과학기술정책
임채성 외 | 그리스도신학대 경영정보학부

129 인터넷 쇼핑몰 이용자의 불평행동
예종석 | 한양대 경영학부

130 한국기업의 성과급제도 현황, 효과 및 개선방안
김성수 | 서울대 경영학과

131 전자상거래와 소비자보호
서민교 외 | 경일대 인터넷국제통상학과

132 평생학습 사회에서의 인적자원개발을 위한 사회적 파트너십 구축
김영화 | 홍익대 교육학과

133 한국 공교육의 새로운 구상과 전략
권대봉 외 | 고려대 교육학과

134 한국의 정부개혁
김태룡 | 상지대 행정학과

135 지방정부 생산성 측정의 이론과 실제
이은국 외 | 연세대 행정학과

136 불가 시문학론
배규범 | 경희대 학술연구 교수

137 남북경제교류의 법적 문제
제성호 | 중앙대 법학과

138 경제위기와 청소년 발달
구인회 | 서울대 사회복지학과

139 생명과학기술의 응용과 기본권보호적 한계
정상기 외 | 한남대 법학과

140 경제발전과 정치환경의 한 · 일 비교분석
정갑영 외 | 연세대 동서문제연구원

141 한국 공교육의 진단
윤정일 외 | 서울대 교육학과

142 우리나라 지방자치 발전을 위한 자치단체장의 역할
정성호 외 | 경기대 사회과학부

143 의료보험제도의 개혁방안
권순원 | 덕성여대 경제학과

144 중등 도덕교육의 현실과 문제
손동현 외 | 성균관대 철학과

145 사이버공동체 발전론
이명식 | 상명대 경영학과

146 남북경협 확대에 대비한 북한 담보제도의 정비방안
박훤일 | 경희대 법과대학

147 한국 공무원 인사제도 개혁
김판석 | 연세대 행정학과

148 교사화법 교육
임칠성 외 | 전남대 국어교육과

149 세계화의 문화정치학
임혁백 외 | 고려대 정치외교학과

150 효과적인 e-SCM을 위한 의사결정조정 시스템 모형
이원준 | 성균관대 경영학부

151 환경거버넌스
김종순 외 | 건국대 행정학과

152 자동차산업의 인적자원관리
이덕로 | 서원대 경영학부

153 한국과 영국 간 지식기반산업 비교
이명호 | 한국외대 경영학과

154 한국 벤처기업의 기술네트워킹 및 기술 마케팅 전략
장영일 | 인제대 경영학부

155 회사변호사의 윤리
오승종 | 성균관대 법과대학

156 미디어교육론
이정춘 | 중앙대 신문방송학과

157 조선시대 서원과 양반
윤희면 | 전남대 역사교육과

158 환경문제와 철학
박찬국 | 서울대 철학과

159 노인보건복지 이론과 실제
김명 외 | 이화여대 보건교육학과

160 북한의 법체계
권재열 외 | 숭실대 법학과

161 생명공학기술의 안전성 확보에 관한 법적 고찰
이재협 | 경희대 법학부

162 청소년복지학
김성이 외 | 이화여대 사회복지학과

163 변화하는 세계, 변화하는 복지국가
조영훈 | 동의대 사회복지학과

164 의리의 윤리와 한국의 유교문화
김낙진 | 진주교대 도덕교육과

165 미국의 통상정책과 통상법
윤충원 | 전북대 무역학과

166 사회복지 프로그램 평가
김학주 | 경상대 사회복지학과

167 환경주의와 지속가능한 발전
정대연 | 제주대 사회학과

168 무역과 환경
김기흥 외 | 경기대 경제학부

169 산업계 유해폐기물의 위험과 관리
김금수 | 호서대 경상학부

170 백범 김구의 지적 계발과정 탐색
문용린 | 서울대 교육학과

171 태평양전쟁 발발 이후 일제의 인적 지배와 그리스도교계의 대응
윤선자 | 전남대 사학과

172 거버넌스 상황에서 갈등관리를 위한 대체적 분쟁해결제도
서순복 | 광주대 법정학부

173 시장경제의 유형과 민주주의
최배근 | 건국대 경상학부

174 일본고전소설 총론
김현정 | 국립한국전통문화학교

175 국어 교육을 위한 국어 문법론
이관규 | 홍익대 국어교육과

176 율곡의 군주론
전세영 | 부산교대 윤리교육과

177 동북아시아 환경협력
정서용 | 명지대 법학과

178 기후변화협약과 기후정책
신의순 외 | 연세대 경제학과

179 인터넷과 국제 학술정보 네트워크-하이퍼링크 분석
박한우 | 영남대 언론정보학과

180 국내 기업복지의 활성화 방안
최수찬 | 연세대 사회복지대학원

181 세계화와 인간안보
김우상 외 | 연세대 정치외교학과

182 세계문화유산 종묘 이야기
지두환 | 국민대 국사학과

183 한국 평생교육의 사회철학적 과제
곽삼근 | 이화여대 교육학과

184 강점모델
정순둘 | 이화여대 사회복지학과

185 글로벌시대의 계약법
박영복 | 한국외대 법과대학

186 배심제와 시민의 사법참여
안경환 | 서울대 법학과

187 동북아공동체
김재한 | 한림대 정치외교학과

188 정치 참여와 탈물질주의
김욱 | 배재대 정치외교학과

189 퍼지전문가회로망을 이용한 금융기관의 사이버 기업여신결정 지원시스템의 개발
권혁대 | 목원대 경영학과

190 환경정책과 환경법
송인성 | 전남대 지역개발학과

191 포스트모던 시대의 평생교육학
한숭희 | 서울대 교육학과

192 현대 한국인의 세대경험과 문화
박길성 외 | 고려대 사회학과

193 서구의 근로연계복지
김종일 | 건국대 사회복지학과

194 사회복지운동론
현외성 | 경남대 사회복지학과

195 외국의 역모기지 사례
유선종 | 건국대 부동산학과

196 옛이야기와 어린이문학
이지호 | 진주교대 국어교육학과

197 노인사회복지관광의 정책과제와 방안
김창수 | 경기대 관광학부

198 복지서비스의 민간위탁 시스템 분석
김순양 | 영남대 행정학부

199 새로운 빈곤층의 대두와 정부의 정책과제
김진욱 | 건국대 경제학과

200 문화행정론
김정수 | 한양대 행정학과

201 스칸디나비아 노인용 코하우징의 계획과 적용
최정신 외 | 가톨릭대 생활과학부

202 북한의 자연생태계
공우석 | 경희대 지리학과

203 통계로 이해하는 러시아
신용찬 | 부산대 정치외교학과

204 사회복지법인의 경영과 회계
이동규 | 충남대 회계학과

205 의약분업 정책과정
차흥봉 | 한림대 사회복지학과

206 지역공동체와 평생교육
오혁진 | 동의대 평생교육학부

207 아동보호서비스의 실제
한미현 | 백석대 사회복지학부

208 그린마케팅
박재기 | 충남대 경영학부

209 아동권리와 아동복지
이혜원 | 성공회대 사회복지학과

210 국제 이주와 인도인 디아스포라
김경학 | 전남대 인류학과

211 질병과 의료의 사회학
조병희 | 서울대 보건대학원

212 북한이탈주민의 사회통합을 위한 지역복지실천의 모색
이기영 | 부산대 사회복지학과

213 치매노인케어론
조유향 | 초당대 간호학과

214 노인상담입문
서혜경 외 | 한림대 대학원 사회복지학과

215 '통일 이후 통일과정'으로서의 독일 통일영화
이준서 | 이화여대 독어독문학과

216 중국의 사회보장
오정수 | 충남대 사회복지학과

217 환경자원의 경제적 가치와 환경오염의 사회적 비용
김재홍 | 울산대 사회과학부

218 사회복지프로그램의 경제적 평가방법
박창제 외 | 상주대 사회복지학과

219 자유의지와 결정론
안건훈 | 강원대 철학과

220 심리학자들이 쓴 행복한 결혼의 심리학
채규만 외 | 성신여대 심리학과

221 현대 해석학 강의
양해림 | 충남대 철학과

222 한국인의 주거 빈곤과 공공주택
하성규 | 중앙대 도시및지역계획학과

223 IMF 경제위기와 한국 출산력의 변화
김두섭 | 한양대 사회학과

224 동아시아의 영토분쟁과 국제법
이석우 | 인하대 법학부

225 독일 복지국가와 사회복지서비스
정재훈 | 서울여대 사회사업학과

226 사회복지사를 위한 실용 비모수통계
엄명용 | 성균관대 사회복지학과

227 피해자학 연구
이윤호 | 동국대 경찰행정학과

228 광고언어창작론
박영준 외 | 부경대 국어국문학과

229 환경규제 패러다임의 전환
한철 | 한남대 법학과

230 고령사회의 노동환경변화와 고용 시스템의 문제점 및 법적 대응
고준기 | 국립군산대 법학과

231 세계화와 소득불평등
이성균 외 | 울산대 사회과학부

232 유비쿼터스 사회의 이해
안중호 외 | 서울대 경영학과

233 국제환경책임법론
박병도 | 건국대 법학과

234 한국의 선거와 민주주의
윤종빈 | 명지대 정치외교학과

235 한국 시민운동의 구조와 동학
조대엽 외 | 고려대 사회학과

236 또래관계
송영혜 | 대구대 재활심리학과

237 해외 한국기업과 현지인 노동자
석현호 외 | 에스콰이아학술문화재단

238 독일 국가복지에서 민간복지단체의 역할과 의미
차성환 외 | 한일장신대 사회복지학부

239 청정공학
조정호 | 동양대 생명화학공학과

240 한국전통연희론
심상교 | 부산교육대 국어교육학과

241 정신장애와 가족
서미경 | 경상대 사회복지학부

242 빈곤통계의 작성과 활용
김주환 | 동국대 정보통계학과

243 인터넷과 한국정치
강원택 | 숭실대 정치외교학과

244 북한의 시장경제이행
정영화 외 | 서경대 법학과

245 시스템사고로 본 지속가능한 도시
문태훈 | 중앙대 도시및지역계획학과

246 실버산업과 유비쿼터스 컴퓨팅
고일상 | 전남대 경영학부

247 재활상담과 사례관리
나운환 | 대구대 직업재활학과

248 영유아교육기관에서의 장애 이해 교육
유수옥 | 우석대 유아특수교육과

249 장애의 사회적 의미와 사회통합
박수경 | 대진대 사회복지학과

250 경제분석의 수리적 기초
조인성 | 공주대 경제통상학부

251 비영리부문의 비교연구
김승현 | 서울산업대 행정학과

252 고등교육경제학
반상진 | 전북대 교육학과

253 과학윤리교육의 이론과 방법
조희형 | 강원대 과학교육학부

254 결혼이민자가족의 이해
김오남 | 대불대 사회복지학과

255 동아시아 국가의 공공부조
신동면 | 경희대 사회과학부

256 특수아동 진단 및 평가
이나미 | 대불대 특수교육과

257 계약형 사회복지와 권리옹호시스템
이명현 | 경북대 상주캠퍼스 사회복지학과

258 실내공기질 및 위해성 관리
양원호 | 대구가톨릭대 산업보건학과

259 충남 방언 문법
한영목 | 충남대 국어국문학과

260 교육권론
노기호 | 군산대 법학과

261 도시경관계획론
임승빈 | 서울대 조경 · 지역시스템공학부

262 교통의 새로운 패러다임
김형철 | 경원대 도시계획 · 조경학부

263 노인의 삶의 질 향상을 위한 주거환경 디자인
천진희 | 상명대 디자인대학 실내디자인전공

264 사회복지와 문화
박병현 | 부산대 사회복지학과

265 장애인복지의 이론과 실제
이선우 | 인제대 사회복지학과

266 창의성 개발을 위한 디자인교육 콘텐츠
김선영 | 인천가톨릭대 조형예술대학 환경디자인학과

267 구성주의 사회복지 실천 기술론
고미영 | 서울신학대 사회복지학과

268 장애아교육학
김기흥 | 부산교육대 유아교육과

269 지역사회복지와 자원부문
한상진 외 | 울산대 사회학과

270 환경관리회계
육근효 | 부산외국어대 회계학부

271 인권 관점에서 보는 장애인복지
유동철 | 동의대 사회복지학과

272 정신증상
송지영 | 경희대 의과대학병원 신경정신과

273 사이버공간의 사회심리학
이성식 외 | 숭실대 정보사회학과

274 노인에 대한 사회적 돌봄과 돌봄서비스의 질 보장
최희경 | 신라대 가족노인복지학과

275 아동 심리치료의 실제
신현균 | 전남대 심리학과

276 사회복지와 위험관리
노충래 | 이화여대 사회복지전문대학원

277 국제 탄소시장의 이해
양승룡 | 고려대 식품자원경제학과

278 타자의 초상
신문수 | 서울대 영어교육과

279 한국정치와 환경정치
나정원 | 강원대 정치외교학과

280 북한이주민
윤인진 | 고려대 사회학과

281 음주의 사회경제적 비용
정우진 외 | 연세대 보건대학원

282 지방정치와 동북아 도시거버넌스
박재욱 | 신라대 행정학과

283 노숙인 복지론
남기철 | 동덕여대 사회복지학과

284 유럽통합과정과 지역협력
이규영 | 서강대 국제대학원

285 사회복지재정 연구
지은구 | 계명대 사회과학대학 사회복지학과

286 지역사회 교육개혁을 위한 시민사회 조직의 참여
김영화 | 홍익대 교육학과

287 복지사회를 대비한 국민연금의 구조개혁
박영석 외 | 서강대 경영학부

288 한미 FTA 지재권 협상에 따른 의약품 분야 사회후생 변화
오근엽 | 충남대 무역학과

289 산업입지, 환경 그리고 지역경제
이기동 외 | 계명대 국제통상학과

290 감성지능 개발을 통한 삶의 질 향상
김경수 외 | 전남대 경영학부

291 교육복지론
이용교 외 | 광주대 사회복지학부

292 인간과 행복에 대한 철학적 성찰
박찬국 | 서울대 철학과

293 유럽연합의 사회통합 사례와 교훈
이무성 | 명지대 정치외교학과

294 민영화와 사회후생
이상호 | 전남대 경제학부

295 북한의 교육학 체계 연구
최영표 외 | 동신대 교육대학원

296 한국 지속가능발전의 구조와 변동
정대연 | 제주대 사회학과

297 우리나라의 공익 연계 마케팅에 관한 연구
임승희 | 전주대 경영학부

298 시각장애인복지론
김영일 | 조선대 특수교육과

299 그린에너지와 환경촉매
정석진 | 경희대 화학공학과

300 취약학교 초등학생을 위한 온라인 보건교육 프로그램
박경옥 | 이화여대 보건관리학과

301 신탁제도를 통한 고령자의 보호와 지원
최수정 | 서강대 법학전문대학원

302 사회적 약자계층에 대한 실태분석 및 정책방안
이은우 외 | 울산대 경제학과

303 한류 문화와 동북아 공동체
최혜실 | 경희대 국어국문학과

304 노동유연화와 해고보호법
권혁 | 부산대 법학전문대학원

305 사회복지 위험관리의 이해
박미은 | 한남대 사회복지학과

306 의료기관의 회계와 세무
노준화 | 충남대 경영학부

307 여성인적자원의 전문성 확보를 위한 경력개발
배지연 | 이화여대 국제사무학과

308 정신병리
강선경 | 서강대 신학대학원

309 바다의 반란 적조
윤양호 | 전남대 해양기술학부

310 한국 장애인 복지 발달사
이성규 | 서울시립대 사회복지학과

311 서양예술 속의 동양 탐색
진상범 | 전북대 독어독문학과

312 한국인의 도덕성 발달 진단
문용린 | 서울대 교육학과

313 영국정치와 국가복지
고세훈 | 고려대 공공행정학부

314 인간학적 사유를 여는 중도 · 중복장애 교육학
이숙정 | 단국대 특수교육과

315 개별화 교육과정
이소현 | 이화여대 특수교육과

316 인간의 긍정적 성품
권석만 | 서울대 심리학과

317 지방자치와 지역여성의 전망
이혜숙 | 경상대 사회학과

318 한국 현대 노년소설 연구
정흥남 | 한려대 교양학부

319 정보격차 해소를 위한 창의적 정보교육 프로그램
이영준 외 | 한국교원대 컴퓨터교육과

320 한국 가족과 젠더
손승영 | 동덕여대 교양학부

321 한국의 복지혼합
김진욱 | 서강대 신학대학원

322 사회자본과 자원봉사
김태룡 외 | 상지대 행정학과

323 농촌교육복지연구
박삼철 | 단국대 교양학부

324 사회정체성 평가 차원에 대한 국제비교조사
이명진 | 고려대 사회학과

325 캐나다 복지국가 연구
조영훈 | 동의대 사회복지학과

326 한국의 소수자운동과 인권정책
전영평 외 | 서울대 행정대학원

327 한국과 미국의 보육서비스 전달체계와 품질 비교분석
김근세 외 | 성균관대 국정관리대학원

328 한국사회의 소득불평등과 국민 의료이용
이용재 | 호서대 사회복지학과

329 정보시대의 인간안보
조화순 | 연세대 정치외교학과

330 가족의 사회경제적 특성과 아동발달
김광혁 | 전주대 사회복지학과

331 초 · 중 · 고등학생의 학업소진 진행과정 및 경로분석
이상민 | 고려대 교육학과

332 다문화사회의 사법통역
이지은 | 이화여대 통역번역대학원

333 동아시아 지역주의
유현석 | 경희대 정치외교학과

334 환경친화적 공공시설관리와 지역공동체의 삶의 질
이소영 | 중앙대 실내디자인 · 주거환경학과

335 의료보험의 법정책
김나경 | 성신여대 법과대학

336 양극화 시대 가족해체와 청소년의 적응에 관한 한국과 미국의 비교 연구
오승환 외 | 울산대 사회복지학과

337 기업의 사회적 책임과 지역경제사회 발전 연구
허영도 외 | 울산대 경영학부

338 노인의 삶의 질 향상을 위한 온라인 소셜 네트워크 구축 방안
김진우 | 연세대 경영학과

339 청소년 생활역량
윤명희 외 | 동의대 평생교육학과

340 외국인 배우자의 다양성과 국제결혼의 안정성
김두섭 | 한양대 사회학과

341 정보인권의 규범구체화
이민영 | 가톨릭대 법학과

342 한국 사회복지실천의 고유성
최성재 외 | 서울대 사회복지학과

343 스웨덴의 환경책임 실천모형
최희경 | 경북대 행정학부

344 자율운동과 주거공동체
윤수종 | 전남대 사회학과

345 한국인의 공공봉사동기
김상묵 | 서울과학기술대 행정학과

346 한국 이혼가정 아동의 성장
김혜숙 | 경인교육대 교육학과

347 동양 사상과 노인 복지
홍승표 외 | 계명대 사회학과

348 노동과 사회보장의 연계
오문완 | 울산대 법학과

349 학습장애 위험군 아동의 조기선별을 위한 읽기검사 표준화 연구
김애화 외 | 단국대 특수교육학과

350 신 · 재생에너지에 기초한 녹색성장과 사회통합
김인호 | 이화여대 법학전문대학원

351 문화교류역량과 다문화 경영이 기업 경영성과에 미치는 영향
임병학 외 | 부산외대 경영학부

352 빈곤영유아의 발달과 적응
정익중 외 | 이화여대 사회복지학과

353 민사법질서와 인권
양천수 | 영남대 법학전문대학원

354 성년후견제도와 사회복지제도의 연계
신권철 | 서울시립대 법학전문대학원

355 한국 다문화사회의 이방인
김순양 | 영남대 행정학과

356 현대 시민사회와 소비자계약법
이병준 | 한국외대 법학전문대학원

357 개인의 사회적 정보보호를 위한 공공정보서비스 개선 연구
장항배 | 상명대 경영학과

358 여성교육투자에 대한 교육경제학적 탐색
백일우 외 | 연세대 교육학부

359 사회적 기업과 지속가능한 지역발전
임업 외 | 연세대 도시공학과

360 다문화가정 구성원에 대한 투트랙 한국어 교육방안 연구
박시균 | 군산대 국어국문학과

361 아시아의 빈곤과 한국기업의 역할
한인수 | 충남대 경영학부

362 유치원 · 초등학교 연계 환경교육
박희숙 | 공주대 유아교육학과

401 도시 사운드스케이프 디자인
전진용 외 | 한양대 건축공학부

402 지방의회 의원윤리연구
김택 | 중원대 경찰행정학과

403 발달장애인 자립생활 증진을 위한 역량탐색 및 주거로서의 해결과제
김라경 | 광주교육대 교육학과

404 외국인고용제도개선과 인권
김상호 외 | 경상대 법과대학

405 사회복지연구에서 질적방법과 분석
김인숙 | 가톨릭대 사회복지학과

406 현대미술에서의 예술적 성장과 창의적 인재양성
백경미 | 울산과학기술원 기초과정부

407 현대인의 삶과 문화예술교육
곽삼근 | 이화여대 교육학과

408 문화적 배경과 체화된 인지
민동원 | 단국대 경영학부

409 아동 섭식행동평가 척도 표준화 및 섭식문제 현황 조사
정경미 | 연세대 심리학과

410 잊혀질 권리: 이상과 실현
문재완 | 한국외대 법학전문대학원

411 인권의 지역화: 일상생활의 인권 증진을 위하여
김중섭 | 경상대 사회학과

412 다문화 시대 이주민의 한국어 의사소통
민병곤 외 | 서울대 국어교육과

413 다문화 시대의 문화교육 커리큘럼
윤여탁 외 | 서울대 국어교육과

414 다문화 시대의 통일교육
박성춘 외 | 서울대 윤리교육과

415 다문화 시대 사회 통합을 위한 시민 교육
이진석 외 | 부산대 일반사회교육과

416 다문화 관련 법률 및 제도
박성혁 외 | 서울대 사회교육과

417 생태복원의 인문학적 상상력
김성도 외 | 고려대 언어학과

418 다국내 출생 다문화가정 청소년의 아픔과 분투: 사회적 차별로부터의 회복과 성장
서영석 | 연세대 교육학과

419 종교심리학의 이해: 죽음인식의 논의를 중심으로
김재영 | 서강대 종교학과

420 글로벌 시대의 사회통합: 세계적 추세와 한국의 위상
장용석 외 | 연세대 행정학과

421 소규모 사회적기업과 소셜미디어 마케팅
박철 | 고려대 글로벌비즈니스대학

422 동아시아 가면극의 역사와 전승양상
전경욱 | 고려대 국어교육과

423 무엇이 우리를 행복하게 하는가?
구교준 외 | 고려대 행정학과

424 디지털 중독의 이해와 대응 방안
오원석 외 | KAIST 경영대학

425 지속가능발전목표(SDG) 시대 한국의 복지와 행복지표 측정
한준 외 | 연세대 사회학과

426 지방정부 간 사회복지 불균형과 시민 행복
장용석 외 | 연세대 행정학과

427 일 · 여가의 변화와 행복 복지
유홍준 외 | 성균관대 사회학과

428 가족시간과 삶의 질
이윤석 외 | 서울시립대 도시사회학과

429 사회복지사의 유데모니아: 사회복지의 가치와 보람, 그리고 행복
송인한 외 | 연세대 사회복지대학원

430 행복을 위한 움직임
안문경 | 국민대 교양대학

431 읽기 장애 조기 선별검사의 측정학적 적합성 연구
여승수 | 부산교육대 유아교육학과

432 문화적 다양성과 창의성: 심리학적 관점
장재윤 | 서강대 심리학과

433 내일의 종언(終焉)? 가족자유주의와 사회재생산 위기
장경섭 | 서울대 사회학과

434 산림공유자원관리로서 금송계 연구
배수호 외 | 성균관대 행정학과

435 한국 경제발전의 문화적 기원: 추격성장, 발전국가 그리고 문화적 혼종성
김명수 | 한양대 정보사회학과

436 4차 산업혁명의 일자리 진화
이민화 | KAIST 미래전략대학원

437 금융 분야에 있어서 4차 산업혁명 시대와 일자리 대책
고동원 | 성균관대 법학전문대학원

438 노동의 디지털화와 산업노동의 미래: 독일 산업 4.0을 중심으로
임운택 | 계명대 사회학과

439 4차 산업혁명과 고등교육 개혁
김민희 외 | 대구대 교직부

440 4차 산업혁명과 일자리 정책의 미래
권혁 외 | 부산대 법학전문대학원

441 복지공급론: 보건복지의 수단과 체계
강창현 | 단국대 공공관리학과

442 생각 중심 교육
박주용 | 서울대 심리학과

443 청소년 독자의 정체성과 문식 활동
이순영 | 고려대 국어교육과

444 인간의 심리를 조작하는 사회공학기술
김석수 | 한남대 멀티미디어학부

445 한국사회 이타적 행동에 대한 이해
강철희 외 | 연세대 사회복지대학원

446 이주민의 사회적 배제: 세대 간 전이와 민족 계급화를 중심으로
최혜지 | 서울여대 사회복지학과

447 사회복지, 업의 변화와 마케팅
이원준 | 청주대 경영학과

448 충남 민속의 이해
이필영 | 한남대 역사교육과

449 한국 청소년들의 공동체지향목표
신종호 외 | 서울대 교육학과

450 저출산 · 고령화와 한국의 연금개혁: 세대 간 공정과 지속가능성
석재은 외 | 한림대 사회복지학과

451 지방 인구구조의 변화와 지역 사회복지 전달체계
기정훈 | 명지대 행정학과

452 고령 친화적 도시재생뉴딜: 일본의 고령 친화 주거지재생 정책 사례 연구
김현주 | 서울연구원 초빙 부연구위원

453 저출산의 심리적 요인: 저출산 원인의 심리학적 요인 분석을 중심으로
진경선 | 성신여대 심리학과

454 남자가 출산휴가를 간다면?: 아빠노동자 형성을 위한 남성 육아휴직 사례 연구
최새은 외 | 한국교원대 가정교육학과

455 한국 다문화 사회의 교육과 복지 실천
김영순 외 | 인하대 사회교육과

456 뉴미디어와 이주민: 소셜미디어시대 서울 지역 중국동포들의 미디어 이용과 적응
김용찬 | 연세대 언론홍보영상학부

457 제1기 헌법재판소: 헌법재판의 황무지에 단단한 초석을 놓다
임지봉 | 서강대 법학전문대학원

458 저소득층 초등학생을 위한 식생활교육 프로그램 개발: 심리 · 사회적, 영양학적 요인을 중심으로
김경원 외 | 서울여대 자연과학대학 식품영양학전공

459 지역공동체 참여의 이론과 현실: 지속가능하고 포용적인 공동체를 위한 대안의 모색
한상일 | 연세대 글로벌행정학과

460 한국가정과 다문화가정 내 배우자 폭력의 유형 및 특성 비교 연구
그레이스 정 | 서울대 아동가족학과

461 한국 유교 圖像의 역사
유권종 | 중앙대 철학과

462 기업과 노동의 사회 책임: CSR에서 ISO26000을 넘어 기업 인권으로
이승협 | 대구대 사회학과

463 청소년을 위한 긍정적 정신건강의 평가와 개입
고영건 | 고려대 학생상담센터

464 이주 시대의 젠더: '다문화' 한국사회와 필리핀 출신 여성들
김민정 | 강원대 문화인류학과

465 상식의 긴 팔: 과학하는 인간의 베이즈주의
여영서 | 동덕여대 교양대학

466 사회복지실천기록: 사회복지사의 기록실무를 위한 지침
백은령 외 | 총신대 사회복지학과

467 대한민국에서 난민으로 살아가기: 의미 탐색과 정책 과제
박순용 외 | 연세대 교육학부

468 다문화사회와 이주민 건강: 헬스커뮤니케이션 차원의 분석과 대안 모색
정의철 | 상지대 미디어영상광고학과

469 전통생태지식과 세대소통: 지속가능발전을 위한 사회생태기억 탐구
김고운 외 | 고려대 오정리질리언스연구원

470 디지털 시대의 사회복지 패러다임: 네트워크적 접근
김수영 | 서울대 사회복지학과

471 디지털 헬스 케어의 법적 쟁점과 과제
이호용 | 한양대 정책학과

472 한국사회의 공공갈등 사례를 통해 본 조정, 참여형 갈등관리, 예방적 접근의 활용과 해외 시스템 연구
김대중 외 | 동아대 국제전문대학원

473 호수환경생태학
김범철 | 강원대 환경학과

474 한국 이민자 복지정책 연구
김안나 | 대구가톨릭대 사회복지학과

475 통합환경법 제정에 관한 연구: 가칭 「이산화탄소 저장 등에 관한 법률」안 제정을 중심으로
고문현 | 숭실대 법학과

# 아산재단연구보고서

001 한국인의 도덕성 연구
배해수 | 고려대 국문학과

002 산업화와 청소년 진로
이원호 | 울산대 교육학과

003 공동체의식과 시민운동
김영섭 | 한양대 행정학과

004 한국청년의 삶의 의미 충족도와 만족적 태도
안정수 | 경희대 철학과

005 중국조선족의 사회발전과 한 · 중관계의 위상
손장권 | 고려대 사회학과

006 해송림 "솔껍질깍지벌레"의 천적 및 주요 종의 생태
김규진 | 전남대 농생물학과

007 사회정의와 실천윤리
박종대 | 서강대 철학과

008 동구개혁의 영향
김달중 | 연세대 정치외교학과

009 한국청소년의 의식세계
김문조 | 고려대 사회학과

010 고강도 철근 콘크리트 구조의 실용화
정헌수 | 중앙대 건축학과

011 신기술의 연관형태 및 출현예측의 구조모형
권철신 | 성균관대 산업공학과

012 민간기업의 연구개발을 위한 조세정책
권영훈 | 한양대 경제학부

013 기술개발 활성화방안
송승구 | 울산대 화학공학부

014 부패의 현상과 진단
이문조 | 영남대 정치외교학부

015 연구투자의 지역적 편중화와 부산지역의 기초과학연구 활성화방안
윤웅찬 | 부산대 화학과

016 GATT의 신구 덤핑방지협정과 그 대응 방안
전창원 | 동국대 무역학과

017 한국사회의 도덕성 제고를 위한 진단과 처방
황경식 | 서울대 철학과

018 새로운 노사관계 방향
이진규 외 | 고려대 경영학과

019 21세기 동북아 정세예측과 한국의 전략적 대응방안
최평길 외 | 연세대 행정학과

020 소련의 한국에 대한 정책목표분석
신승권 | 한양대 정치외교학과

021 메모리 커패시터용 $Pb(Zr_xTi_{1-x})O_3$ 강유전체 박막의 제작과 특성
장지근 외 | 단국대 전자공학과

022 러시아 국제법학의 전통
김용구 | 서울대 외교학과

023 유럽연합의 현황과 전망
김동현 외 | 성균관대 행정학과

024 중국의 정치동원
송영우 외 | 건국대 정치외교학과

025 산업적 활용을 위한 이동로보트 시스템의 개발
박민용 외 | 연세대 전자공학과

026 중국조선족의 정치사회화과정과 동화적 국민통합의 방향
전인영 외 | 이화여대 사회생활학과

027 공적부조의 이론과 실제
최일섭 외 | 서울대 사회복지학과

028 대외통상환경의 변화와 법제개편
서헌제 | 중앙대 법학과

029 기업금융의 국제화
최생림 | 한양대 경영학부

030 자동차부품공업의 노사관계
김호진 외 | 고려대 행정학과

031 산업화 과정에서의 한국가족의 실태와 전망
정창수 외 | 성균관대 사회학과

032 공무원 가치관 실태와 정립방안
배병룡 외 | 경상대 행정학과

033 해외귀국청소년의 국내적응연구
이장영 | 국민대 사회학과

034 초고속정보통신망에서 LAN서비스 제공방안
이재용 | 연세대 전자공학과

035 WTO체제의 정책적 대응
김병진 외 | 경희대 행정학과

036 유럽의 통합정치
최수경 외 | 충남대 정치외교학과

037 유기질폐기물을 이용한 고단백사료원인 조류의 생산공정
최정우 외 | 서강대 화학공학과

038 초고속정보통신망의 수용성과 정책방향
박영상 외 | 한양대 신문방송학과

039 중국의 강남사회와 한중교섭
조영록 외 | 동국대 사학과

040 세계화시대의 사회 · 문화의식
신행철 외 | 제주대 사회학과

041 국내 외국인 노동자의 문제와 대책
성규탁 외 | 연세대 사회복지학과

042 노인인력 활용정책과 프로그램
김정후 외 | 강원대 법과대학

043 한일간 학술교류 현황과 활성화방안
정홍익 외 | 서울대 행정대학원

044 계량모형에 의한 한일 경제관계의 이해
김명직 외 | 한양대 경제학부

045 직장인의 음주행태와 삶의 질
진기남 외 | 연세대 보건행정학과

046 유통정보 시스템의 구조와 설계
정용길 | 충남대 경영학과

047 남북통일 이후 사회통합을 위한 교육의 역할
안기성 외 | 고려대 교육학과

048 대중음악에 심취한 청소년들의 심리적 특성
김인경 외 | 연세대 인간행동연구소

049 멀티미디어 시스템을 활용한 교육환경의 개선방안
김한일 | 제주대 컴퓨터교육학과

050 탈냉전기 한일관계의 쟁점
최상룡 | 고려대 정치외교학과

051 자치시대 새로운 '삶의 질' 지표의 모색
김형기 외 | 경북대 경제통상학부

052 유럽통합의 역내외 협력과 갈등
이호재 외 | 고려대 정치외교학과

053 21세기를 대비한 신노사관계
김재원 | 한양대 경제학부

054 대학의 시간제학생 등록제
안규철 외 | 전남대 교육학과

055 21세기에 대비한 방송통신정책
한진만 외 | 강원대 신문방송학과

056 주민참여를 통한 혐오시설 관리운영방안
박균성 외 | 경희대 법학부

057 여성의 정치적 권리인식과 정치참여
전경옥 외 | 숙명여대 정치외교학과

058 한국인 위장질환과 식생활 · 환경요인 및 *H. pylori* 감염과의 관계
이양자 외 | 연세대 식품영양학과

059 학생과 시민의 자원봉사활동
윤정일 외 | 서울대 교육학과

060 동북아 환경문제와 지역환경협력의 모색
신연재 외 | 울산대 정치외교학과

061 노인 자원봉사활동을 통한 사회통합 프로그램 개발
김동배 | 연세대 사회복지학과

062 물류정보 시스템
김태현 | 연세대 경영학과

063 전자식 문서교환을 이용한 항공화물 운송체계
민재형 | 서강대 경영학과

064 청소년과 성
이근후 | 이화여대 의과대학

065 민족통합과 무궁화호 위성의 남북한 공동활용방안
방정배 | 성균관대 신문방송학과

066 채식주의가 20대 여성의 영양상태와 에스트로겐 대사에 미치는 영향
성미경 | 숙명여대 식품영양학과

067 가상정보공간을 통한 지역개발 활성화 전략
유재천 외 | 한림대 언론정보학부

068 조산아 관리현황 및 정책수립 방안
박상기 외 | 조선대 의과대학

069 남북한관의 의식조사와 통일교육 개선 방안
김동규 외 | 고려대 북한학과

070 동양 전통 자연사상 탐구
장동순 | 충남대 환경공학과

071 초고속정보망의 시뮬레이터 구현
한기준 | 경북대 컴퓨터공학과

072 유통원가 시스템의 유효성
정다미 | 명지대 경영학과

073 국악과 문화관광의 만남
정익준 외 | 동아대 국제관광통상학부

074 기업의 지식경영 활용사례
김창은 | 명지대 산업공학과

075 선진국과 한국의 직업교육 · 훈련제도의 특성과 한계
정주연 | 고려대 경제학과

076 제주지역 성인 여성의 자원봉사활동
이상철 외 | 제주대 사회학과

077 M&A와 문화충돌 관리
박원우 | 서울대 경영학과

078 폐금속광산 인근 주민들의 중금속 오염실태
정종학 외 | 영남대 의학과

079 북한 농촌 · 농업실태와 인력자원개발 시스템을 통한 북한 농민의 구호방안
박선열 | 건국대 교육공학과

080 중소 소매점의 경쟁력과 소매성과
채명수 외 | 한국외대 무역학과

081 고령자를 위한 쾌적한 실내온도와 착의량의 설정
정운선 | 안동대 의류학과

082 지역문화 이벤트 PR
박종민 | 경희대 언론정보학부

083 인터넷 지역정보화의 실태와 전략
유평준 외 | 연세대 행정학과